高等职业教育“十三五”规划教材
辽宁职业学院教育部现代学徒制项目建设成果

食品微生物检测

黄艳青　左广成　　主编

中国农业大学出版社
·北京·

内容简介

本教材为教育部现代学徒制项目建设成果教材，以以师带徒、师徒共研为编写思路，由学院导师、企业师傅、行业人员共同编写。全书包括食品微生物基础操作和食品微生物检测技术两个模块，下设 6 个检测项目。每个项目均包括具体的工作任务，工作任务的开展均以国家标准为依据，结合师徒共研思路，强化学生的实践能力培养，使教材具有较强的可操作性。本书可作为高职高专食品、生物、卫生防疫等专业的教学用书，也可作为微生物检验人员及相关人员培训的参考用书。

图书在版编目(CIP)数据

食品微生物检测／黄艳青，左广成主编. —北京：中国农业大学出版社，2020.6
ISBN 978-7-5655-2368-7

Ⅰ.①食… Ⅱ.①黄…②左… Ⅲ.①食品微生物-食品检验-高等职业教育-教材 Ⅳ.①TS207.4

中国版本图书馆 CIP 数据核字(2020)第 111211 号

书　名 食品微生物检测
作　者 黄艳青　左广成　主编

策划编辑 张　玉　　**责任编辑** 何美文
封面设计 郑　川
出版发行 中国农业大学出版社
社　址 北京市海淀区圆明园西路 2 号　　**邮政编码** 100193
电　话 发行部 010-62733489，1190　　读者服务部 010-62732336
编辑部 010-62732617，2618　　出　版　部 010-62733440
网　址 http://www.caupress.cn　　**E-mail** cbsszs @ cau.edu.cn
经　销 新华书店
印　刷 北京时代华都印刷有限公司
版　次 2020 年 7 月第 1 版　2020 年 7 月第 1 次印刷
规　格 787×1 092　16 开本　17.25 印张　375 千字
定　价 49.00 元

编写人员

主　编　黄艳青　左广成

副主编　徐　韶　提伟钢　彭志国

编　者　（按姓氏笔画排序）

左广成（辽宁职业学院）

刘文星（辽宁职业学院）

杨　丹（铁岭县市场流通事务服务中心）

邵士凤（辽宁生态工程职业学院）

周　英（苏州农业职业技术学院）

钟　彦［康师傅（沈阳）方便食品有限公司］

徐　韶（铁岭市农业科学院）

黄艳青（辽宁职业学院）

彭志国（铁岭市现代农业服务中心）

提伟钢（辽宁生态工程职业学院）

总　序

历经两年的辛苦努力，辽宁职业学院教育部现代学徒制项目建设成果系列教材正式出版了。为贯彻执行《教育部关于开展现代学徒制试点工作的意见》（教职成〔2014〕9号）和《教育部办公厅关于全面推进现代学徒制工作的通知》（教职成厅函〔2019〕12号）文件精神，落实《国家职业教育改革实施方案》中建设一大批校企"双元"合作开发的国家规划教材要求，现代学徒制试点项目组充分利用校企共建四大平台，发挥校企双方的场所、设备、人员优势，吸纳新技术、新工艺、新规范和典型生产案例，与合作企业、行业、同类院校共同开发此系列教材，并配套信息化资源，形成共建共享的教学资源体系，落实立德树人根本任务，打造"双导师"师资队伍，提升学徒培养质量。

本着"课程内容与职业标准对接，教学过程与生产过程对接"的原则，在行业企业调研的基础上，以满足企业岗位能力需求、遵循企业工作流程、参照行业标准、符合学徒培养目标为理念，以学徒职业能力培养、职业素养提升为主线，以生产项目、工作任务为载体，立足服务区域经济发展、食品加工岗位工作实际，认真总结、吸取国内外经验，明确"如何教、教什么"的问题，我们组织相关校企共同开发了现代学徒制系列数字化教材。本系列教材具有如下特点：

1. 开发主体多元化。教材开发在校企共建的前提下，组织学术水平高、教学经验丰富的学院导师，"康师傅"一线技术人员、高级技师，兄弟院校和行业资深专家共同联合开发教材。

2. 对接职业标准化。教材以最新国家标准、行业标准为依据，融合最新教育理念及相关研究成果，以生产项目、工作任务为载体，突出学生岗位能力、职业素养培养。

3. 教材形式立体化。教材不仅包括纸质内容，还配有视频、音频、动画等数字资源，使学习者可以在手机、电脑等移动终端随时随地观看学习，满足学习者移动学习、个性化学习的需要。

4.立德树人全程化。本教材设有“思政花园”栏目，把思政教育融入教材编写中，体现到课堂教学环节，实现全员、全方位、全过程育人。

辽宁职业学院教育部现代学徒制项目建设成果——校企合作理实一体化特色系列数字化教材，凝聚了多方开发人员的智慧和心血，凝聚了出版界的关心与关爱，希望该系列教材的出版能发挥示范引领作用，辐射、带动同类高职院校的课程改革和建设。

本系列教材适应面广、选择性强，使用者可根据不同学习需求，学习部分项目或任务。本系列教材既可用于高职教学，也可用于各类相关培训。

由于编写时间有限，教材疏漏之处在所难免。真诚希望同行及教材使用者多提宝贵意见。

辽宁机电职业技术学院院长、党委副书记 于宏国

2020 年 5 月

前言
Preface

近年来，食品安全事件的频发，引发了人们对食品安全的极大关注。食品安全问题是关乎国计民生的热点和敏感问题。微生物的检测和防控是保障食品安全的重要环节，涉及食品原料的管理、生产过程的管理、储存管理、运输管理、销售管理等全过程。食品微生物检测是食品类和检测类专业的核心课程，微生物检测技术也是食品行业和检测行业工作者必备的关键技术。

为全面贯彻落实《国务院关于加快发展现代职业教育的决定》（国发〔2014〕19 号）和《教育部关于开展现代学徒制试点工作的意见》（教职成〔2014〕9 号）文件精神，立足于社会发展对人才的职业素养要求，按照教育部现代学徒制人才培养模式，以以师带徒、师徒共研为编写思路，以职业岗位能力培养为中心，从企业的实际需求出发，以生产项目（典型工作任务）为载体，按照课程内容与职业标准对接，教学过程与生产过程对接的原则，由学院导师、企业师傅、行业人员共同编写了本教材。

本教材包括食品微生物基础操作和食品微生物检测技术两个模块。食品微生物基础操作模块介绍了微生物的形态观察、消毒和灭菌、微生物的培养、微生物计数、样品的采集与制备等基础操作技能；食品微生物检测技术模块主要包括食品中的菌落总数、大肠菌群、霉菌和酵母菌、沙门氏菌、金黄色葡萄球菌、副溶血性弧菌、大肠埃希氏菌以及乳品中乳酸菌检测等。每个项目均包括具体的工作任务，工作任务的开展均以国家标准为依据，每一个任务包括任务要求、参考国家标准、操作/检测流程、任务实施、任务评价、师徒共研、知识链接，部分任务配有操作视频、微课、动画、图片等相关资源，信息源丰富、知识量大，结合师徒共研，强化对学生的实践能力培养，这样的内容编排使教材具有较强的可操作性。

本教材由辽宁职业学院（黄艳青、刘文星、左广成）、康师傅（沈阳）方便食品有限公司（钟彦）、辽宁生态工程职业学院（提伟钢、邵士凤）、苏州农业职业技术学院（周英）、铁岭市现代农业服务中心（彭志国）、铁岭市农业科学院（徐韶）、铁岭县市场流通事务服务中心(杨丹)共同组织编写。任务分工为:绪论由铁岭县市场流通事务服务中心杨丹编写;项目一和项目二由辽宁生态工程职业学院提伟钢编写;项目三和项目五由辽宁生态工程职业学院邵士凤编写;项目四由辽宁职业学院左广成编写;项目六中任务一至任务七由辽宁职业学院黄艳青编写;项目六中任务八由苏州农业职业技术学院周英编写;项目六中任务九由铁岭市农业科学院徐韶编写;附录 A 和附录 C 分别由辽宁职业学院刘文星、铁岭市现代农业服务中心彭志国编写;附录 B 由康师傅(沈阳)方便食品有限公司钟彦编写。

本教材的编写得到了编者所在单位领导和中国农业大学出版社编辑人员的大力支持,在此表示衷心的感谢!

由于编者知识水平有限,书中难免有不足之处,敬请使用本教材的师生和各位读者批评指正。

编　者

2020 年 2 月

目录
Contents

绪论 …… 1

模块一　食品微生物基础操作 …… 11

项目一　微生物的形态观察 …… 13

任务一　普通光学显微镜的使用及细菌基本形态观察 …… 14

任务二　细菌的染色与观察 …… 22

任务三　酵母菌形态观察 …… 33

任务四　霉菌形态观察 …… 37

任务五　放线菌形态观察 …… 43

项目二　消毒和灭菌 …… 50

任务一　干热灭菌 …… 51

任务二　湿热灭菌 …… 54

任务三　紫外线杀菌 …… 59

任务四　过滤除菌 …… 64

任务五　药物杀菌 …… 68

项目三　微生物的培养 …… 75

任务一　培养基制备 …… 76

任务二　微生物接种 …… 85

任务三　微生物分离纯化 …… 93

任务四　微生物菌种保藏 …… 101

项目四　微生物计数 …… 109

任务一　显微直接计数 …… 110

任务二　稀释平板计数 …… 115

项目五　样品的采集与制备 …… 123
任务一　环境样品的采集与制备 …… 124
任务二　食品样品的采集与制备 …… 131

模块二　食品微生物检测技术 …… 145

项目六　食品微生物检测技术 …… 147
任务一　食品中菌落总数检测 …… 148
任务二　食品中大肠菌群检测 …… 156
任务三　食品中霉菌和酵母菌检测 …… 168
任务四　食品中沙门氏菌检测 …… 177
任务五　食品中金黄色葡萄球菌检测 …… 192
任务六　罐头食品的商业无菌检测 …… 206
任务七　乳品中乳酸菌检测 …… 217
任务八　食品中副溶血性弧菌检测 …… 227
任务九　食品中大肠埃希氏菌检测 …… 238

参考文献 …… 249

附录 …… 251

绪论

1 认识微生物

1.1 微生物的概念

微生物是必须借助显微镜才能看得见的微小生物的统称。它们广泛存在于自然界，是形体微小、数量繁多、肉眼看不见，需借助于光学显微镜或电子显微镜放大数百倍、上千倍甚至数万倍，才能观察到的微小生物。

微生物种类繁多。迄今为止，人们所知道的微生物约有10万种，有人估计，目前已知的种数只占地球上实际存在的微生物总数的20%，微生物很可能是地球上物种最多的一类。微生物资源是极其丰富的，但在人类生产和生活中仅开发利用了已发现微生物种数的1%。

0-1-1 认识微生物

1.2 微生物的种类

微生物包括的类群十分庞杂，根据它们的细胞结构组成和进化水平的差异，可把它们分为三类。

1.2.1 非细胞型微生物

这类微生物没有典型的细胞结构，只由核酸和蛋白质构成，或只含一种成分；它们不能独立生活，只能寄生在活细胞内。病毒、亚病毒(类病毒、拟病毒、朊病毒)都是非细胞型微生物。

1.2.2 原核细胞型微生物

原核细胞是比较低级和原始的一类细胞，其主要特点是细胞分化程度低，没有成形的细胞核，遗传物质分散于细胞质中形成核区。除核糖体外，细胞质中没有其他成形的细胞器。最主要的原核细胞型微生物是细菌，还包括支原体、衣原体、立克次氏体、螺旋体、放线菌等。

1.2.3 真核细胞型微生物

真核细胞的细胞核分化程度较高，有核膜、核仁和染色体，细胞内有多种不同功能的细胞器。真菌(酵母菌、霉菌)、原生动物、显微藻类等都是真核细胞型微生物。

2 微生物的特点

微生物由于其个体都极其微小、种类多，由此形成了一系列与之密切相关的4个重要共性，即体积小、分布广；吸收多，代谢快；生长旺，繁殖快；适应强，易变异。

2.1 体积小，分布广

微生物的个体极其微小，组成简单，多由单细胞构成，有些由简单的多细胞组成，有些甚至没有细胞结构。简单的构成使得微生物的个体一般都小于0.1 μm，肉眼难以看到，必须借助显微镜放大几倍、几百倍、上千倍，乃至数万倍才能看清，故用微米(μm)甚至纳米(nm)来表示微生物的大小。例如大肠杆菌的平均长度为2 μm、宽0.5 μm；这么小的个体质量很轻，每个细菌的质量只有$1\times10^{-10}\sim1\times10^{-9}$ mg，约10亿个细菌才1 mg。

由于微生物个体小而轻，因此可借助于空气、风和水散播而广泛分布。微生物是自然界中分布最为广泛的生物，有高等动物的地方均有微生物生活，甚至动植物不能生活的极端环境中也有微生物存在，无论是几万米的高空、数千米的深海，还是温度超过100℃的炙热火山口附近、寒冷的冰层，哪怕荒无人烟的沙漠、寸草不生的盐湖中都有微生物的存在，它们无所不在、无孔不入。江、河、湖、海、土壤、空气及人和动物的体内都有许多微生物。

广泛分布的微生物为人类提供了丰富的、具有开发潜力的生物资源，但也会给人类带来很多麻烦，如疾病的流行、食品的腐败等，无不与自然界中广泛分布的微生物密不可分。

2.2 吸收多，代谢快

由于微生物的个体微小，单位体积的表面积相对很大，所以与外界环境的接触面特别大，这非常有利于微生物通过体表吸收营养和排泄废物，使它们的新陈代谢能力很强，转化物质的速度很快。不同种类的微生物具有不同的代谢途径，它们能利用各种各样的有机物和无机物作为营养物质，使之分解和转化，同时又能合成不同类型的代谢产物。如大多数微生物能分解利用蛋白质、糖类、脂肪等有机物，有些微生物还能分解石油、纤维素、塑料等，甚至连氰、酚、DDT等有毒和剧毒的物质，都能找到分解利用它们的微生物。

人们可以利用微生物这个特性，发挥"微生物工厂"的作用，利用工农业废料培养微生物，进行发酵生产，可达到变废为宝、治理污染、提高经济效益等目的。对不同微生物特有代谢产物进行检测，也是微生物生化检测、鉴定的基础。

2.3 生长旺，繁殖快

微生物在适宜的条件下具有惊人的繁殖能力，尤其是细菌，其细胞以简单的裂殖方式进行繁殖。如大肠杆菌在合适的生长条件下，12.5～20 min便可繁殖一代，每小时可分裂3次，由1个变成8个，每昼夜可繁殖72代。其繁殖受营养、空间、代谢产物等多种条件限制。

微生物快速繁殖的特点为其在短时间内获得大量个体提供了有利的条件，这在发酵工业上具有重要的意义，可以提高生产效率，缩短发酵时间。但如果微生物引起污染、腐败等，其破坏的速度也是惊人的。

2.4 适应强，易变异

微生物对环境条件尤其是恶劣的“极端环境”具有惊人的适应力，如高温、高酸、高盐、高辐射、高压、高碱、高毒、低温等，堪称世界之最。

微生物的个体一般都是单细胞、简单多细胞甚至是非细胞的，且具有繁殖快、数量多以及与外界环境直接接触等特点，因此即使其变异频率不高（一般为 10^{-10}～10^{-5}），也可在短时间内产生出大量变异的后代。正是微生物易于变异的特性，使它表现出灵活的适应能力，从而延续后代、保存物种。

有益的变异可为人类创造巨大的经济效益和社会效益，如产青霉素的菌种 *Penicillium chrysogenum*（产黄青霉），1943 年时每毫升发酵液仅分泌约 20 单位的青霉素，至今早已超过 5 万单位；有害的变异则是人类各项事业中的大敌，如各种致病菌的耐药性变异使原本已得到控制的相应传染病变得无药可治，而各种优良菌种生产性状的退化则会使生产无法正常维持等。

3 微生物的污染

微生物在自然界中广泛分布，无处不在，随着自然环境的不同，其分布密度有着很大的差异。某些微生物可通过多种途径侵入产品中造成污染，污染菌大量繁殖后，最终会造成产品的腐败变质。因此，了解自然界中微生物的分布，并有针对性地采取有效措施，对控制产品的微生物污染有着重要意义。对产品造成污染的微生物可能来自环境、人员、生产原料、生产器械及包装材料等。

3.1 土壤

土壤是自然界中微生物生活最适宜的环境，它具有微生物所需要的一切营养物质和进行生长繁殖等生命活动的各种条件。土壤中的有机物为微生物提供了良好的碳源、氮源和能源；矿质元素的含量浓度也很适于微生物的生长；土壤的酸碱度接近中性，缓冲性较强；渗透压大都不超过微生物的渗透压；土壤空隙中充满着空气和水分，基本上可以满足微生物的需要，为好氧和厌氧微生物的生长提供了良好的环境。此外，土壤的保温性能好，与空气相比，昼夜温差和季节温差的变化不大。在表层土几毫米以下，微生物便可免于被阳光直射致死。这些都为微生物生长繁殖提供了有利的条件，所以土壤有“微生物天然培养基”之称。这里的微生物数量最大，类型最多，也是人类利用微生物的主要来源。

土壤中的微生物包括细菌、放线菌、真菌、藻类和原生动物等多种类群。其中细菌最多，占土壤微生物总量的 70%～90%，每克土壤中含量可达 10^7～10^9 个，放线菌、真菌次之，藻类和原生动物等较少。许多病原微生物可随着动植物残体以及人和动物的排泄物进入土壤，因此，土壤中的微生物既有非病原的，也有病原的。通常无芽孢菌在土壤中生存的时间较短，而有芽孢菌在土壤中生存时间较长。例如，沙门氏菌只能生存数天至数周，而炭疽杆菌、破伤风杆菌、梭状芽孢杆菌等，却能生存数年或更长时间。霉菌及放线菌的孢子在土壤中也能生存较长时间。

由于土壤中有大量微生物存在，土壤是自然环境中一切微生物的总发源地，因此也是产品中微生物污染的重要来源。

3.2 空气

空气中没有微生物生长繁殖所需要的营养物质和充足的水分，还有日光中紫外线的照射，因此空气不是微生物良好的生存场所。但空气中却飘浮着许多微生物，这是由于土壤、水体、各种腐烂的有机物以及人和动物呼吸道、皮肤干燥脱落物及排泄物中的微生物，都可随着气流的运动被携带到空气中。微生物小而轻，能随空气流动到处传播，因而微生物的分布是世界性的。

空气中的微生物主要是过路菌，以对干燥和射线有抵抗力的真菌、放线菌的孢子为主，还有各种球菌、芽孢杆菌、酵母菌等，也可能有病原体，尤其在医院、疫区或患者周围。如一个感冒病人，一声咳嗽可散播约 10 万个病菌，一个喷嚏含有约 1 500 万个病菌。国外研究发现，一个喷嚏可使飞沫以 167 km/h 的速度运行，在 1 s 内喷射到 6 m 以外的地方。由此可见，空气是传播疾病的重要途径。

微生物在空气中的分布很不均匀，尘埃量多、污浊的空气中，微生物数量也多。如在商场、医院、宿舍、城市街道等公共场所的空气中，微生物数量较多；由于尘埃的自然沉降，所以越近地面的空气，其含菌量越高；而在海洋、高山、森林、终年积雪的山脉或高纬度地带的空气中，微生物数量则较少。

空气中的微生物是引起各类污染的主要途径。许多工业产品是部分或全部由有机物组成的，因此易受空气中微生物的侵蚀，引起生霉、腐烂、腐蚀等；即使是无机物如金属、玻璃等，也可因微生物活动而产生腐蚀与变质，使产品的品质、性能、精确度、可靠性下降，带来巨大的损失。因此工业产品的防腐问题日益受到人们的重视。而食品、药品、化妆品、生物制品等产品如果暴露在空气中，则更易受到空气中微生物的污染，接触时间越长，污染越严重。

3.3 水

水体环境如海洋及陆地上的江河、湖泊、池塘、水库、小溪等，溶解或悬浮着多种无机物和有机物，可作为微生物的营养物质，所以是微生物栖息的第二天然场所。水中的微生物多来自土壤、空气、污水或动植物残体等，尤其是土壤中的微生物，常随土壤被雨水冲刷进入江河、湖泊中。

微生物在水中的分布常受许多环境因子的影响，最重要的一个因子是营养物质。在远离人们居住地区的湖泊、池塘和水库中，有机物含量少，微生物也少，并以自养型微生物为主。城镇等人口密集区的湖泊、河流以及下水道中，由于流入了大量的人畜排泄物、生活污水和工业废水等，有机物的含量大增，微生物的数量可高达 $10^7 \sim 10^8$ 个/mL，这些微生物大多数是腐生型细菌和原生动物，有时甚至还含有伤寒、痢疾、霍乱等病原体。这种污水如不经净化处理，是不能饮用的，也不宜用于养殖。

水在产品生产加工方面起着重要作用，用水来清洗生产车间、生产设备、产品原料、机械器具等，还要用水来保持工作人员的清洁卫生，因此水质的好坏对产品的卫生质量影响很大。如果产品用水不清洁，不符合国家水质卫生标准，那它很可能成为产品中微生物污染的污染源和重要污染途径，极可能影响产品的质量。

3.4 人体

在正常生理状态下，人的体表及与外界相通的管腔中，如口腔、鼻咽腔、消化道和泌尿生殖道中均有大量的微生物存在，它们数量大、种类较稳定，且一般是有益无害的微生物，称为正常菌群。如皮肤上常见的细菌是表皮葡萄球菌，有时也有金黄色葡萄球菌存在；鼻腔中常见的有葡萄球菌、类白喉分枝杆菌；口腔中经常存在着大量的链球菌、乳酸杆菌和拟杆菌；胃中含有盐酸，不适于微生物生活，除少数耐酸菌外，进入胃中的微生物很快被杀死；人体肠道呈中性（或弱碱性），且含有被消化的食物，适于微生物的生长繁殖，所以肠道特别是大肠中含有很多微生物，可达数百万亿个，它们可随粪便排出，粪便干重的1/3左右为细菌。除了这些正常菌群外，人感染了病原菌后，病原菌也可通过口腔、鼻腔等各种途径排出体外。

人接触产品时，人手造成的产品微生物污染是最为常见的。如果操作人员不注意个人的卫生及隔离、指甲不常修剪、本人患有疾病等，污染率就会提高。因此，产品的生产、包装、运输、贮藏、销售过程中都可能造成人源因素所引起的微生物污染。

3.5 产品原料及辅料

3.5.1 植物原料及辅料

健康的植物在生长期与自然界广泛接触，其体表存在大量的微生物。感染病后的植物组织内部会存在大量的病原微生物，这些病原微生物是在植物的生长过程中通过根、茎、叶、花、果实等不同途径侵入组织内部的。即使外观看上去是正常的水果或蔬菜，其内部组织中也可能有某些微生物的存在。有人从苹果、樱桃等组织内部分离出酵母菌，从番茄组织中分离出酵母菌和假单胞菌属的细菌，这些微生物是果蔬开花期侵入并生存于果实内部的。如果以这些果蔬为原料加工制成食品，由于原料本身带有微生物，而且在加工过程中还会再次感染，所制成的产品中有可能带有大量微生物。

粮食作为储藏期较长的农产品，其微生物污染问题尤为突出。据统计，全世界每年因霉变而损失的粮食占总产量的2%左右。各种粮食和饲料中的微生物以曲霉属、青霉属和镰孢（霉）属的一些种为主，其中曲霉危害最大。花生、玉米等农作物最易被黄曲霉污染，部分黄曲霉菌株产生的黄曲霉毒素是一种强烈的致癌毒物，现已发现的黄曲霉毒素有十几种，其中以B1的毒性和致癌性最强。该毒素对热稳定，300℃时才能被破坏，对人、家畜、家禽的健康危害极大。另一类剧毒致癌毒素为T2，由镰孢霉属的真菌产生，人吸收该毒素后会引起白细胞下降和骨髓造血机能破坏，有少数国家曾用它来制造生物武器。因此，以植物尤其是粮食为原料的产品，大多要进行霉菌及真菌毒素的检测。

3.5.2 动物原料及辅料

禽畜的皮毛上和消化道、呼吸道等与外界相通的管腔中有大量微生物存在。与外界隔绝的组织（肌肉、脂肪以及心、肝、肾等脏器）和血液在健康的情况下是不含菌的，但如果受到病原体感染，患病的畜禽其器官及组织内部可能有微生物存在，形成组织病变。病变组织作为产品原料及辅料是不适宜的，若加工成食品，则是危险的。因此，针对动物原料及辅料，须要特别进行宰前检疫，即对待宰动物进行活体检查。

屠宰过程卫生管理不当将为微生物的广泛污染提供机会。如使用非灭菌的刀具放血时，将微生物引入血液中，微生物随着微弱、短暂的血液循环而扩散至胴体的各部位。屠宰后的畜禽已丧失先天的防御机能，微生物侵入组织后将迅速繁殖。因此在屠宰、分割、加工、贮存和肉的配销过程中的每一个环节，微生物的污染都可能发生。

健康动物乳汁本身是无菌的，但患有传染病和乳腺炎的病畜其乳汁中可能带有金黄色葡萄球菌、化脓性棒状杆菌、绿脓杆菌、克雷伯菌、布氏杆菌等，另外其加工过程中也易被动物皮毛、容器工具、挤奶员卫生习惯及挤奶前的尘埃等污染。

健康禽类所产生的鲜蛋内部本应是无菌的，但是鲜蛋中也经常有微生物存在。可能的原因是：病原菌通过血液循环进入卵巢，在蛋黄形成时进入蛋中；禽类的排泄腔内含有一定数量的微生物，当蛋从排泄腔排出体外时，由于蛋内遇冷收缩，附在蛋壳上的微生物可穿过蛋壳进入蛋内；鲜蛋贮存期长或经过洗涤，环境中的微生物通过蛋壳上大小为 4～6 μm 的气孔而侵入蛋内等。有些动物虽然不是产品加工的原料，也会使产品尤其是食品受到微生物污染，如老鼠、苍蝇、蟑螂等动物，都是携带和传播微生物或病原菌的重要媒介。

3.6 加工机械和设备、包装材料

产品在从生产到消费的过程中，要接触许多设备、用具，它们清洁与否直接影响着产品的卫生质量，其中以食品的生产过程尤为突出。如在食品加工过程中，食品的汁液、颗粒黏附于加工器械设备和用具表面，若生产结束后设备没有得到彻底的清洗和灭菌，就会使原本少量的微生物大量繁殖，成为后来使用中的污染源，而造成食品污染。有些盛放食品的用具，若不加清洗或消毒就连续使用，也会使原本清洁的食品被污染。另外，如果产品符合卫生标准，而各种包装材料处理不当，也会带来微生物污染。一次性包装材料通常比循环使用的材料所带的微生物数量少。

由于产品在加工前、加工过程中和加工后都容易受到微生物的污染，如果不采取措施加以控制，在适宜的温湿度条件下，它们会迅速繁殖造成产品的腐败变质。其中有的是病原微生物，有的能产生细菌毒素或真菌毒素，从而引起使用者中毒或其他严重疾病的发生。所以为保证产品的卫生质量，加强预防和控制措施显得格外重要。

4 微生物检测的任务和意义

微生物检测是基于微生物学的基本理论，利用微生物检测技术，根据各类产品卫生标准的要求，研究产品中微生物的种类、性质、活动规律等，用以判断产品卫生质量的一门应用技术。它是以技能操作为主的学科。

各类产品在原料、加工、贮藏、运输、销售等环节中，都会受到环境中微生物的污染，不同来源的微生物可通过各种途径污染暴露于环境中的各类产品，并在其中生长繁殖引起变质，

影响产品的特性,甚至产生毒素,造成食物中毒、疾病传播等后果。因此,在生产、销售和使用许多产品之前,必须对其进行微生物学检验。微生物检测是产品卫生标准中的一个重要内容,也是确保产品质量和安全、防止致病菌污染和疾病传播的重要手段。

微生物检测的基本任务包括以下几个方面:

(1)研究各类产品的样品采集、运送、保存以及预处理方法,提高检出率。

(2)根据各类产品的卫生标准要求,选择适合不同产品、针对不同检测目标的检测方法,探讨影响产品卫生质量的有关微生物的检测、鉴定程序以及相关质量控制措施;利用微生物检测技术,正确进行各类样品的检验。

(3)正确进行影响产品卫生质量的有关微生物的快速检测,掌握自动化仪器的使用,并认真进行检测结果的分析和试验方法的评价。

(4)及时对检测结果进行统计、分析、处理,并及时准确地进行结果报告。

(5)对影响产品卫生质量及人类健康的相关微生物进行调查、分析与质量控制。

5 微生物检测技术

微生物检测技术包括显微操作、染色、消毒和灭菌、培养基制备、接种、分离纯化和培养、无菌取样、微生物的计数、菌种保藏、微生物常规鉴定等。传统的微生物检测方法检测时限长,过程烦琐。随着食品、药品及其他工业的发展以及人们对各类产品质量安全的重视,传统检测方法已经远不能满足微生物检测的需要。随着生物学技术和微电子技术的发展,灵敏度更高、特异性更强、简便快捷的新的微生物检测技术和方法应运而生,在食品微生物检测中发挥着重要的作用。

5.1 载体法

载体法包括快速测试片法、螺旋板系统法和滤膜法。载体法将稀释、培养和显色融为一体,大大简化了分析步骤,节约了分析时间,并且可以在取样的同时接种,结果更能反映当时样本中真实的细菌数,使得分析更准确。

5.2 代谢学技术

5.2.1 电阻抗技术

电阻抗技术是指细菌在培养基内生长繁殖的过程中,会使培养基中的大分子物质,如碳水化合物、蛋白质和脂类等,被分解为具有电活性的小分子物质,如乳酸盐、醋酸盐等,这些离子态物质能增加培养基的导电性,使培养基的阻抗发生变化。通过检测培养基的电阻抗变化情况,可判定细菌在培养基中的生长、繁殖特性。该法已用于食品中细菌总数、大肠杆菌、沙门氏菌、酵母菌、霉菌和支原体的检测,具有高敏感性、特异性、快速反应性和高度重复性等优点。

5.2.2 微热量计技术

微热量计技术通过测定细菌生长时热量的变化进行细菌的检出和鉴别。微生物在生长过程中产生热量，用微热量计测量产热量等数据，存储于计算机中，经过适当信号上的数字模拟界面，在记录器上绘制成以产热量对比时间组成的热曲线图。将试验所得的热曲线图，与已知细菌热曲线图直观比较，即可对细菌进行鉴别。

5.2.3 放射测量技术

放射测量技术是根据细菌在生长繁殖过程中代谢碳水化合物产生 CO_2 的原理，把微量的放射性 ^{14}C 标记引入碳水化合物或盐类等底物分子中进行检测的技术。在细菌生长过程中，这些底物被利用并释放出含放射性的 $^{14}CO_2$，利用自动化放射测定仪 Bactec 测量 $^{14}CO_2$ 的含量，根据 $^{14}CO_2$ 的多少可判断细菌的数量。该方法已用于测定食品中的细菌，具有快速、准确度高和自动化等优点。

5.3 免疫分析检测

5.3.1 免疫荧光技术(IFT)

免疫荧光技术是将不影响抗原抗体活性的荧光色素标记在抗体（或抗原）上，抗体与其相应的抗原（或抗体）结合后，在荧光显微镜下呈现特异性荧光反应的检测方法。该技术可用于沙门氏菌、李斯特菌、葡萄球菌毒素、*E. coli* O157 和单核细胞增生李斯特菌等的快速检测。该技术的主要优点是特异性强、敏感度高、速度快，但还存在不足，如非特异性染色问题尚未完全解决，结果判定的客观性不足，技术程序比较复杂。

5.3.2 酶联免疫吸附技术(ELISA)

酶联免疫吸附技术的原理是将抗原或抗体吸附于固相载体，在载体上进行免疫酶染色，底物显色后，通过定性或定量分析有色产物量即可确定样品中待测物质含量。它结合了免疫荧光法和放射免疫测定法 2 种技术的优点，具有可定量、反应灵敏准确、标记物稳定、适用范围广、结果判断客观、检测速度快以及费用低等特点，可同时进行上千份样品的分析。

5.3.3 酶联荧光免疫吸附技术(VIDAS)

酶联荧光免疫吸附技术将酶系统与荧光免疫分析结合起来，在普通酶联免疫分析的基础上用理想的荧光底物代替生色底物，可提高分析的灵敏度和扩大测量范围，减少试剂的用量。酶放大技术、固相分离及荧光检测三者的联合将成为荧光免疫分析中最灵敏的方法。

5.4 分子生物检测方法

5.4.1 分子杂交

分子杂交利用核糖核酸（RNA）和脱氧核糖核酸（DNA）可以和特定微生物的核酸结合的特点，来诊断和鉴别微生物。该方法可以解决抗体检测的特异性问题，但需要相对大的样本量（10 000～100 000 个细菌），才能获得准确的结果。因为样品中大量的非特异微生物会干扰杂交结果，所以在食品微生物方面主要利用琼脂平板上的细菌菌落进行杂交。

5.4.2 PCR

常规的 PCR 方法只能得出定性的结果，从而限制了其应用。随后发展的是定量 PCR

技术，包括与 MPN(最可能数)法相结合的非直接定量 PCR 和直接定量 PCR。MPN-PCR 方法是将传统的 MPN 计数方法和 PCR 方法结合，对样品中的靶细菌进行半定量的一种方法。非直接定量 PCR 还包括非竞争性定量 PCR，是通过对同一反应管中的靶基因和另一段无关的内标序列(如管家基因)同步扩增进行的，通过内标产物对靶序列产物进行校正，从而得出相对的定量值。定量 PCR 不需要增菌，可直接作用于样品，在食物致病菌的检测方面很有用，但是试样处理过程相对烦琐，PCR 方法的敏感度非常高。

5.5 基因芯片

基因芯片也叫 DNA 芯片、DNA 微阵列、寡核苷酸阵列，其原理是采用原位合成或显微打印手段，将数以万计的 DNA 探针固化于支持物表面，产生二维 DNA 探针阵列，然后与标记的样品进行杂交，通过检测杂交信号实现对生物样品的快速、并行、高效检测或医学诊断。由于常用硅芯片作为固相支持物，且在制备过程运用了计算机芯片的制备技术，所以称之为基因芯片技术。

该技术可检测各种介质中的微生物，研究复杂微生物群体的基因表达。与传统的检测方法(细菌培养、生化鉴定、血清分型等)相比，基因芯片技术的先进性主要体现在：①基因芯片可以实现微生物的高通量和并行检测，1 次实验即可得出全部结果；②操作简便快速。整个检测只需 4 h 基本可以出结果(而传统方法一般需 4～7 d)；③特异性强，敏感度高。

5.6 分析化学技术

随着分析化学技术的不断发展，很多仪器分析手段和方法如高效液相色谱、气相色谱、气相色谱-质谱联用、液相色谱-质谱联用等，已显示出它们在微生物检测中的潜力。这些方法不同于依赖微生物生物学特征的检测方法，而是通过分析微生物的化学组成(生物标志物)来区分和鉴定微生物，开辟了检测和鉴定微生物的新途径。

模块一 1

食品微生物基础操作

项目一　微生物的形态观察

项目二　消毒和灭菌

项目三　微生物的培养

项目四　微生物计数

项目五　样品的采集与制备

项目一
微生物的形态观察

知识目标

1. 掌握光学显微镜的结构和基本原理。
2. 掌握微生物的染色方法及其原理。
3. 掌握食品微生物形态观察报告的填写。

技能目标

1. 能够根据微生物类型正确选择、使用各种染色方法，完成工作任务。
2. 能够正确使用光学显微镜进行微生物的形态观察。
3. 能够对显微镜进行合理保养。

德育目标

1. 培养学生严谨认真的工作作风。
2. 培养学生的食品安全意识，引导学生严守职业道德。

任务一 普通光学显微镜的使用及细菌基本形态观察

【任务要求】

1. 了解普通光学显微镜的基本结构和工作原理。
2. 掌握普通光学显微镜的使用方法。
3. 掌握光学显微镜的保养方法。

【参考标准】

中华人民共和国国家标准 GB/T 2985—2008《生物显微镜》。

【操作流程】

观察前准备→低倍镜观察→高倍镜观察→油镜观察→检测报告填写。

【任务实施】

1 用品准备

1.1 设备和材料

1.1.1 设备

显微镜、香柏油、二甲苯、擦镜纸等。

1.1.2 材料

金黄色葡萄球菌染色涂片、大肠埃希氏菌染色涂片。

1.2 显微镜观察前的准备

从显微镜柜或镜箱内取出显微镜时，须用右手紧握镜臂，左手托住镜座，平稳地将显微镜搬到实验桌上。将显微镜放在身体的左前方，离实验桌边缘 10 cm 左右，右侧可以放置记录本或绘图纸。

2 操作步骤

2.1 低倍镜观察

镜检任何标本都要养成先用低倍镜观察的习惯。因为低倍镜视野较大，易于发现目标和确定检查的位置。

2.1.1　调节光源

1-1-1　普通光学显微镜的使用

将低倍物镜转到工作位置，上升聚光器，将可变光阑完全打开，然后转动反光镜采集光源，一般以采集射入的自然光为宜，不宜采用直射日光。如遇阴天或晚上，可采用普通日光台灯照明。当采用显微镜灯（钨丝灯泡）照明时，因其亮度较强，而且发射光谱中有较多刺激眼睛的红光，故应根据标本染色情况选用绿色、黄绿色或蓝绿色滤光器或一面磨砂的滤光片，以减弱光的强度，同时可吸收红光，使视野光线柔和，并可保护眼睛。

旋转反光镜，使光线投射至反光镜中央，并调节聚光器或调节光圈的大小，使视野得到均匀的照明。

2.1.2　调节聚光器和物镜数值孔径相一致

取下目镜直接向镜筒内观察，先将可变光阑缩至最小，再慢慢地打开，使聚光器的孔径与视野的直径一样大，然后再放回目镜。这一操作的目的是使入射光所展开的角度与镜口角度相符合。否则因光圈开得太大而超过物镜的数值孔径时，会产生光斑，如果光圈的口径收得太小，则降低分辨率，从而影响物像的清晰度。因为各物镜的数值孔径不同，所以每转换一次物镜都要进行调节。

2.1.3　放置标本

上升镜筒，将细菌染色涂片置于载物台上，用玻片夹夹住，然后降下低倍物镜，使其下端接近于玻片。

2.1.4　调焦

转动粗调螺旋，当镜筒逐渐上升至看见模糊物像时，再转动细调螺旋，调节至物像清晰为止。

2.1.5　观察

观察并绘制细菌的形态。

2.2　高倍镜观察

2.2.1　寻找视野

将在低倍镜下找到的合适部位移至视野中。

2.2.2　转换高倍镜

用手按住转换器慢慢地旋转，当听到“咔嚓”一声即表明物镜已转到正确的工作位置上。

2.2.3　调焦

使用齐焦物镜时，只要从低倍转到高倍再稍微调一下细调螺旋，就可以看清物像。如用不齐焦的物镜时，每转换一次物镜都要进行调焦，即先使物镜降至非常靠近玻片的位置，然后再慢慢地上升镜筒，并细心地调节粗、细调节螺旋，直至物像清晰为止。

2.2.4 观察

观察并绘制细菌的形态。

2.3 油镜观察

油浸物镜的工作距离(指物镜前透镜的表面到被检物体之间的距离)很短,一般在 0.2 mm 以内,再加上一般光学显微镜的油浸物镜没有弹簧缓冲装置,因此使用油浸物镜时要特别细心,避免由于“调焦”不慎而压碎标本片并使物镜受损。

2.3.1 找合适的视野

先用低倍镜寻找合适的视野,并将欲观察的部位移至视野中央。

2.3.2 转换油镜

将油镜转到工作位置。

2.3.3 调节聚光器与油镜数值孔径相一致

只要将聚光器上升至最高应置、可变光阑开至最大,两者的数值孔径即达到一致。

2.3.4 加香柏油

从双层瓶的内层小管中取香柏油 1～2 滴,滴到欲观察部位涂片上(切勿加多),然后将油镜转到工作位置,下降镜筒,使油镜浸入香柏油中,并从侧面观察,确保镜头降至既非常接近玻片,又不与玻片相撞的合适位置。

2.3.5 调焦

左眼从目镜中观察,同时转动粗调螺旋,缓慢地提升油镜,至出现模糊的物像时,再用细调螺旋调节至物像清晰为止。如按上述操作还找不到目标物,一种可能原因是油镜下降高度不够,另一种可能是油镜上升太快,以致眼睛捕捉不到一闪而过的物像。遇此情况,应重新操作。

2.3.6 观察

仔细观察细菌形态并绘图。

2.4 显微镜用完后的处理

2.4.1 清洁显微镜

(1)清洁油镜　取下玻片后,先用擦镜纸擦去镜头上的香柏油,再用蘸少许乙醚-酒精混合液(乙醚 2 份、乙醇 3 份)或二甲苯的擦镜纸擦去残留的香柏油,最后再用干净的擦镜纸抹去残留的二甲苯等。

(2)清洁目镜和其他物镜　可用干净的擦镜纸擦净。

(3)清洁其他部分　用柔软的绸布擦净机械部分的灰尘。

2.4.2 搁置物镜

将物镜转成“八”字式,缓慢地降下镜筒,使物镜靠置在镜台上。将聚光灯降至最低位置,将反光镜镜面转成垂直状。

2.4.3 去除细菌涂片上的香柏油

滴加2～3滴二甲苯于涂片上，使香柏油溶解，再用吸水纸轻轻地压在涂片上，以吸除二甲苯和香柏油。这样处理不会损坏细菌涂片，并可保存涂片以供以后再观察。如不需要保留涂片，可用肥皂水煮沸后再清洗干净。

思政花园

安东尼·列文虎克，荷兰显微镜学家、微生物学的开拓者。他一生磨制了400多架透镜，其中一架放大率竟达270倍。主要成就：首次发现微生物。

3 作业单

将观察记录与结果填入表1-1-1，同时注明对应的物镜放大倍数和总放大率。

表1-1-1 显微镜观察结果记录表

	金黄色葡萄球菌	大肠埃希氏菌
低倍镜观察结果并绘图		
高倍镜观察结果并绘图		
油镜观察结果并绘图		
检测结论		

【任务评价】

表 1-1-2 光学显微镜使用任务考核参考标准

序号	考核项目	考核内容	考核标准	考核方法	标准分值
1	职业基本素质	学习工作态度	态度端正，积极主动，工作认真。参与意识强，不请假，不懈怠，全勤，否则将酌情扣分。任务领会到位。有敬业精神	单人考核	10
		团队协作	服从工作安排，协调意识强，与小组其他成员配合好，否则将酌情扣分	小组考核	10
2	岗位专业技能	用具准备	能够根据检测需求，自主准备好相关器具。保证操作过程完整连贯。否则酌情扣分	单人考核	10
		仪器使用	正确地使用低倍镜、高倍镜和油镜，掌握调节粗、细调节螺旋的方法和要领，操作熟练，确保不损坏仪器，不污染标本。否则将酌情扣分	单人考核	20
		观察与细菌形态绘制	能够正确地调节粗、细调节螺旋直至物像清晰，绘制细菌形态。所绘制图像与实际不符的酌情扣分	单人考核	20
		报告填写	条理清晰，符合要求，可操作性强。否则将酌情扣分	单人考核	10
3	职业方法与能力	方法能力	善于思考，主动思考，勤于思考。独立分析和解决问题的能力强，能够主动、准确地表达自己的想法	单人考核	5
		工作过程	积极主动地参与任务工作过程，规范、认真。工作任务记录完整，语言简洁，字迹工整	小组考核	5
		训练与总结	积极准确地完成作业单，及时上交报告，有个人见解。能够自主利用网上平台开展学习与训练。善于反思，勤于反馈，积极总结经验教训	单人考核	10
	合计				100

【师徒共研】

1. 使用高倍镜和油镜进行调焦时，应将镜筒徐徐上升还是下降，为什么？

应徐徐上升。因为使用高倍镜和油境时所需要的焦距很短，分别为 0.60 mm 和 0.15 mm，所以只有先让镜头接触玻片后徐徐上升，才容易观察到目标物，反之则容易损坏镜头。

2. 用油镜观察时，为什么要在载玻片上滴加香柏油？

用油境观察时，滴加香柏油主要是为了增加光的强度和提高分辨率。镜头与载玻片之间有空气，因为空气的折光率和玻璃的不同，所以放大 100 倍时会非常不清晰，而香柏油的折光率与玻璃的接近，所以可以清晰地观察到物体。

3. 对好光后，不能再移动显微镜，为什么？

因为显微镜对光操作是为了使光线能够进入显微镜物镜，若是随意移动，可能会导致光线无法进入物镜，这时就需要重新对光。

4. 使用显微镜观察时，为什么在下降镜筒时眼睛要注视物镜？

下降镜筒的时候，眼睛要注视物镜，以免物镜压破标本，损坏物镜或弄破标本。而观察寻找物像，是在镜筒上升的过程中进行的，眼睛要看着目镜。

5. 使用油镜时应特别注意什么？

上下调节镜头时，应使用细调螺旋，否则容易损坏镜头；应使油镜始终浸泡在香柏油中，否则就不是油镜；使用完毕后，必须用擦镜纸蘸取二甲苯等有机溶剂擦去残留的油迹，否则会污染油镜。

6. 当物镜从低倍镜转到高倍镜和油镜时，对照明度有何要求？

在观察时，一定面积内的光照是相对恒定的。从低倍镜转到高倍镜后，视野变小，光照减少，因此视野内会变暗。如果想获得和低倍镜时同样的亮度，应增强光照。

7. 油镜的使用与普通物镜有何不同？

油镜必须借助于光折射率等于或接近于玻璃的试剂，如香柏油等，才能使用，普通物镜则不需要。油镜由100×物镜与香柏油构成，而普通物镜则限于10×物镜、40×物镜等。

【知识链接】

1 光学显微镜

微生物个体微小，用肉眼观察不到，必须借助显微镜才能观察到它们的个体形态和细胞结构。显微镜是由一个透镜或几个透镜的组合构成的一种光学仪器，主要用于放大微小物体，使人用肉眼能看到。显微镜分光学显微镜和电子显微镜。现在的光学显微镜可把物体放大1 600倍，分辨的最小极限达0.1 μm。

1.1 光学显微镜的基本结构

光学显微镜由机械装置和光学系统两大部分组成，如图1-1-1所示。

1.1.1 机械装置

(1)镜座和镜臂

镜座位于显微镜底部，呈马蹄形，它支撑整个显微镜。镜臂支撑镜筒，有固定式和活动式两种，活动式的镜臂可改变角度。

(2)镜筒

镜筒是由金属制成的圆筒，上接目镜，下接转换器。镜筒有单筒和双筒两种，单筒又分为直立式和后倾式两种。而双筒都是倾斜式的，倾斜式镜筒倾斜45°。双筒中的一个目镜有屈光度调节装置，以备在两眼视力不同的情况下调节使用。

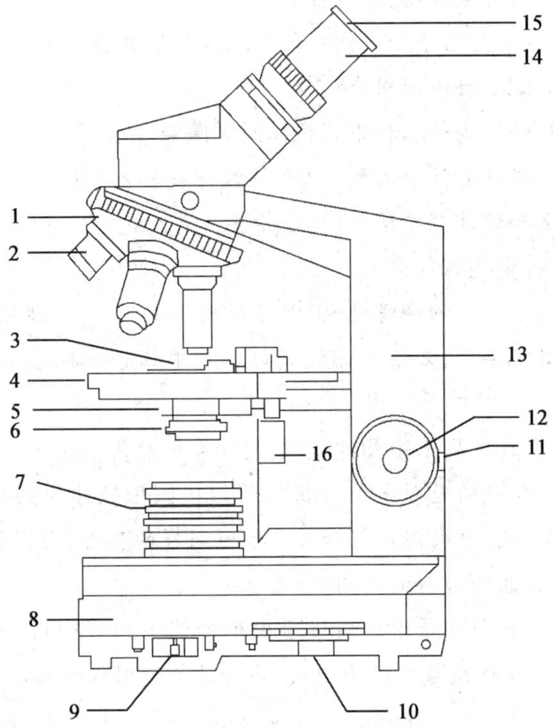

1-物镜转换器 2-物镜 3-游标卡尺 4-载物台 5-聚光器 6-彩虹光阑 7-光源 8-镜座 9-电源开关
10-光源滑动变阻器 11-粗调螺旋 12-微调螺旋 13-镜臂 14-镜筒 15-目镜 16-标本移动螺旋

图 1-1-1 光学显微镜的基本结构

(3)物镜转换器

物镜转换器为两个金属碟所合成的一个转盘,其上装 3~4 个物镜,可使每个物镜通过镜筒与目镜,构成一个放大系统。

(4)载物台

载物台又称镜台,为方形或圆形的盘,用以载放被检样品,中心有一个通光孔。在载物台上,有的装有两个金属压夹,称标本夹,用以固定标本;有的装有标本推动器,将标本固定后,能向前、后、左、右推动。有的推动器上还有刻度,能确定标本的位置,便于找到变换的视野。

(5)调焦装置

调焦装置是调节物镜和标本间距离的机件,有粗动螺旋(即粗调节器)和微动螺旋(即细调节器),转动它们可使镜筒或镜台上下移动,当物体在物镜和目镜焦点上时,则得到清晰的图像。

1.1.2 光学系统

(1)物镜

物镜安装在镜筒下端的转换器上,因接近被观察的物体,故又称为物镜。其作用是将物体作第一次放大,它是决定成像质量和分辨能力的重要部件。物镜上通常标有数值孔径、放大倍数、镜筒长度、焦距等主要参数，如 NA 0.30、10×、160/0.17、16 mm。其中，“NA 0.30”表示数值孔径，“10×”表示放大倍数，“160/0.17”分别表示镜筒长度和所需盖玻片的厚度(mm)，“16 mm”表示焦距。

(2)目镜

目镜装于镜筒上端，由两块透镜组成。目镜把物镜照成的像再次放大，不增加分辨率。目镜上一般标有 7×、10×、15×等放大倍数，可根据需要选用。一般可按与物镜放大倍数的乘积为物镜数值孔径的 500～700 倍，最大也不能超过 1 000 倍来选择。目镜的放大倍数过大，反而影响观察效果。

(3)聚光器

光源射出的光线通过聚光器汇聚成光锥照射标本，增加照明度并形成适宜的光锥角度，提高物镜的分辨率。聚光器由聚光镜和虹彩光圈组成。聚光镜由透镜组成，其数值孔径可大于 1。当使用大于 1 的聚光镜时，须在聚光镜和载玻片之间滴加香柏油，否则只能达到 1。虹彩光圈由薄金属片组成，中心形成圆孔，推动把手可随意调整透射光的强弱。调节聚光镜的高度和虹彩光圈的大小，可得到适当的光照和清晰的图像。

(4)光源

新式显微镜的光源通常安装在显微镜的镜座内，通过按钮开关来控制。老式的显微镜多采用附着在镜臂上的反光镜，该反光镜是一个两面镜子，一面是平面，另一面是凹面。在使用低倍镜和高倍镜观察时，用平面反光镜；使用油镜或光线弱时，可使用凹面反光镜。

(5)滤光片

可见光由各种颜色的光组成，不同颜色的光的波长不同。如果只需某一波长的光，就要用滤光片。选用适当的滤光片，可以提高分辨率，增加影像的反差和清晰度。滤光片有各种颜色，可透过不同波长的可见光。使用时，可根据标本本身的颜色，在聚光器下加相应的滤光片。

1.2　油镜物镜的基本原理

微生物研究用的光学显微镜的物镜通常有低倍物镜(16 mm，10×)、高倍物镜(4 mm，40×～45×)和油镜(1.8 mm，95×～100×)三种。油镜通常标有黑圈或红圈，也有的以“OI”字样表示，它是三者中放大倍数最大的。根据使用不同放大倍数的目镜，可使被检样品放大 1 000～2 000 倍。油镜的焦距和工作距离(标本在焦点上看得最清晰时物镜和样品之间的距离)最短，光圈则开得最大。因此，在使用油镜观察时，镜头离标本非常近，须特别小心。

使用时，油镜与其他物镜的不同在于，载玻片和物镜之间不是隔一层空气，而是隔一层油质，排出空气，成为油浸系。选用的油通常为香柏油，因为香柏油的折射率($n=1.52$)与玻璃的折射率几乎相同。当光线通过载玻片后，可直接通过香柏油进入物镜而不发生折射。如果玻片和物镜之间的介质为空气，则成为干燥系。由于空气的折射率小，当光线通过玻片后，发生散射现象，进入物镜的光线会减少，这样就降低了视野的照明度，如图 1-1-2 所示。

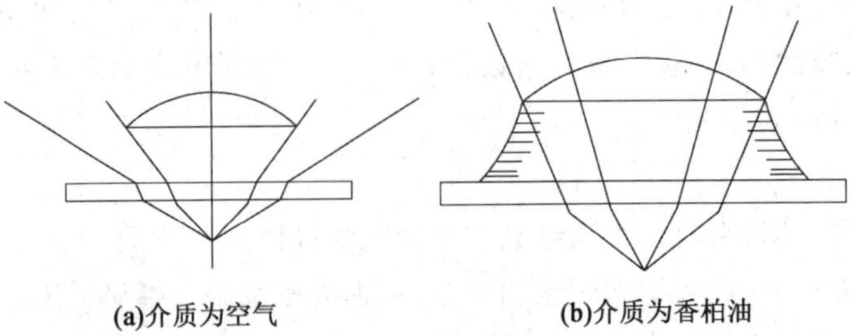

图 1-1-2 介质为空气与介质为香柏油时光线通过的比较

利用油镜不但能增加照明度,更重要的是能够增加数值孔径,因为显微镜的放大效能是由其数值孔径决定的。所谓数值孔径,即光线投射到物镜上的最大角度(镜口角)一半的正弦值,乘以玻片与物镜间介质的折射率所得的积,可用下列公式表示:

$$NA = n \cdot \sin\frac{\alpha}{2}$$

式中:NA 为数值孔径;n 为介质折射率;α 为最大入射角,即镜口角。

因此,光线投射到物镜的角度越大,介质折射率越大,数值孔径就越大。

显微镜的分辨率是指显微镜能够辨别两点之间最小距离的能力,它与物镜的数值孔径呈正比,与光波波长呈反比。因此,物镜的数值孔径越大,光波波长越短,则显微镜的分辨率越高。

任务二 细菌的染色与观察

【任务要求】

1. 掌握细菌涂片、染色的基本技术。
2. 初步认识细菌的形态特征。
3. 巩固显微镜(油镜)的使用方法。

【参考标准】

中华人民共和国国家标准 GB 4789.10—2016《食品微生物学检验　金黄色葡萄球菌检验》;农业部推荐标准 NY/T 555—2002《动物产品中大肠菌群、粪大肠菌群和大肠杆菌的检测方法》;商检行业推荐标准 SN/T 2728—2010《枯草芽孢杆菌检测鉴定方法》。

【操作流程】

1. 细菌的简单染色

涂片→干燥→固定→染色→水洗→干燥→镜检。

2. 细菌革兰氏染色

涂片→晾干→固定→水洗→媒染→水洗→脱色→复染→水洗→晾干→镜检。

【任务实施】

1 用品准备

1.1 菌种

枯草芽孢杆菌、金黄色葡萄球菌、大肠杆菌菌种斜面。

1.2 试剂

(1)吕氏碱性美蓝染液:见附录 C.1;

(2)结晶紫染色液:见附录 C.2;

(3)齐氏石炭酸复红染液:见附录 C.3;

(4)卢戈氏碘液:见附录 C.4;

(5)番红复染液:见附录 C.5;

(6)95%乙醇。

1.3 仪器和用具

显微镜、酒精灯、载玻片、接种环、双层瓶(内装香柏油和二甲苯)、擦镜纸、生理盐水、吸水纸、染色缸、接种针等。

2 操作步骤

2.1 细菌的简单染色操作

细菌的简单染色操作见图 1-2-1。

2.1.1 涂片

取两块载玻片,各滴一小滴(或用接种环挑取 1～2 环)生理盐水(或蒸馏水)于玻片中央,用接种环以无菌操作法(图 1-2-2)分别从枯草芽孢杆菌、金黄色葡萄球菌和大肠杆菌斜面上挑取少量菌苔于水滴中,混匀并涂成薄膜。若用菌悬液(或液体培养物)涂片,可用接种环挑取 2～3 环直接涂于载玻片上。

载玻片须洁净无油迹;滴生理盐水和取菌不宜过多;涂片须均匀,不宜过厚。

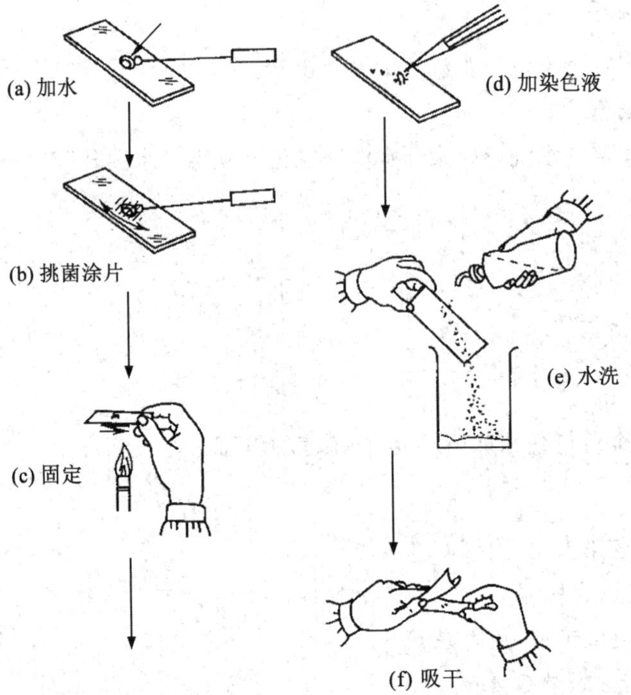

图 1-2-1　细菌简单染色过程示意

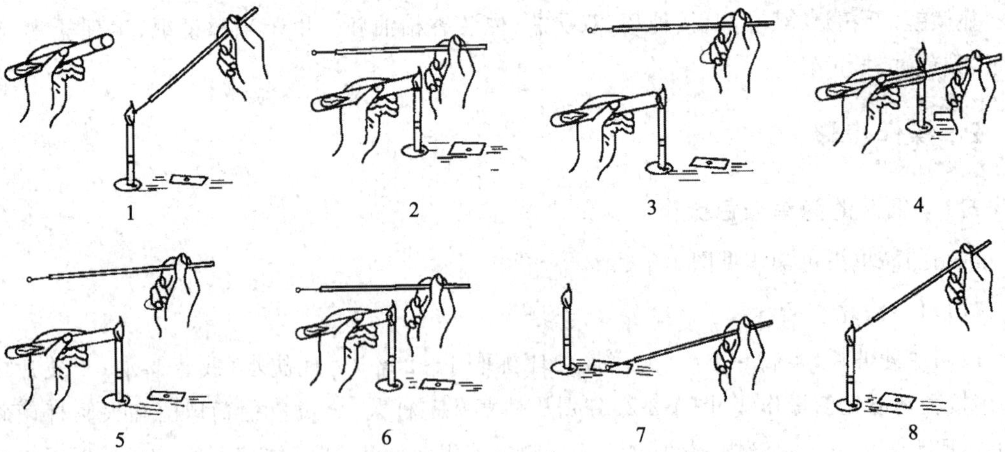

图 1-2-2　无菌操作涂片过程

2.1.2　干燥

室温下自然干燥。

2.1.3　固定

涂面朝上，通过火焰2～3次，此操作过程称为热固定。其目的是使细胞质凝固，以固定细胞形态，并使之牢固地附着在载玻片上。热固定温度不宜过高(以玻片背面不烫手为宜)，否则会改变甚至破坏细胞形态。

2.1.4　染色

将玻片平放在架子上，滴加染液于涂片上(以染液刚好覆盖涂片薄膜为宜)。用吕氏碱性美蓝染色1～2 min，再用石炭酸复红(或草酸铵结晶紫)染液染色约1 min。

2.1.5　水洗

吸除染液，用自来水冲洗，直至涂片上流下的水呈无色为止。水洗时，不要直接冲洗涂面，而应使水从载玻片的一端流下。水流不宜过急，以免涂片薄膜脱落。

2.1.6　干燥

自然干燥，或用吹风机吹干，也可用吸水纸吸干。

2.1.7　镜检

涂片完全干燥后，用油镜观察。

2.1.8　清理

试验完毕，按要求清洁显微镜和涂片，有菌的涂片用洗衣粉水煮沸后清洗干净，并沥干。

2.2　细菌的革兰氏染色操作

2.2.1　涂片

将培养14～16 h的枯草芽孢杆菌和培养24 h的大肠杆菌分别做成细菌涂片(注意涂片不可过于浓厚)。

2.2.2　晾干

晾干操作与简单染色法中所述相同。

2.2.3　固定

固定时，通过火焰1～2次即可，不可过热，以载玻片不烫手为宜。

1-2-1　革兰氏染色操作步骤

2.2.4　结晶紫染色初染

将玻片置于架子上，滴加适量(以盖满细菌涂面为准)的结晶紫染色液染色1 min。然后吸除染色液，用水小心地冲洗。

2.2.5 媒染

滴加卢戈氏碘液，媒染 1 min，水洗。

2.2.6 脱色

将玻片倾斜，连续滴加 95%乙醇，脱色 10～30 s 至流出液无色，立即水洗；或滴加 95%乙醇，将玻片稍摇晃几下即倾去乙醇，如此重复 2～3 次。立即水洗，以终止脱色。

2.2.7 复染

滴加番红(或称沙黄)复染液，染色 2～3 min，水洗。

2.2.8 干燥

将染好的涂片置于实验台上，自然晾干或用吸水纸吸干。

2.2.9 镜检

镜检时先用低倍镜，再用高倍镜，最后用油镜观察，并判断菌体的革兰氏染色反应性。

2.2.10 清理

将浸过油的镜头擦拭干净；观察完毕后，用擦镜纸将玻片上的香柏油擦除。

思政花园

案例：据英国《每日邮报》报道，俄罗斯一位富有争议的科学家给自己的身体注射了 350 万年前"永生"细菌，现在他变得更强壮，且注射之后两年从未生病。请同学们结合所学知识思考、讨论，并判断这个案例的真实性。

德育目标培养：严谨认真、勇于质疑、不盲目、不盲从。

3 作业单

将染色记录与结果填入表 1-2-1，同时注明对应的物镜放大倍数和总放大率。

表 1-2-1 细菌染色及观察结果记录表

	简单染色形态图及描述	革兰氏染色形态图及描述
枯草芽孢杆菌		
金黄色葡萄球菌		
大肠杆菌		
检测结论		

【任务评价】

表 1-2-2 细菌染色任务考核参考标准

序号	考核项目	考核内容	考核标准	考核方法	标准分值
1	职业基本素质	学习工作态度	态度端正，积极主动，工作认真。参与意识强，不请假，不懈怠，全勤，否则将酌情扣分。任务领会到位。有敬业精神	单人考核	10
		团队协作	服从工作安排，协调意识强，与小组其他成员配合好，否则将酌情扣分	小组考核	10
2	岗位专业技能	用具准备	能够根据检测需求，自主准备好相关器具。保证操作过程完整连贯。否则酌情扣分	单人考核	10
		仪器使用	正确地使用低倍镜、高倍镜和油镜，掌握调节粗、细调节螺旋的方法和要领，操作熟练，确保不损坏仪器，不污染标本。否则将酌情扣分	单人考核	20
		细菌染色、观察与形态绘制	能够完成细菌简单染色和革兰氏染色操作，在显微镜下观察，绘制细菌形态，描述染色结果。染色并观察实验结果，与实际不符的酌情扣分	单人考核	20
		报告填写	条理清晰，符合要求，可操作性强。否则将酌情扣分	单人考核	10
3	职业方法与能力	方法能力	善于思考，主动思考，勤于思考。独立分析和解决问题的能力强，能够主动、准确地表达自己的想法	单人考核	5
		工作过程	积极主动地参与任务工作过程，规范、认真。工作任务记录完整，语言简洁，字迹工整	小组考核	5
		训练与总结	积极准确地完成作业单，及时上交报告，有个人见解。能够自主利用网上平台开展学习与训练。善于反思，勤于反馈，积极总结经验教训	单人考核	10
	合计				100

【师徒共研】

1. 简单染色过程中，干燥固定的目的是什么？

干燥可以使菌体蛋白变性、细胞质凝固，进而可以使菌体紧密地附着于载玻片表面。

2. 为什么要求涂片完全干燥后才能用油镜观察？

因为香柏油不溶于水，容易造成光线发生折射或散射，一方面无法构成油浸系，影响油镜的分辨率，另一方面会降低视野的亮度。

3. 革兰氏染色涂片为什么不能过于浓厚？

做革兰氏染色实验时，如果涂片过于浓厚，容易使染色和脱色不均匀，而不利于观察，所以涂片时不能将菌体涂得过于浓厚；另外涂片太厚，容易使菌体重叠，造成假阳性。

4. 革兰氏染色时，为什么说脱色是最关键的一步？

如果脱色耗时较短，则容易使革兰氏阴性细菌脱色不完全，造成假阳性；如果脱色耗时较长，则容易使革兰氏阳性细菌内的染料被脱出，造成假阴性。

5. 革兰氏染色时，为什么要加碘液？

碘可以与结晶紫染料形成较大的复合物，从而可以阻止结晶紫向细胞外渗透；另一方面可以增加结晶紫与细胞质的亲和力。

6. 革兰氏染色时，如何证明染色操作是正确的？

将革兰氏阳性细菌（葡萄球菌）与革兰氏阴性细菌（大肠杆菌）制成混合涂片，经革兰氏染色后，如果葡萄球菌呈紫色，而大肠杆菌呈红色，则说明染色操作是正确的。

7. 在明视野显微镜下观察细菌形态时，是用染色标本好，还是用未染色的标本好？为什么？

用染色标本好。因为细菌在溶液中往往为无色透明状，与水溶液背景不容易分辨开，而当染上与背景不同的颜色后，则有利于观察。

【知识链接】

细菌的染色与形态

1　细菌的染色

1.1　细菌的简单染色法

简单染色法是利用单一染料对细菌进行染色的一种方法。此方法操作简便，适用于菌体一般形态的观察。

细菌体积小，较透明，如未经染色常不易识别，而经染色后，与背景形成鲜明的对比，使其易于在显微镜下被观察到。

用于生物染色的染料主要有碱性染料、酸性染料和中性染料三大类。碱性染料的离子带正电荷，能和带负电荷的物质结合。由于细菌的蛋白质等电点较低，当它生长于中性、碱性或弱酸性的溶液中时，常带负电荷，所以通常采用碱性染料（如美蓝、结晶紫、碱性复红、番红或孔雀绿等）使其着色。例如，美蓝（亚甲基蓝），实际上是氯化亚甲蓝，它能电离成正、负离子，带正电荷的染料离子可使细菌细胞染成蓝色。酸性染料的离子带负电荷，能与带正电荷的物质结合。当细菌分解糖类产生的酸性物质使培养基 pH 下降时，细菌所带正电荷增加，因此易被伊红、酸性复红或刚果红等酸性染料着色。中性染料是前两者的结合物，又称复合染料，如伊红美蓝、伊红天青等。

简单染色法只用一种染料使细菌着色以显示其形态，简单染色不能辨别细菌细胞的结构。

1.2　细菌的革兰氏染色

革兰氏染色反应是细菌分类和鉴定的重要性状，革兰氏染色法是 1884 年由丹麦医师 Gram 创立的。采用革兰氏染色法（Gram stain）不仅能观察到细菌的形态，而且还可将所有细菌区分为两类：染色反应呈蓝紫色的称为革兰氏阳性细菌，用 G^{+} 表示；染色反应呈红色

(复染颜色)的称为革兰氏阴性细菌，用 G^- 表示。细菌对于革兰氏染色的不同反应，是它们细胞壁的成分不同造成的。革兰氏阳性细菌的细胞壁主要由肽聚糖形成的网状结构组成，在染色过程中，当用乙醇处理时，由于脱水网状结构中的孔径变小，通透性降低，结晶紫-碘复合物被保留在细胞内而不易脱色，因此呈现蓝紫色；革兰氏阴性细菌的细胞壁中肽聚糖含量低，而脂类物质含量高，当用乙醇处理时，脂类物质溶解，细胞壁的通透性增加，使结晶紫-碘复合物外渗而脱色，然后又被染上复染液(番红)的颜色，因此呈现红色。

2　细菌的形态观察

细菌是一类个体微小、形态结构简单的单细胞原核微生物。

2.1　细菌的形态

细菌种类繁多，就单个菌体而言，细菌有三种基本形态：球状、杆状、螺旋状(图 1-2-3)，分别称为球菌、杆菌、螺旋菌。在一定条件下，各种细菌通常保持其各自特定的形态，可作为分类和鉴定的依据。

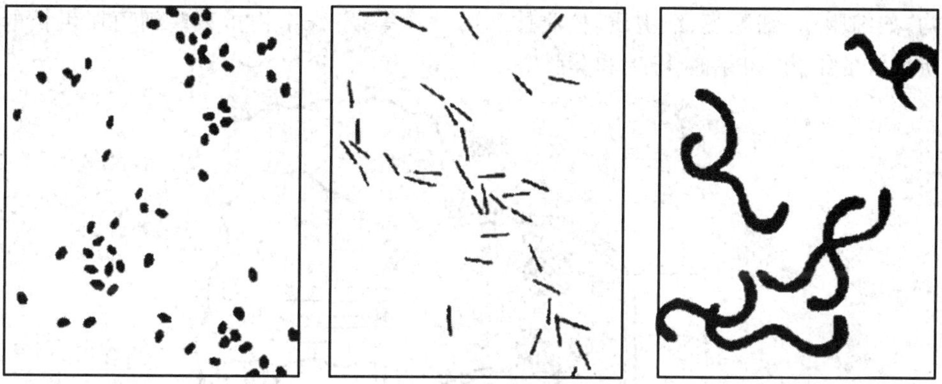

(a)球状　　(b)杆状　　(c)螺旋状

图 1-2-3　细菌的基本形态

2.1.1　球菌

细胞呈球形或近似球形，依细胞分裂方向和分裂后新细胞的排列方式，又可分为 6 种主要类型，分别为单球菌、双球菌、链球菌、四联球菌、八叠球菌和葡萄球菌。

2.1.2　杆菌

细胞呈杆状或圆柱状。各种杆菌的大小和具体形状有显著差别，有的为球杆菌；有的短粗，为短杆菌；有的呈长圆柱形，为长杆菌；有的一端稍膨大，为棒状杆菌；有的一端具有分叉，为分枝杆菌。由于杆菌只沿长轴分裂，故只有单体和链状两种排列方式。杆菌种类多，最为常见，作用也最大。

2.1.3 螺旋菌

细胞呈弧状或螺旋状，一般单生，能运动。按照弯曲程度可分为两类。

(1)弧菌

菌体呈弧状或逗号状，如霍乱弧菌。

(2)螺菌

菌体弯曲度大于一周，如梅毒密螺旋体。

2.2 细菌的大小

细菌细胞的大小须用显微测微尺测量，并以多个菌体的平均值或变化范围表示，长度单位为微米(μm)，若用电子显微镜观察更小的细胞结构或更小的微生物，要用纳米(nm)来表示。

球菌大小用直径表示，一般球菌的大小为 0.5～1.0 μm；杆菌大小以宽×长表示，杆菌的宽度比较稳定而长度变化较大，一般杆菌大小为(0.5～1.0)μm×(1.0～5.0)μm；螺旋菌大小以宽×弯曲长度表示，一般为(0.3～1.0)μm×(5.0～10.0)μm。

2.3 细菌细胞的结构

细菌的细胞结构分为基本结构和特殊结构(图 1-2-4)。其中，基本结构指一般细菌都有的结构，如细胞壁、细胞膜、细胞质、核质体和内含物等；特殊结构指某些细菌在生长的特定阶段所形成的结构，如芽孢、鞭毛和荚膜等。

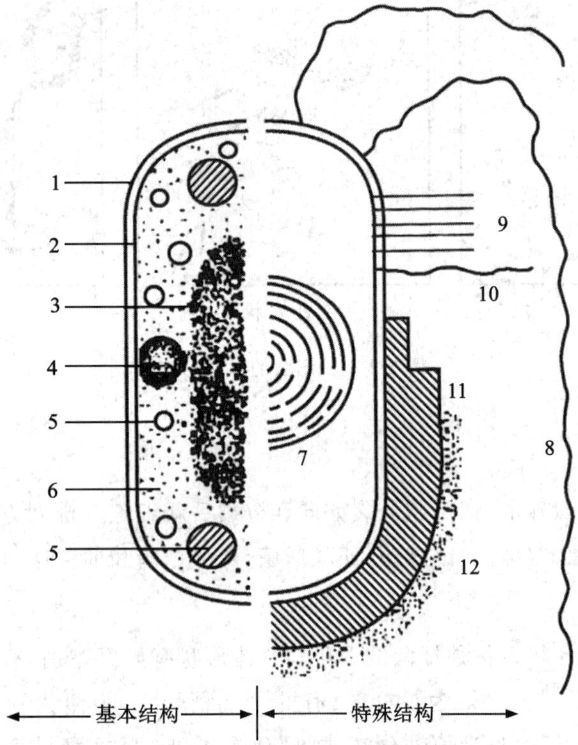

1-细胞壁　2-细胞膜　3-核质体　4-间体　5-储藏物　6-细胞质　7-芽孢
8-鞭毛　9-菌毛　10-性菌毛　11-荚膜　12-黏液层

图 1-2-4　细菌细胞结构模式

2.3.1 细菌细胞的基本结构

(1)细胞壁

细胞壁位于细胞最外层,质地厚实、坚韧,占细胞干重的10%～25%。细胞壁具有固定细胞外形、保护细胞免受外力损伤的功能,同时还起到协助鞭毛运动,协助细胞分裂,阻拦大分子物质进入细胞,参与细菌的抗原性、致病性和对噬菌体的敏感性反应等多种作用。

细菌的细胞壁的结构和成分比较复杂,主要由肽聚糖构成。而革兰氏阳性细菌(G^+)和革兰氏阴性细菌(G^-)的细胞壁各有自己的特点,见图1-2-5和表1-2-3。

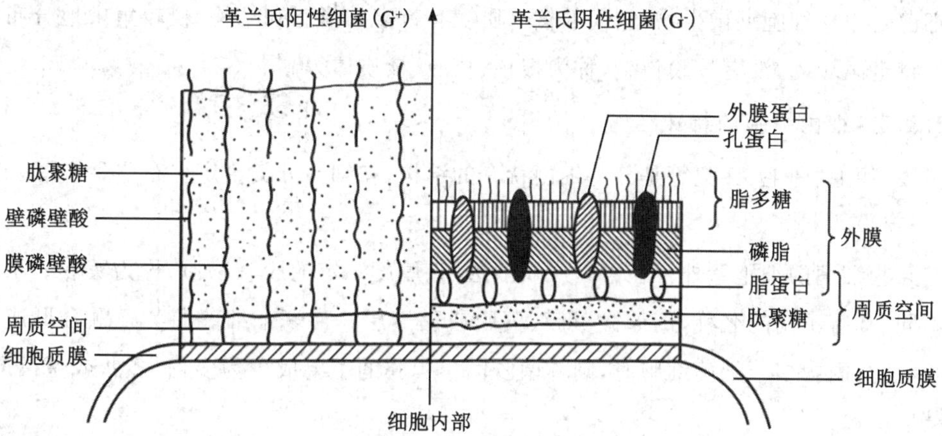

图1-2-5 革兰氏阳性细菌和革兰氏阴性细菌细胞壁结构

表1-2-3 革兰氏阳性细菌和革兰氏阴性细菌细胞壁结构比较

比较特征	G^+细菌	G^-细菌
强度	较坚韧	较疏松
细胞壁厚度	厚,20～80 nm	薄,内壁层2～3 nm,外膜8 nm
肽聚糖含量	多,占细胞壁干重的50%～80%	少,占细胞壁干重的10%～20%
肽聚糖结构	可达50层,75%亚单位交联,网格紧密坚固	1～3层,30%亚单位交联,网格较疏松
磷壁酸	+	−
外膜	−	+
结构	三维空间(立体结构)	二维空间(平面结构)

注:+ 表示具备;− 表示不具备。

(2)细胞膜

细胞膜是紧贴在细胞壁内侧的一层由磷脂和蛋白质组成的、柔软的、富有弹性的半透性薄膜。细胞膜的主要功能为:①控制细胞内、外物质(营养物质和代谢废物)的运输与交换;②维持细胞内正常渗透压的屏障;③合成细胞壁各种成分和荚膜大分子的场所;④进行氧化磷酸化或光合磷酸化的产能基地；⑤鞭毛基体的着生部位和鞭毛运动能量供应基地。

(3)细胞质

细胞质是细胞膜内所含的无色、透明、黏稠的胶状物质，含水量80%，还含有蛋白质、核酸、脂类、糖、无机盐以及核糖体和一些颗粒状内含物。细菌的细胞质和真核细胞的细胞质相比，前者更易于被碱性染料染色。细胞质中含有多种酶系统。细胞质是细菌合成蛋白质和核酸的场所，也是细菌细胞进行物质代谢的场所。

(4)核质体

细菌是原核细胞型微生物，它们的核物质没有特定的形态和结构，仅较集中地分布在细胞质的特定区域内，没有核膜包裹，称为拟核、核质、核质体等。

2.3.2 细菌细胞的特殊结构

荚膜、鞭毛、菌毛、芽孢等是某些细菌特有的结构，在细菌分类鉴定上有重要作用。

(1)荚膜

在某些细菌的细胞壁外存在着一层松散透明、厚度不定的胶状物质，称为荚膜。根据厚度的不同，常有不同的名称，例如微荚膜、荚膜或黏液层。当多个细菌的荚膜融合形成一个大的胶状物，内含多个细菌细胞时，则称菌胶团。荚膜的主要成分为多糖、多肽或蛋白质，尤以多糖居多。

(2)鞭毛

某些细菌表面附着的细长呈波状弯曲的丝状物，少则1～2根，多则可达数百根，它们称为鞭毛，是细菌的运动器官。螺旋菌和假单胞菌普遍都长有鞭毛；杆菌中有的有鞭毛，有的没有鞭毛；而球菌中，只有动性球菌属才有鞭毛。

(3)菌毛

菌毛是长在细菌体表的蛋白纤丝，必须用电镜观察才能看得到，特点是细、短、直、硬、多。菌毛根据形态、结构和功能不同，可分为普通菌毛和性菌毛两类。

(4)芽孢

某些细菌在其生长发育后期或在不良环境条件下，可在细胞内形成一个壁厚、质浓、折光性强、抗逆能力极强的圆形或卵圆形小体，称为芽孢。芽孢是细菌的休眠体，当营养缺乏时，每个菌体细胞内仅形成1个芽孢；当环境适宜时，芽孢萌发又形成细菌的营养体，细胞数目没有增加，故它无繁殖功能。

芽孢具有多层致密的厚膜结构。芽孢的核心和皮质中含特有的DPA-Ca(吡啶二羧酸钙盐)，能提高芽孢中各种酶的热稳定性；芽孢的含水量为40%左右，其内蛋白质受热后不易变性。这些因素使得芽孢呈现出高度的耐热性和抵抗其他不良环境的能力。

任务三 酵母菌形态观察

【任务要求】

1. 观察啤酒酵母的个体形态及其无性繁殖。

2. 观察假丝酵母的菌体结构、假菌丝以及繁殖特点。

【参考标准】

中华人民共和国国家标准 GB 4789.15—2016《食品微生物学检验 霉菌和酵母计数》；农业部推荐标准 NY/T 1969—2010《饲料添加剂 产朊假丝酵母》。

【操作流程】

准备工作→产朊假丝酵母镜检→酵母菌死活细胞镜检→子囊孢子镜检。

【任务实施】

1 用品准备

1.1 设备

接种针、接种环、酒精灯、载玻片、盖玻片、吸管、显微镜、镊子、恒温培养箱等。

1.2 培养基

(1)麦芽汁琼脂培养基：见附录 A.1；

(2)牛肉膏蛋白胨培养基：见附录 A.2；

(3)0.1%美蓝染液：见附录 C.6；

(4)孔雀绿染液：见附录 C.7。

1.3 菌种

(1)啤酒酵母(*Saccharomyces cerevisiae*)的试管斜面菌种；

(2)产朊假丝酵母(*Candida utilis.*)的试管斜面菌种。

2 操作步骤

2.1 啤酒酵母形态观察

取一块洁净的载玻片，在载玻片上滴加 1 滴无菌水，用接种环挑取少许啤酒酵母菌苔置于无菌水中，用接种环轻轻划动，使其分散成云雾状薄层；另取一块盖玻片，小心地覆盖菌液。在显微镜下观察酵母细胞的形状、大小及出芽方式。

2.2 产朊假丝酵母的观察

用划线法将产朊假丝酵母接种在麦芽汁平板上，在划线部分加无菌盖玻片，于 28～30℃恒温箱中培养 3 d，取下盖玻片，并将其置于洁净载玻片上，在显微镜下观察呈树枝状分枝的假菌丝细胞的形状，或打开皿盖，在显微镜下直接观察。

2.3 酵母菌死活细胞的检查

在载玻片上滴加 1 滴 0.1%的美蓝染液，用接种环挑取少许酵母菌苔置于美蓝染液滴中，划动接种环，使菌苔分散均匀，加盖玻片，在显微镜下观察，死细胞为蓝色，活细胞无色。

2.4 子囊孢子的观察

将啤酒酵母接种于麦芽汁液体培养基中，于 28～30℃恒温箱中培养 24 h，连续转接培养 3～4 次；再转接到肉汁蛋白胨培养基中，再在 25～28℃的恒温箱中培养 3 d 左右，最后经过涂片染色后(按芽孢染色法)，观察子囊孢子的形状和特点，计数每个子囊内的孢子数等。

3 作业单

将酵母菌形态观察记录与结果填入表 1-3-1，同时注明对应的物镜放大倍数和总放大率。

表 1-3-1 酵母菌形态观察结果记录表

	啤酒酵母	产朊假丝酵母
酵母细胞的形状、大小及出芽方式		
死活细胞的检查		
子囊孢子形状和特点，以及每个子囊内的孢子数		
观察结果总结		

【任务评价】

表 1-3-2　酵母菌形态观察考核参考标准

序号	考核项目	考核内容	考核标准	考核方法	标准分值
1	职业基本素质	学习工作态度	态度端正，积极主动，工作认真。参与意识强，不请假，不懈怠，全勤，否则将酌情扣分。任务领会到位。有敬业精神	单人考核	10
		团队协作	服从工作安排，协调意识强，与小组其他成员配合好，否则将酌情扣分	小组考核	10
2	岗位专业技能	用具准备	能够根据实验需求，自主准备好相关器具。保证操作过程完整连贯。否则酌情扣分	单人考核	10
		仪器使用	正确使用显微镜和培养箱，操作熟练，确保不损坏仪器，不污染标本。否则将酌情扣分	单人考核	20
		形态观察及死活细胞的检查、子囊孢子的观察	能够按要求进行无菌操作，能够描述酵母菌的形态，检查酵母菌的死活细胞及观察子囊孢子，与实际不符的酌情扣分	单人考核	20
		报告填写	条理清晰，符合要求，可操作性强。否则将酌情扣分	单人考核	10
3	职业方法与能力	方法能力	善于思考，主动思考，勤于思考。独立分析和解决问题的能力强，能够主动、准确地表达自己的想法	单人考核	5
		工作过程	积极主动地参与任务工作过程，规范、认真。工作任务记录完整，语言简洁，字迹工整	小组考核	5
		训练与总结	积极准确地完成作业单，及时上交报告，有个人见解。能够自主利用网上平台开展学习与训练。善于反思，勤于反馈，积极总结经验教训	单人考核	10
	合计				100

【师徒共研】

1. 在美蓝浸片观察过程中，美蓝染色液染色时间对酵母菌死活细胞数量有何影响？

美蓝染色液染色时间越长，酵母菌死细胞数量越多，活细胞数量越少。染色时间长导致细胞渗透压增大，使活细胞失水而死。

2. 为何使用碱性美蓝染液，而不使用酸性的染液？

微生物细胞在碱性、中性及弱酸性溶液中通常带负电荷，而碱性染料电离后染色部分带正电荷，很容易与细胞结合使其着色。

3. 在显微镜下观察，酵母菌的个体形态特征与细菌个体形态特征有何不同？

在同等倍数下，酵母菌比细菌大得多(10 倍左右)，但其外形和轮廓与细菌相似，故容易将二者混淆。细菌中许多种类由于有鞭毛、会运动，所以容易在视野内被发现而区别，酵母菌不会运动，细胞大而且往往会产生芽孢、子囊孢子、假菌丝，通过仔细观察也能区别开来。

4. 在观察过程中，使用载玻片时，如何避免产生气泡？

滴加染液时，染液不宜过多或过少，否则，在盖上盖玻片时，菌液会溢出或出现大量气泡。用镊子取一块盖玻片，先将一边与菌液接触，然后慢慢地将盖玻片放下，使其盖在菌液上。

【知识链接】

酵母菌的认知

酵母菌是单细胞的真核微生物，通常以芽殖或裂殖进行无性繁殖，极少数可通过产生子囊孢子进行有性繁殖。酵母菌的应用很广，在酿造业、医药和工业废水处理等方面发挥着重要作用。也有少数酵母是有害的，可使食品变质，有些酵母是工业发酵的污染菌，还有一些酵母会引发疾病。

1　酵母菌的形态结构

大多数酵母菌为单细胞，一般为卵圆形、圆形、圆柱形或柠檬形，(1～5) μm×(5～30) μm，最长可达 100 μm。各种酵母菌有其一定的大小和形态，但也随着菌龄及环境条件不同而异。即使在纯培养中，各个细胞的形状、大小也有差别。有些酵母菌细胞与其子代细胞连在一起成为链状，称为假丝酵母。

酵母菌的细胞与细菌一样，有细胞壁、细胞膜和细胞质等基本结构以及核糖体等细胞器。此外，酵母菌细胞还具有一些真核细胞特有的结构和细胞器，如细胞核有核仁和核膜，DNA 与蛋白质结合形成染色体，能进行有丝分裂，细胞质中有线粒体、中心体、内质网和高尔基体等细胞器以及多糖、脂类等储藏物质。细胞壁的组成成分主要是葡聚糖和甘露聚糖。

2　酵母菌的菌落特征

大多数酵母菌在适宜的培养基上形成的菌落与细菌的菌落相似，但较细菌菌落大而且厚，菌落表面湿润、黏稠、易被挑起。有些种因培养时间太长而菌落表面皱缩。其色多为乳白色，少数呈红色，如红酵母、掷孢酵母等。菌落的颜色、光泽、质地、表面和边缘特征，均为酵母菌菌落鉴定的依据。

在液体培养基中，有的长在培养基底部并产生沉淀，有的在培养基中均匀生长，有的在培养基表面生长并形成菌膜或菌醭。

3　酵母菌的繁殖方式

酵母菌的繁殖方式有无性繁殖和有性繁殖两种。

3.1 无性繁殖

无性繁殖是指不经过性细胞，由母细胞直接产生子代的繁殖方式。

3.1.1 芽殖

芽殖是酵母菌无性繁殖的主要方式。芽殖开始时，成熟酵母菌细胞的液泡产生一根小管，同时在细胞表面向外突出形成一个小突起，小管穿过细胞壁进入小突起内；接着母细胞的细胞核分裂成两个子核，一个随母细胞的部分原生质进入小突起内，小突起逐渐变大成为芽体；当芽体长大至母细胞大小一半时，两者相连部分收缩，在芽体与母细胞之间形成横隔壁，然后芽体脱离母细胞，成为独立的新个体。芽体脱落时在母细胞表面留下的痕迹，称为芽痕。大多数酵母菌可在母细胞的各个方向进行出芽，称为多边芽殖；有的在细胞两端出芽，称为两端芽殖。

在良好的环境中，酵母菌生长繁殖旺盛，芽殖形成的子细胞不脱离母细胞，又可进行出芽繁殖，形成成串的细胞群，像霉菌的菌丝，因此称为假菌丝。

3.1.2 裂殖

裂殖是少数酵母菌借助于细胞的横分裂而繁殖的方式。细胞长大后，核复制后分裂为二，然后在细胞中产生一条隔膜，将细胞一分为二。

3.1.3 无性孢子繁殖

有些酵母菌可形成一些无性孢子进行繁殖，这些无性孢子有掷孢子、厚垣孢子和节孢子等。

任务四 霉菌形态观察

【任务要求】

1. 学会用小室培养法培养真菌。
2. 观察并记录真菌的形态特征。

【参考标准】

中华人民共和国国家标准 GB 4789.15—2016《食品微生物学检验　霉菌和酵母计数》，中华人民共和国国家标准 GB 4789.16—2016《食品微生物学检验　常见产毒霉菌的形态学鉴定》。

【操作流程】

一般观察法：倒平板→接种与培养→制水浸片→观察→记录绘图。

载玻片培养观察法(小室培养法):配制培养基→制作小室→接种→培养→镜检观察→记录绘图。

玻璃纸透析培养观察法:孢子悬液制备→覆盖玻璃纸→接种→培养→镜检观察→记录绘图。

【任务实施】

1 用品准备

1.1 仪器和用具

显微镜、U形玻璃管、载玻片、盖玻片、无菌移液管、接种环、手术刀片、镊子、培养皿、玻璃纸、滤纸。

1.2 菌种

根霉、毛霉、青霉、木霉、曲霉、犁头霉等霉菌的斜面菌种。

1.3 培养基及试剂

(1)马铃薯葡萄糖琼脂培养基:见附录A.3;

(2)察氏培养基:见附录A.4;

(3)吕氏碱性美蓝染液:见附录C.1;

(4)乳酸-石炭酸棉蓝染色液:见附录C.8;

(5)20%甘油。

2 操作步骤

2.1 一般观察法

2.1.1 倒平板

将马铃薯琼脂培养基熔化后,倒10～12 mL于灭菌培养皿内,凝固后使用。

2.1.2 接种与培养

将青霉、木霉、毛霉、曲霉、根霉、犁头霉接种在不同的平板中,置于28～30℃恒温箱中培养3～7 d。

2.1.3 制水浸片

于洁净载玻片上,滴加一滴乳酸-石炭酸棉蓝染色液,用解剖针从霉菌菌落的边缘处取少量带有孢子的菌丝,置于染色液中,再细心地将菌丝挑散开,然后小心地盖上盖玻片,注意不要产生气泡。置于显微镜下,先用低倍镜观察,必要时再换高倍镜观察。

2.1.4 观察

(1)观察青霉、木霉、毛霉、曲霉的形态

选取标记青霉、木霉、毛霉、曲霉的载玻片,观察霉菌的菌丝及其分隔情况;观察菌丝体;

观察分生孢子着生情况(要求辨认分生孢子梗、顶囊、小梗及分生孢子)。

(2)观察根霉的形态

选取标记根霉的载玻片,观察根霉的假根、匍匐枝、孢子囊柄、孢子囊以及孢囊孢子。

(3)观察犁头霉的形态

选取标记犁头霉的载玻片,观察梨头霉的接合孢子。

2.2　载玻片培养观察法(小室培养法)

2.2.1　灭菌准备

将略小于培养皿底内径的滤纸放入皿内,再放上 U 形玻璃管,其上放一块洁净的载玻片,然后将两个盖玻片分别斜立在载玻片的两端,盖上皿盖,将数套(根据需要而定)如此装置的培养皿叠起,包好,用 121℃灭菌 20 min 或干热灭菌,备用。

2.2.2　倒平板,制备小室

将 6～7 mL 灭菌的马铃薯琼脂培养基倒入灭菌培养皿中,待培养基凝固后,用无菌解剖刀将其切成 0.5～1.0 cm^3 的小块。用刀尖铲起培养基小块,并将其放在已灭菌的培养皿内的载玻片上,每片上放置 2 块(图 1-4-1)。

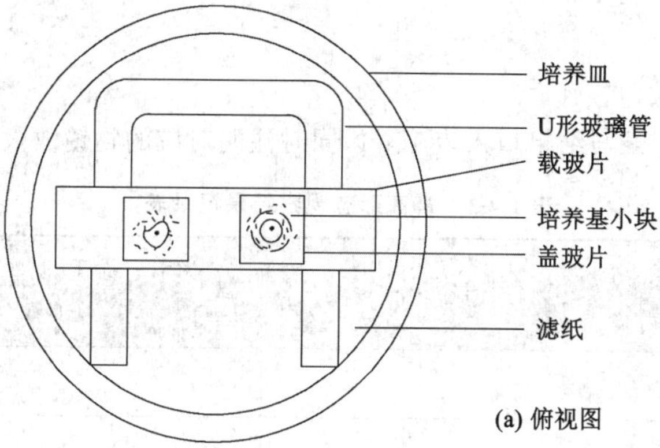

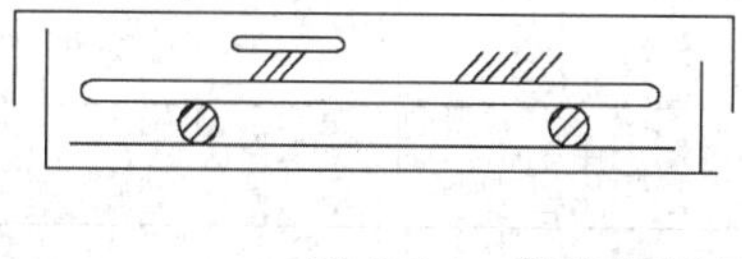

图 1-4-1　载玻片观察法

2.2.3　接种

用灭菌的尖细接种针取一点(肉眼方能看见的)霉菌孢子,轻轻地点在培养基小块的边缘上,用无菌镊子夹取立在载玻片旁的盖玻片,盖在载玻片上,再盖上皿盖。在培养皿的滤纸上,滴加无菌的 20%甘油数毫升,至滤纸湿润为止。

2.2.4 培养、观察

将培养皿置于28℃培养箱中，培养一定时间后，取出载玻片，置于显微镜下观察。

2.3 玻璃纸透析培养观察法

2.3.1 制备孢子悬液

往霉菌斜面试管中加入5 mL无菌水，洗脱孢子，制成孢子悬液。

2.3.2 制备玻璃纸平板

用无菌镊子将已灭菌的、直径与培养皿相近的圆形玻璃纸覆盖于察氏培养基平板上。

2.3.3 接种

用1 mL无菌吸管吸取0.2 mL孢子悬液于上述玻璃纸平板上，并用无菌玻璃涂布器涂布均匀。

2.3.4 培养、观察

置于28℃培养箱中，培养48 h后取出培养皿。打开皿盖，用镊子将玻璃纸与培养基分开，再用剪刀剪取一小片玻璃纸置于载玻片上，用显微镜观察。

3 作业单

将霉菌形态观察记录与结果填入表1-4-1，同时注明对应的物镜放大倍数和总放大率。

表1-4-1 霉菌形态观察结果记录表

菌种	形态绘制	形态描述（菌丝及其分隔情况、孢子着生情况等）
青霉		
木霉		
毛霉		
曲霉		
根霉		
犁头霉		
观察结果总结		

【任务评价】

表 1-4-2 霉菌形态观察考核参考标准

序号	考核项目	考核内容	考核标准	考核方法	标准分值
1	职业基本素质	学习工作态度	态度端正，积极主动，工作认真。参与意识强，不请假，不懈怠，全勤，否则将酌情扣分。任务领会到位。有敬业精神	单人考核	10
		团队协作	服从工作安排，协调意识强，与小组其他成员配合好，否则将酌情扣分	小组考核	10
2	岗位专业技能	用具准备	能够根据实验需求，自主准备好相关器具。保证操作过程完整连贯。否则酌情扣分	单人考核	10
		仪器使用	正确地使用显微镜和培养箱，操作熟练，确保不损坏仪器，不污染标本。否则将酌情扣分	单人考核	20
		无菌操作及形态观察、霉菌的制片方法	能够按要求进行无菌操作，掌握霉菌的制片方法与观察方法，能够描述霉菌的形态，与实际不符的酌情扣分	单人考核	20
		报告填写	条理清晰，符合要求，可操作性强。否则将酌情扣分	单人考核	10
3	职业方法与能力	方法能力	善于思考，主动思考，勤于思考。独立分析和解决问题的能力强，能够主动、准确地表达自己的想法	单人考核	5
		工作过程	积极主动地参与任务工作过程，规范、认真。工作任务记录完整，语言简洁，字迹工整	小组考核	5
		训练与总结	积极准确地完成作业单，及时上交报告，有个人见解。能够自主利用网上平台开展学习与训练。善于反思，勤于反馈，积极总结经验教训	单人考核	10
	合计				100

【师徒共研】

1. 霉菌制片中，为何用乳酸-石炭酸棉蓝染色液而不宜用水？

乳酸-石炭酸棉蓝染色液是霉菌制片中常用的固定液，它可使菌丝体分散开，使细胞不易变形，并具有染色、杀菌作用。而水不具备上述特点。

2. 在显微镜下，细菌、酵母菌和霉菌的主要区别是什么？

细菌须要在油镜下才能被观察清楚，而霉菌和酵母菌在低倍镜下就可被看到。酵母菌为单细胞，菌体一般呈圆球形、卵形或椭圆形，菌体比细菌大几倍到几十倍，部分处于出芽繁殖过程中的菌体还有芽体，大多数菌体上还有芽痕。霉菌的菌丝和孢子的宽度比细菌粗得多，是细菌菌体宽度的几倍到几十倍，在低倍镜下即可被看到，还可看到孢子囊梗、囊轴、孢子囊等。

3. 对霉菌而言，载玻片培养观察法（小室培养法）有何优点？

用无菌操作将培养基琼脂薄层置于载玻片上，接种后盖上盖玻片，在适宜条件下，霉菌即在载玻片和盖玻片之间的有限空间内沿盖玻片横向生长。培养一定时间后，将载玻片上的培养物置于显微镜下观察。这种方法可以保持霉菌的自然生长状态，以便于观察不同发育期的培养物。采用这种方法不仅能克服水浸片制片的困难，还能使对菌丝分枝和孢子着生状态的观察获得更满意的效果。

4.载玻片培养观察法(小室培养法)中，为何所用的材料均需灭菌处理？

采用载玻片培养观察法时，如果材料不进行灭菌，则材料上的细菌，很有可能会影响霉菌的生长，甚至影响后期的显微观察。

5.载玻片培养观察法(小室培养法)中，为什么在培养皿的滤纸上滴加20%甘油？

甘油是保湿剂，可以维持环境的湿度，从而促进霉菌的生长。

6.黑根霉和黑曲霉在形态特征上有何区别？

黑曲霉的营养菌丝具有分隔。气生菌丝的一部分形成长而粗糙的分生孢子梗，顶端膨大成球状顶囊，表面辐射出一层或两层小梗，小梗上着生成串的球形分生孢子。分生孢子梗生于足细胞上，并通过足细胞与营养菌丝相连。

黑根霉的菌丝无隔、多核、呈分枝状，有匍匐菌丝和假根。在假根的上方直立地生长出一至数根孢囊梗，其顶端膨大成球形孢子囊。囊的基部有囊托，中间有球形或半球形囊轴。囊内产大量孢囊孢子。有性生殖时，由不同性别的菌丝或匍匐菌丝分生出配子囊，配子囊双双异宗配合，形成接合孢子。

7.霉菌的无性孢子和有性孢子各有几种？

霉菌的无性孢子直接由生殖菌丝分化而成，常见的有芽孢子、节孢子、厚垣孢子、孢囊孢子和分生孢子。

有些霉菌通过两条菌丝相连而直接结合。多数霉菌则由配子囊(由菌丝分化形成的性细胞)或配子(由配子囊产生)相互交配，形成有性孢子。有性孢子的主要类型有接合孢子、卵孢子、子囊孢子。

【知识链接】

霉菌的认知

霉菌是丝状真菌的统称，在自然界分布极广。

1 霉菌的形态结构

霉菌菌体由分枝或不分枝的菌丝构成。菌丝是构成霉菌营养体的基本单位。很多菌丝缠绕、交织在一起构成菌丝体。霉菌菌丝直径一般为2～10 μm，是细菌和放线菌菌丝的几倍到几十倍。根据菌丝有无隔膜，可将菌丝分为无隔菌丝和有隔菌丝两类。

2 霉菌的菌落特征

霉菌的菌落由分枝状菌丝组成。由于霉菌菌丝较粗长，故形成的菌落较疏松，常呈绒毛状、絮状或蜘蛛网状。它们的菌落是细菌或放线菌菌落的几倍到几十倍，并且较放线菌菌落易于挑取。霉菌菌落表面常呈现出肉眼可见的不同结构和色泽特征，这是因为霉菌形成的孢子有不同的形状、结构和颜色。但是，各种霉菌在一定培养基上形成的菌落大小、形状、颜色等相对稳定，所以菌落特征也是鉴定霉菌的重要依据。

3　霉菌的繁殖

霉菌的繁殖能力一般都很强，繁殖方式复杂多样。但霉菌主要的繁殖方式是无性繁殖和有性繁殖。

3.1　无性繁殖

霉菌的无性繁殖主要通过产生无性孢子的方式来实现。无性繁殖不经过两性细胞的结合，通过营养细胞的分裂或营养菌丝的分化形成同种新个体。霉菌产生的无性孢子主要有孢囊孢子、分生孢子、节孢子、厚垣孢子和芽孢子。

3.2　有性繁殖

经过两性细胞结合而形成的孢子称为有性孢子。有性孢子的产生不如无性孢子那么频繁和丰富，它们只在一些特殊的条件下产生。常见的有性孢子有卵孢子、结合孢子、子囊孢子和担孢子。

任务五　放线菌形态观察

【任务要求】

1. 了解放线菌的菌丝分类及结构。
2. 掌握用光学显微镜观察放线菌的方法。

【参考标准】

农业部推荐标准 NY/T 3406—2018《家畜放线菌病病原体检验方法》。

【操作流程】

插片法：倒平板→插片→接种→培养→镜检→记录绘图。

搭片法：倒平板→开槽打孔→接种→培养→镜检→记录绘图。

压印法：倒平板→划线接种→挑取菌落→加盖玻片→镜检→记录绘图。

【任务实施】

1 用品准备

1.1 用具

载玻片、盖玻片、镊子、接种环、显微镜、涂布棒、玻璃纸、打孔器等。

1.2 培养基及试剂

(1)高氏一号培养基:见附录 A.5;
(2)0.1%美蓝染液:见附录 C.6;
(3)石炭酸复红染液:见附录 C.9。

1.3 菌种

链霉菌、小单孢菌。

2 操作步骤

2.1 插片法

2.1.1 倒平板

将熔化的高氏一号培养基冷却至 50℃左右,倾倒 20 mL 左右于空白无菌培养皿中,制成 3～4 mm 厚的平板。

2.1.2 接种及插片

在无菌条件下,用接种环从链霉菌的斜面上取少量孢子,在平板上划线接种,然后用镊子夹取无菌盖玻片,并将其向下插入已接种的培养基内,倾斜度为 45°,深度为盖玻片的一半(图 1-5-1)。

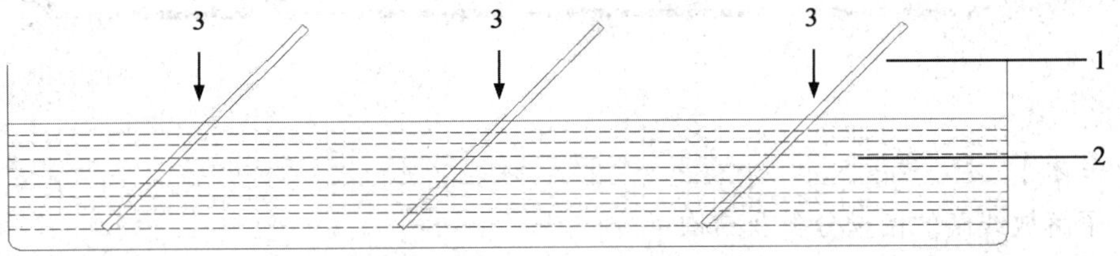

1-盖玻片　2-固体培养基　3-接种线

图 1-5-1　插片法示意

2.1.3 培养

将插片平板倒置于 28℃恒温培养箱中,培养 3～7 d。

2.1.4 形态观察

用镊子取出一块盖玻片,擦净背面的附着物,将有菌的一面向上置于显微镜的载玻片上,分别用低倍镜、高倍镜观察其营养菌丝、气生菌丝及孢子丝的形态和色泽,以及分生孢子的形态和颜色,并描画下来。

2.2　搭片法

搭片法示意如图1-5-2。

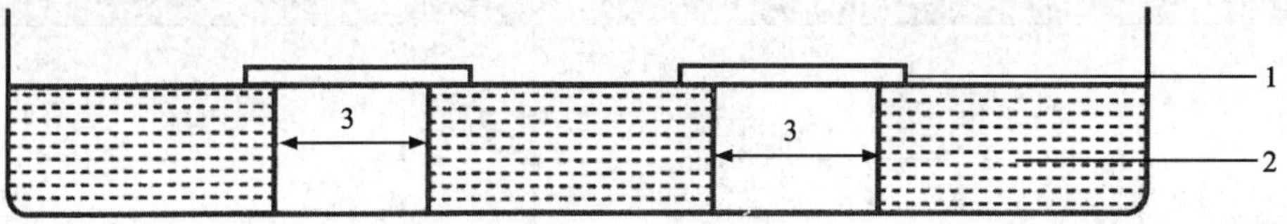

1-盖玻片　2-固体培养基　3-接种处

图1-5-2　搭片法示意

2.2.1　倒平板

同插片法2.1.1所述。

2.2.2　开槽与接种

用无菌打孔器在凝固的平板上打出数个小圆孔，并将小单孢菌孢子划线接种至孔内边缘。

2.2.3　搭片及培养

在已接种的孔上放置一块无菌的盖玻片，将搭片平板倒置于28℃恒温培养箱中，培养3～7 d。

2.2.4　观察

取1滴美蓝染液滴于载玻片中央，将搭片培养皿中的盖玻片取出，使有菌的一面向下放在载玻片中央，制成水封片，用高倍镜观察营养菌丝及分生孢子。

2.3　压印法

2.3.1　倒平板

同插片法2.1.1所述。

2.3.2　接种

在凝固的高氏一号培养基平板上，用划线分离法接种放线菌的孢子，置于28℃恒温培养箱中培养，得到单一的放线菌菌落。

2.3.3　挑取菌落

用灭菌的小刀（或刀片）挑取一小块有单一菌落的培养基，置于洁净的载玻片上。

2.3.4　加盖玻片

用镊子取一块洁净的盖玻片，在火焰上稍微加热（注意：勿将盖玻片烤碎），然后把盖玻片放在带菌落的培养基小块上，再用镊子轻轻地压几下，使菌落的部分菌丝体印压在盖玻片上。

2.3.5　观察

将印压好的盖玻片放在洁净的载玻片上（菌体朝向载玻片），然后用显微镜观察。

3　作业单

将放线菌形态观察记录与结果填入表1-5-1，同时注明对应的物镜放大倍数和总放大率。

表 1-5-1　放线菌形态观察结果记录表

	形态绘制	菌落形态描述(大小、形状、色泽、表面状况、干燥或湿润、气味有无等)
链霉菌		
小单孢菌		
观察结果总结		

【任务评价】

表 1-5-2　放线菌形态观察考核参考标准

序号	考核项目	考核内容	考核标准	考核方法	标准分值
1	职业基本素质	学习工作态度	态度端正,积极主动,工作认真。参与意识强,不请假,不懈怠,全勤,否则将酌情扣分。任务领会到位。有敬业精神	单人考核	10
		团队协作	服从工作安排,协调意识强,与小组其他成员配合好,否则将酌情扣分	小组考核	10
2	岗位专业技能	用具准备	能够根据实验需求,自主准备好相关器具。工具准备齐全,摆放合理,否则酌情扣分	单人考核	10
		仪器使用	正确地使用显微镜,操作熟练,确保不损坏仪器,不污染标本。否则将酌情扣分	单人考核	20
		放线菌菌丝及孢子形态观察和绘制	能够按要求进行无菌操作,正确染色,绘制放线菌菌丝、孢子及菌落的形态。所绘制图像与实际不符的酌情扣分	单人考核	20
		报告填写	条理清晰,符合要求,可操作性强。否则将酌情扣分	单人考核	10
3	职业方法与能力	方法能力	善于思考,主动思考,勤于思考。独立分析和解决问题的能力强,能够主动、准确地表达自己的想法	单人考核	5
		工作过程	积极主动地参与任务工作过程,规范、认真。工作任务记录完整,语言简洁,字迹工整	小组考核	5
		训练与总结	积极准确地完成作业单,及时上交报告,有个人见解。能够自主利用网上平台开展学习与训练。善于反思,勤于反馈,积极总结经验教训	单人考核	10
	合计				100

【师徒共研】

1.在高倍镜或油镜下，如何区分放线菌的营养菌丝和气生菌丝？

在高倍镜下，营养菌丝比较亮、粗，气生菌丝比较黑、细。另外，采用印片法只能看到气生菌丝，采用压片法可以看到营养菌丝。

基内菌丝是营养型一级菌丝，长在培养基内或表面。其主要功能是吸收营养物，所以又称营养菌丝，一般无横隔膜（诺卡氏菌除外），直径0.2～1.2 μm，分枝繁茂。气生菌丝是基内菌丝分枝向培养基上空伸展的二级菌丝，镜检观察可见其颜色较深且较基内菌丝粗，直径为1.0～1.4 μm，直形或弯曲状，有分枝，有的产生色素。

2.放线菌的形态有何特点？

放线菌是一类主要呈菌丝状生长和以孢子繁殖的陆生性较强大的原核生物，因在固体培养基上呈辐射状生长而得名。大多数放线菌有发达的分枝菌丝，菌丝纤细，宽度近于杆状细菌，0.5～1.0 μm。

3.用插片法观察气生菌丝和孢子丝的形态时，应注意什么？

平板要倒得厚一些，接种时划线要密，插片时要有一定角度并与划线垂直。观察时，宜用略暗光线，先用低倍镜找到适当视野，再用高倍镜观察。用0.1%美蓝染色后观察，效果会更好。

4.放线菌分布在什么环境中？

放线菌主要存在于含有丰富有机质的中性或偏碱性的土壤中，在空气中、淡水和海水环境中也有一定的分布。

5.放线菌与人类有哪些关系？

有的放线菌能产生大量的、种类繁多的抗生素，其中80%由链霉菌属产生。有的放线菌可用于生产维生素、酶制剂。放线菌在甾体转化、石油脱蜡、烃类发酵、污水处理等方面也有应用。少数寄生型放线菌可引起人、动物（如皮肤、脑、肺和脚部感染）、植物（如马铃薯和甜菜的疮痂病）的疾病。

6.什么是基内菌丝？

基内菌丝又称营养型一级菌丝，匍匐生长于营养基质表面或伸向基质内部，功能是吸收水分和养分。

7.放线菌和细菌有何相似点？

放线菌和细菌同为单细胞，放线菌菌丝的直径与细菌的接近；二者同属原核生物，无核膜、核仁和线粒体等；它们对环境的要求相近，最适pH在7.0～7.6；抵抗力相似，均对抗生素敏感；遗传特性相似，核酸含量接近。总之，放线菌是一类介于细菌和真菌之间，而更接近于细菌的一类丝状原核生物。

【知识链接】

放线菌的认知

1　放线菌的形态特征

放线菌是一类主要呈丝状生长和以孢子形式繁殖的革兰氏阳性细菌。在固体培养基上培养时，营养菌丝生长在培养基内，色淡、较细，其主要作用是吸收营养、排泄废物。在生长过程中营养菌丝会向空气中分化，生长为色深、较粗的分枝菌丝，即气生菌丝。气生菌丝能进一步分化成孢子丝，其上生有大量的孢子。孢子丝形态多样，有直、波曲、钩状、螺旋状、轮生等多种形态，孢子也有球形、椭圆形、杆状和瓜子状等，这些形态特征都是放线菌分类鉴定的重要依据。

2　放线菌的生活史

放线菌的发育周期是一个连续的过程。现以链霉菌为例，将放线菌的生活史概括如下：孢子在适宜条件下萌发，长出1～3个芽管；芽管伸长，长出分枝，分枝越来越多，形成基内菌丝体；基内菌丝体发育到一定阶段时，向培养基外部空间生长，成为气生菌丝体；气生菌丝体发育到一定程度后，在其上端形成孢子丝；孢子丝以一定的方式形成孢子。如此周而复始，得以生存发展。链霉菌的生活史说明，如图1-5-3所示。

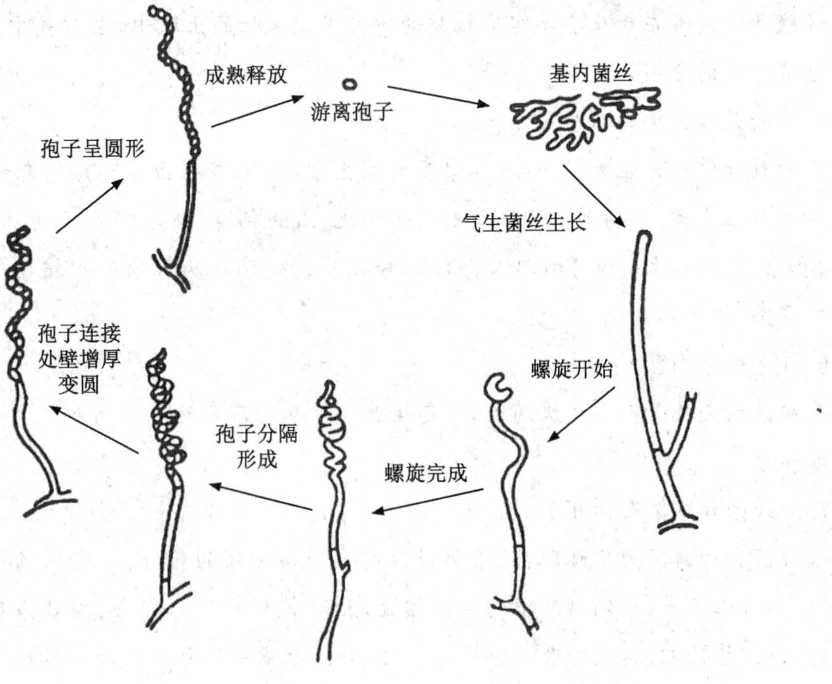

图1-5-3　链霉菌的生活史

【拓展学习】

诺贝尔奖历史上的那些显微镜

在冷冻电镜之前,显微观察方向已先后五次摘得诺贝尔奖。1953年的诺贝尔物理学奖颁给了荷兰科学家泽尼克(Frits Zernike),以表彰他论证了相衬法,特别是发明了相衬显微镜。20世纪30年代,泽尼克在从事光学研究时,一次偶然的发现让他意识到,不可见的光相位变化可以转变为可见的振幅变化,这就是理论上的相衬法。利用这种原理,他给传统的光学显微镜装上相位板,制成了首台相衬显微镜。相衬显微镜最大的优势是可以观察活性透明物质。采用当时的显微镜观察细胞时都需要染色,而染色会杀死细胞,采用泽尼克的相衬显微镜可直接观察到活细胞的内部结构。后来,这种光学显微镜得到了广泛应用,成为生物学和医学研究中的有力工具。

光学显微镜的分辨能力有限(约0.2 μm),运用电子束成像的电子显微镜突破了光学分辨极限,电子显微镜的发明为人类观察微观世界开辟了新途径。1986年的诺贝尔物理学奖颁给了设计出第一台电子显微镜的鲁斯卡(Ernst Ruska)。20世纪30年代时,电子显微镜并未受到重视,经过鲁斯卡本人的奔走,西门子哈斯克公司才制造出第一台商用电子显微镜。

此后,电子显微镜才进入实验室。到20世纪50年代中期,采用电子显微镜已经能观察到晶体缺陷,这极大地促进了固体物理、金属物理和材料科学领域的发展。有趣的是,对电子显微镜的肯定却率先来自诺贝尔化学奖。1982年的诺贝尔化学奖颁给了英国科学家克卢格(Aaron Klug),表彰他发展了晶体电子显微技术,他把X射线晶体学与电子显微镜的方法结合起来,观察到了病毒染色质中的DNA和蛋白质。

显微镜的发展历程还远未结束,1986年的诺贝尔物理学奖的另一半奖金分给了德国物理学家宾尼希(Gerd Binnig)和瑞士物理学家罗雷尔(Heinrich Rohrer),以表彰他们设计出隧道扫描显微镜(STM)。得益于微电子学的高速发展,利用物理学中的隧道效应,隧道扫描显微镜应运而生,分辨率达到了原子水平(纳米)。

当然,电子显微镜在观察生物方面并不占优势,因为它也会破坏生物的活性,冷冻电镜在一定程度上解决了这一问题。不过,就像半个世纪前相衬显微镜为生物学研究带来极大的突破一样,能观察活体物质的光学显微镜在三位物理学家的钻研下焕发了“青春”。因此,2014年的诺贝尔化学奖颁给了贝齐格(Eric Betzig)、赫尔(Stefan W. Hell)以及莫纳(William E. Moerner),因为他们发展了超分辨率荧光显微技术。他们利用荧光分子的开关效应,并巧妙地利用物理中的受激辐射原理和数据分析中常用的拟合定位法,将光学显微镜的分辨率提高至纳米尺度。

荧光显微技术的诞生距今不过20年,却对多个领域产生了重大的影响,尤其是为常温下活体生物学的研究带来了一次革命。

项目二
消毒和灭菌

知识目标

1. 掌握消毒、灭菌等概念。
2. 了解消毒、灭菌的不同方法及其适用范围。

技能目标

1. 能够根据工作目标选择合理的消毒灭菌方法。
2. 能够熟练掌握几种常用的消毒灭菌技术。
3. 掌握常见消毒灭菌设备的使用方法和注意事项。

德育目标

1. 培养学生严谨认真的工作作风。
2. 激发学生的责任感、使命感，强化安全意识，引导学生严守职业道德。

思政花园

路易斯·巴斯德(Louis Pasteur，1822 年 12 月 27 日—1895 年 9 月 28 日)，法国微生物学家、化学家，近代微生物学的奠基人。他发明了巴氏消毒法，研制了狂犬病疫苗，创立了一整套独特的微生物学基本研究方法，开始用“实践—理论—实践”的方法进行研究，是一位科学巨人。

任务一 干热灭菌

【任务要求】

1. 了解干热灭菌的基本原理。

2. 掌握实验室中实验器皿干热灭菌的方法。

【参考标准】

中华人民共和国国家标准 GB 15981—1995《消毒与灭菌效果的评价方法与标准》。

【操作流程】

准备工作→洗涤→干燥→包扎→贴标签→灭菌→冷却。

【任务实施】

1 用品准备

2-1-1 消毒和灭菌的概念

1.1 材料

培养皿、试管、移液管、镊子、载玻片、锥形瓶。

1.2 仪器设备

烘箱。

2 操作步骤

2.1 灭菌前的准备

玻璃器皿等在灭菌前必须经正确包裹和封口处理，以保证玻璃器皿灭菌后不被外界杂菌所污染。常用的玻璃器皿的包扎和封口方法如下：培养皿需用纸包扎或装在金属平皿筒内；锥形瓶需用封口膜封口，用皮筋扎紧，以防灭菌后瓶口被外部杂菌所污染；对于吸管，先将拉直的曲别针一端放在棉花的中心，然后将棉花团轻轻地推入吸管口中，管口处外露的棉花纤维统一用火焰烧去，灭菌时将吸管装入金属管筒内进行灭菌，也可用纸条斜着从吸管尖端缠绕，逐步向上卷，头端的纸卷捏扁并拧几下，再将包好的吸管集中灭菌。

2.2 放料

将待灭菌器皿放入烘箱，摆放物品时勿使物品贴靠烘箱壁，物品之间须留有一定的空隙,以利于热气的循环,保证灭菌温度均匀。

2.3 升温

关闭烘箱门,打开烘箱电源开关,调节温度旋钮或温度调节面板,调至所需要的温度。待温度上升至设定温度,开始计时。注意勿使温度过高,若温度超过 170℃,器皿外包裹的纸张会被烤焦。

2.4 维持温度

在设定的温度下维持一定的杀菌时间。

2.5 降温

关闭电源,使烘箱自然降温。

2.6 取料

待烘箱温度降至 60℃以下时,打开烘箱门,取出已灭菌物品。

3 作业单

总结实训的操作步骤和要点及存在的问题。

【任务评价】

表 2-1-1 干热灭菌考核参考标准

序号	考核项目	考核内容	考核标准	考核方法	标准分值
1	职业基本素质	学习工作态度	态度端正,积极主动,工作认真。参与意识强,不请假,不懈怠,全勤,否则将酌情扣分。任务领会到位。有敬业精神	单人考核	10
		团队协作	服从工作安排,协调意识强,与小组其他成员配合好,否则将酌情扣分	小组考核	10
2	岗位专业技能	用具准备	能够根据实验需求,自主准备好相关器具。工具准备齐全,摆放合理,否则酌情扣分	单人考核	10
		器皿的洗涤与包扎	正确地进行玻璃器皿的清洗和包扎,否则将酌情扣分	单人考核	20
		仪器使用	正确地使用鼓风干燥箱,操作熟练,确保不损坏仪器,不污染样品。否则将酌情扣分	单人考核	20
		报告填写	条理清晰,符合要求,可操作性强。否则将酌情扣分	单人考核	10

续表 2-1-1

序号	考核项目	考核内容	考核标准	考核方法	标准分值
3	职业方法与能力	方法能力	善于思考，主动思考，勤于思考。独立分析和解决问题的能力强，能够主动、准确地表达自己的想法	单人考核	5
		工作过程	积极主动地参与任务工作过程，规范、认真。工作任务记录完整，语言简洁，字迹工整	小组考核	5
		训练与总结	积极准确地完成作业单，及时上交报告，有个人见解。能够自主利用网上平台开展学习与训练。善于反思，勤于反馈，积极总结经验教训	单人考核	10
	合计				100

【师徒共研】

1. 干热灭菌时，为什么物品不能摆放得太拥挤？

摆得太挤对热空气流通不利，会影响灭菌效果。

2. 玻璃器皿干热灭菌时，应该注意哪些问题？

灭菌物品不得接触烘箱内壁的铁板，以防包扎纸被烤焦引发起火；灭菌时，实验人员不能离开；灭菌结束后，不能忘记关掉电源；待温度降至60℃以下再打开烘箱，否则冷热空气交替，玻璃器皿容易炸裂或发生烫伤事故。

3. 玻璃器皿在干热灭菌前为什么要先行干燥？

干热灭菌温度一般在160～170℃，若玻璃器皿上有过多的水，可能会引起器皿炸裂。

4. 干热灭菌为何需较高的温度？

干热灭菌是指在干燥环境下进行灭菌的技术。在干燥的状态下，由于热穿透力较差，微生物耐热性较强，物品必须长时间受高温的作用才能达到灭菌的目的，因此，干热灭菌法采用的温度一般比湿热灭菌法高。

5. 干热灭菌法适用于哪些材料的灭菌？

该法适用于耐高温金属、玻璃等物品与用具的灭菌，以及不允许湿气穿透的油脂类（如油性软膏基质、注射用油）和耐高温的粉末状化学药品的灭菌，不适用于橡胶、塑料及大部分药品的灭菌。

6. 干热灭菌的条件都有哪些？

干热灭菌法采用的温度一般比湿热灭菌法高。一般规定为135～145℃灭菌3～5 h、160～170℃灭菌2～4 h或180～200℃灭菌0.5～1 h。

【知识链接】

干热灭菌法的概述

干热灭菌是利用高温使微生物细胞内的蛋白质凝固变性而达到灭菌的目的。细胞内蛋白质的凝固性与细胞本身的含水量有关。菌体受热时，环境和细胞内含水量越大，菌体蛋白质凝固越快，反之含水量越小，凝固越慢。因此，与湿热灭菌相比，干热灭菌所需温度高、时间长。

在干燥状态下，细菌的繁殖体经 80～100℃处理 1 h 可被杀死；芽孢则须经 160～170℃处理 2 h 才被杀灭。但干热灭菌温度不能超过 180℃，否则，包裹器皿的纸或棉塞会被烤焦，甚至引起燃烧。干热灭菌法常用于空玻璃器皿、金属器具的灭菌。带有胶皮的物品、液体及固体培养基等不能用此法灭菌。

干热灭菌的方法有如下几种。

(1)焚烧

用火焚烧是一种彻底的灭菌方法，但破坏性大，仅适用于废弃物品或动物尸体等。

(2)烧灼

直接用火焰灭菌，适用于实验室的金属器械(镊子、剪刀、接种环等)、玻璃试管口和瓶口等的灭菌。

(3)干烤

在烤箱内进行，加热至 160～170℃维持 2 h，可杀灭包括芽孢在内的所有微生物，适用于耐高温的玻璃器皿、瓷器、玻璃注射器等。

(4)红外线

红外线是波长为 770 nm～1 000 μm 的电磁波，以波长为 1～10 μm 的热效应最强。红外线的热效应只能在被照射物的表面产生，不能使物体均匀加热，常用于碗、筷等食具的灭菌。

(5)微波

波长为 1～1 000 mm 的电磁波统称为微波，微波可穿透玻璃、塑料薄膜与陶瓷等物质，但不能穿透金属。由于热效应分布不均匀，微波的灭菌效果不可靠，仅用于非金属器械及食具消毒。

任务二 湿热灭菌

【任务要求】

1. 了解湿热灭菌的基本原理。
2. 掌握实验室中实验器皿湿热灭菌的方法。

【参考标准】

中华人民共和国国家标准 GB 15981—1995《消毒与灭菌效果的评价方法与标准》。

【操作流程】

样品包扎→灭菌锅加水→装料→加盖→设定→排气→升压→保压→降压→取料→灭菌后的培养基空白培养。

【任务实施】

1　用品准备

1.1　材料

培养皿、试管、移液管、镊子、载玻片、锥形瓶。

1.2　仪器设备

高压蒸汽灭菌锅。

2　操作步骤

2.1　加水

打开灭菌锅盖，向锅内加水至水位线。最好用蒸馏水，以减少水垢在锅内的积存。注意加水须充足，以防灭菌过程中干锅。

2.2　装料

将待灭菌的器皿放入灭菌锅内，尽量摆放均匀。

2.3　加盖

将灭菌锅盖严，打开锅盖上的排气阀，关闭锅体下部的排气阀，并检查安全阀是否处于关闭状态。

2-2-1　高压蒸汽灭菌锅的使用

2.4　设定

设定好所需要的温度、压力和时间，并确认。

2.5　排气

打开加热开关，加热锅体内的水。待锅盖上的排气阀开始有蒸汽排出后，保持排气 5 min，以排尽锅体内的空气，然后关闭锅盖上的排气阀。

2.6　升压

继续加热，灭菌锅内的温度和压力均开始上升，适时打开并调节锅体下部的排气阀，使温度和压力保持同步上升。

2.7　保压

当锅内压力和温度达到设定值时，灭菌锅自动断开加热，开始进行倒计时。待温度和压力下降后，灭菌锅可自动开始加热，维持温度和压力在设定值附近。

2.8　降压

待达到灭菌时间后，灭菌锅自动断电，温度和压力开始下降。当压力表显示值(表压)为零时，打开锅盖上的排气阀，进一步排出蒸汽后方可打开灭菌锅。注意不能过早、过急地排气，否则瓶内压力下降的速度比锅内慢，容易使瓶内液体冲出容器之外。

2.9 取料

小心地取出灭菌锅中已灭菌的器皿，并摆放在合适的位置。

2.10 灭菌后的培养基空白培养

将灭菌后的培养基置于37℃培养箱中，经24 h培养后如果无菌生长，则可保存备用。将斜面培养基从灭菌锅中取出后，立即摆成斜面，待培养基凝固后进行空白培养。将半固体的培养基垂直放置至凝成半固体深层琼脂后，再空白培养。

3 作业单

总结湿热灭菌实训的操作步骤及要点。

【任务评价】

表 2-2-1 湿热灭菌考核参考标准

序号	考核项目	考核内容	考核标准	考核方法	标准分值
1	职业基本素质	学习工作态度	态度端正，积极主动，工作认真。参与意识强，不请假，不懈怠，全勤，否则将酌情扣分。任务领会到位。有敬业精神	单人考核	10
		团队协作	服从工作安排，协调意识强，与小组其他成员配合好，否则将酌情扣分	小组考核	10
2	岗位专业技能	用具准备	能够根据实验需求，自主准备好相关器具。工具准备齐全，摆放合理，否则酌情扣分	单人考核	10
		器皿的洗涤与包扎	正确地进行玻璃器皿的清洗和包扎，否则将酌情扣分	单人考核	20
		仪器使用	正确地使用高压灭菌锅，操作熟练，确保安全使用仪器，不损坏仪器，已灭菌样品不产生二次污染。否则将酌情扣分	单人考核	20
		报告填写	条理清晰，符合要求，可操作性强。否则将酌情扣分	单人考核	10
3	职业方法与能力	方法能力	善于思考，主动思考，勤于思考。独立分析和解决问题的能力强，能够主动、准确地表达自己的想法	单人考核	5
		工作过程	积极主动地参与任务工作过程，规范、认真。工作任务记录完整，语言简洁，字迹工整	小组考核	5
		训练与总结	积极准确地完成作业单，及时上交报告，有个人见解。能够自主利用网上平台开展学习与训练。善于反思，勤于反馈，积极总结经验教训	单人考核	10
	合计				100

【师徒共研】

1. 在使用高压蒸汽灭菌锅的过程中为什么要进行排气？

高压蒸汽灭菌的原理是利用加热产生水蒸气，随着蒸汽压力不断增加，温度随之升高，高压蒸汽穿透力强，传导快，使微生物的蛋白质凝固变性而达到灭菌的目的。空气的穿透力弱，杀菌强度低，若锅内存在空气，空气占用蒸汽的位置，形成菌“死角”，导致灭菌不彻底。

2. 高压蒸汽灭菌锅的安全阀的作用是什么？

由于种种原因（如手提式高压蒸汽灭菌锅的排气阀失灵或电控式蒸汽灭菌锅的温度控制继电器失灵），高压蒸汽灭锅内的压力过大而超过一定极限时，其上安全阀能自动开启，从而减小压力，避免发生爆炸等严重事故，保障安全。

3. 使用高压蒸汽锅进行灭菌时，怎样排除不安全的因素？

(1)灭菌前，检查灭菌锅中是否有水，若没有水或水量不够须及时加水（最好加蒸馏水），否则灭菌过程中可能会烧干锅而引起炸裂事故。

(2)灭菌结束后，一定要等压力降到零，才能打开排气阀，开盖取物。否则锅内压力突然下降，容器内培养基由于内外压力不平衡而冲出，使培养基损失、污染，甚至烫伤操作者。

(3)灭菌时，须留人观察灭菌锅是否处于正常使用状态。

4. 试分析培养基灭菌不彻底可能有哪些原因？

(1)装有培养基的试管和锥形瓶等在灭菌前没有包扎好；

(2)分装时培养基沾在管口；

(3)高压蒸汽灭菌锅内的冷空气没有排尽，使灭菌温度没有达到 121℃；

(4)灭菌锅内物品摆放得太挤，妨碍蒸汽流通而影响灭菌效果；

(5)灭菌锅内锥形瓶和试管口与锅壁接触，冷凝水淋湿封口的纸而透入棉塞；

(6)灭菌结束后，压力未降到零即打开排气阀，开盖取物。

5. 湿热灭菌的时间从何时开始计算？

湿热灭菌的时间从灭菌锅温度达到设定温度开始计算。

6. 为什么乳糖蛋白胨培养基的灭菌温度规定为 115℃，而不是 121℃？

在高温下，乳糖和培养基中的含氮物质发生美拉德反应，导致营养物质浓度下降，所以应适当降低杀菌的强度。

7. 灭菌时，塞试管的棉塞是否可用橡皮塞代替？为什么？

橡皮塞一般不透气，在灭菌的升温和降温过程中，试管内外压力会有差异。当管内压力大于管外压力时，塞子可能飞出或使试管爆裂。棉花塞透气性好，能保持内外压平衡，同时又能阻止细菌进入。

【知识链接】

湿热灭菌的原理及影响因素

1 湿热灭菌的原理

湿热灭菌的原理是利用高热水蒸气使微生物的蛋白质及核酸变性而死亡。这种变性首先是分子中的氢键断裂，当氢键断裂时，蛋白质及核酸的内部结构被破坏，进而丧失了原有功能。湿热灭菌法是在饱和蒸汽或沸水或流通蒸汽中进行灭菌的方法。以高温高压水蒸气为介质，由于蒸汽潜热大，穿透力强，容易使蛋白质变性或凝固，最终导致微生物的死亡，所以灭菌效率比干热灭菌法高。湿热灭菌是应用最广泛的一种灭菌方法，它具有灭菌可靠，操作方便，易于控制和经济等优点，是药物制剂生产过程中最常用的灭菌方法。

湿热灭菌法可分为：煮沸灭菌法、巴氏消毒法、高压蒸汽灭菌法、流通蒸汽灭菌法和间歇蒸汽灭菌法。

2 湿热灭菌法的具体方法

2.1 煮沸法

100℃水煮 5 min 能杀死一般细菌的繁殖体。许多芽孢必须经煮沸 5～6 h 才死亡。煮沸法可用于饮用水和一般器械（刀剪、注射器等）的消毒。

2.2 流通蒸汽灭菌法

利用 100℃左右的水蒸气进行消毒，一般采用流通蒸汽灭菌器加热 15～39 min，可杀死细菌繁殖体。消毒物品的包装不宜过大、过紧，因为不利于蒸汽穿透。

2.3 间歇蒸汽灭菌法

利用反复多次的流通蒸汽进行消毒，以达到灭菌的目的。一般用流通蒸汽灭菌器 100℃加热 15～30 min，可杀死细菌繁殖体，但芽孢尚有残存。物品取出后置于 37℃恒温箱中过夜，使芽孢发育成繁殖体，次日再蒸一次，如此连续三次以上。本法适用于不耐高温的营养物（如血清培养基）的灭菌。

2.4 巴氏消毒法

这是一种利用热力杀死液体中的病原菌或一般的杂菌，同时不致严重损害其质量的消毒方法。灭菌条件为 61.1～62.8℃持续 0.5 h 或 71.7℃处理 15～30 s。巴氏消毒法常用于消毒牛奶和酒类等。

2.5 高压蒸汽灭菌法

压力蒸汽灭菌是在专门的压力蒸汽灭菌器中进行的，是热力灭菌中使用最普遍的一种方法。其优点是穿透力强，灭菌效果可靠。

3 影响湿热灭菌的因素

3.1 细菌的种类与数量

不同细菌和不同发育阶段的同一种细菌对热的抵抗力有所不同。细菌数越少，所需灭菌时间越短。

3.2 蒸汽的性质

蒸汽有饱和蒸汽、湿饱和蒸汽和过热蒸汽。饱和蒸汽热含量较高，热穿透力较强，因此灭菌效果好。湿饱和蒸汽带有水分，热含量较低，穿透力差，灭菌效果较差。过热蒸汽的温度高于饱和蒸汽的温度，但穿透力差，灭菌效率低。

3.3 介质的性质

制剂中含有营养物质，如糖类、蛋白质等，可增强细菌的抗热性。细菌的生存能力也受介质 pH 的影响。一般中性环境耐热性最强，碱性次之，酸性不利于细菌发育。

3.4 物品的性质与灭菌时间

一般来说，灭菌温度越高，灭菌所需时间越短。湿热灭菌法一般采用 121℃，灭菌 20～30 min，如果被灭菌物含有产孢子的微生物，应采用灭菌后在适宜温度下培养几小时，再灭菌一次，以杀死刚刚萌发的孢子。但考虑到被灭菌物的稳定性，应在达到有效灭菌的前提下适当降低灭菌温度或缩短灭菌时间。

4 湿热灭菌法的优点

湿热灭菌法可在较低的温度下达到与干热灭菌法相同的灭菌效果，因为：①湿热灭菌法中蛋白吸收水分，更易凝固变性；②水分子的穿透力比空气大，更易均匀地传递热能；③蒸汽有潜热存在，可迅速提高物体的温度。

任务三 紫外线杀菌

【任务要求】

1. 了解紫外线杀菌的原理。
2. 掌握紫外线杀菌的操作过程。

【参考标准】

中华人民共和国国家标准 GB 15981—1995《消毒与灭菌效果的评价方法与标准》。

【操作流程】

制平板→菌悬液制备→接种→紫外线处理→培养→结果检查。

【任务实施】

1 用品准备

1.1 设备

无菌水管、无菌培养皿、无菌吸管(1 mL)、无菌涂布棒、灭菌图案纸(牛皮纸或黑纸)、紫外灯。

1.2 培养基

牛肉膏蛋白胨培养基:见附录 A.2。

1.3 菌种

培养 24～48 h 的金黄色葡萄球菌、灵杆菌。

2 操作步骤

2.1 制平板

取无菌培养皿 2 包(10 个/包),将已熔化并冷却至 50℃左右的牛肉膏蛋白胨培养基按无菌操作法倒入培养皿中,使其冷凝成平板。

2.2 菌悬液制备

取无菌水管 2 支,以无菌操作法分别取金黄色葡萄球菌和灵杆菌各 1 环,接入无菌水管中充分摇匀,制成菌悬液。

2.3 接种

用无菌吸管吸取已培养好的菌悬液 0.1 mL,分别接种于两个平板上,用无菌涂布棒涂匀,随即用无菌镊子取无菌图案纸一张,小心地放于接种好的培养皿中央。

2.4 紫外线处理

接通紫外灯箱电源,开灯预热 2～3 min。再将上述培养皿置于紫外灯下 30 cm 处,打开皿盖,照射 5～8 min,然后小心地取出图案纸。盖上皿盖,用黑布或厚纸遮盖,送入培养箱。

2.5 培养

将培养皿置于 28～30℃温度下培养 48 h。

2.6 结果检查

取出培养皿,观察平板上细菌生长的状况。

2-3-1 紫外灯的使用及注意事项

3 作业单

查阅紫外线杀菌的原理，总结实训操作步骤及要点。

【任务评价】

表 2-3-1 紫外线灭菌考核参考标准

序号	考核项目	考核内容	考核标准	考核方法	标准分值
1	职业基本素质	学习工作态度	态度端正，积极主动，工作认真。参与意识强，不请假，不懈怠，全勤，否则将酌情扣分。任务领会到位。有敬业精神	单人考核	10
		团队协作	服从工作安排，协调意识强，与小组其他成员配合好，否则将酌情扣分	小组考核	10
2	岗位专业技能	用具准备	能够根据实验需求，自主准备好相关器具。工具准备齐全，摆放合理，否则酌情扣分	单人考核	10
		器皿的洗涤与包扎	正确地进行玻璃器皿的清洗和包扎，否则将酌情扣分	单人考核	20
		仪器使用	正确地使用紫外灯及无菌操作台，按照规范熟练操作，确保安全使用，不造成人身安全隐患，不损坏仪器。否则将酌情扣分	单人考核	20
		报告填写	条理清晰，符合要求，可操作性强。否则将酌情扣分	单人考核	10
3	职业方法与能力	方法能力	善于思考，主动思考，勤于思考。独立分析和解决问题的能力强，能够主动、准确地表达自己的想法	单人考核	5
		工作过程	积极主动地参与任务工作过程，规范、认真。工作任务记录完整，语言简洁，字迹工整	小组考核	5
		训练与总结	积极准确地完成作业单，及时上交报告，有个人见解。能够自主利用网上平台开展学习与训练。善于反思，勤于反馈，积极总结经验教训	单人考核	10
	合计				100

【师徒共研】

1. 采用紫外线照射灭菌时，为什么要打开皿盖？

紫外线对培养皿等普通玻璃的穿透性很差，当用紫外线照射时，若不打开皿盖会影响杀菌效果。

2. 紫外线消毒的特点有哪些？

紫外线消毒的特点有：①属于物理消毒，无二次污染，对环境和生态无害；②使用安全，无须储存、运输及使用任何有毒和腐蚀性化学物品；③是所有消毒方法中运行成本最低的；④运行、维护简单方便；⑤与化学消毒相比，紫外线消毒不受环境条件（如温度和水中酸碱度变化）的影响。

3. 紫外线消毒灯有哪些危害？

紫外线对细菌有强大的杀伤力，对人体同样有一定的伤害。人体最易受紫外线损伤的部位是眼角膜，因此，在任何时候都不可直视亮着的紫外灯灯管。如果必须要看，应该用普通玻璃（戴眼镜）或透光塑料片作防护面罩。紫外线对皮肤也会产生有害作用，应避免将皮肤暴露于紫外光灯下。

4. 使用紫外线灯应注意哪些事项？

第一，在使用过程中，应保持紫外线灯表面的清洁，每周用酒精纱布擦拭一次，发现灯管表面有灰尘、油污时，应随时擦拭。

第二，用紫外线消毒物品表面时，应使照射表面受到紫外线的直接照射，且应达到足够的照射剂量。

第三，紫外线强度计至少一年标定一次。紫外线消毒灯的使用寿命应不低于 1 000 h。

第四，不得使紫外线光源照射到人，以免引起损伤。

第五，使用紫外线消毒灯对房间消毒完毕后，应立即开窗通风。

【知识链接】

紫外线杀菌原理及影响因素

1 紫外线杀菌基本原理

紫外线对微生物有强烈的致死作用。波长 260 nm 左右的紫外线杀菌力最强。其杀菌机制是短波的紫外线引起细胞蛋白质和核酸的光化学反应。但微生物对紫外线的吸收与剂量有关。剂量高低是由紫外灯的功率、照射距离与照射时间决定的。高剂量使微生物致死，低剂量引起细胞发生变异。因此紫外线在微生物的诱变育种和消毒灭菌中有重要意义。

紫外线的穿透力很弱，普通玻璃、薄纸、水层等均能防止其透过。故紫外线只限用于物体表面或接种室的空气灭菌。经紫外线照射后的受损细胞，遇光有光复活现象，故处理后的接种物应避光培养。

2 紫外线消毒的影响因素

2.1 空气的温度和湿度

紫外线对空气的消毒效果受温度、湿度等因素的影响，适宜的温度是 20～40℃，适宜的湿度为 40%～60%。温度对紫外线的杀菌率影响最大，其次是紫外线的辐射强度。

2.2 紫外线灯管的辐射强度

新的紫外线灯管的辐射强度应大于 100 $\mu W/cm^2$（距离 1 m 处），使用中的紫外线灯管的辐射强度也不应小于 70 μW/cm²(距离 1 m 处)。应 3～6 个月用紫外线辐射照度仪对紫外线灯做一次辐射强度测试,以保证良好的消毒效果。

2.3 紫外线灯管的类型及有无反光罩

据报道,用高硼玻璃管紫外线灯与石英玻璃管紫外线灯分别对已知不同种类细菌进行照射,结果细菌在石英玻璃管紫外线灯照射下的存活数较少,而在高硼玻璃管紫外线灯照射下的存活数较多,故应首选石英玻璃管紫外线灯。

新灯管的辐射强度测定应在无反光设备的条件下进行。为了方便工作,可先测定各种反光罩修正系数,将带反光罩时测得的结果除以修正系数,即可得不带反光罩时的辐射强度。

2.4 紫外线灯的安置及消毒频率

一般空气消毒时,每 10 m² 悬挂一只 30 W 紫外线灯管为宜,悬挂高度一般不超过 2 m。用紫外线对物体表面进行消毒时,灯管距物体表面的距离一般不超过 1 m,照射时间不少于 30 min。紫外线灯安置不合理时,形成的辐射频率不均匀,可导致紫外线的灭菌效率降低。合理的消毒频率能保证消毒效果,消毒次数过频造成资源浪费,消毒次数过少则影响消毒效果。

2.5 紫外线灯管所用电压

紫外线的辐射受电压影响较明显,同一紫外光源,当电压不稳定时,辐射强度明显降低,紫外线灯的辐射强度随电压的增大而增大。

2.6 灯管的清洁度

灯管应保持表面清洁,积尘、多尘可影响紫外线灯的消毒效果,应每月用 95% 酒精擦拭紫外线灯管表面,每日湿式拖地降尘或安装除尘设备。

2.7 病原微生物种类和数量

不同病原微生物对紫外线的敏感性不同,一般情况下,真菌孢子对紫外线的抵抗力最强,其后依次为细菌芽孢、抗酸杆菌、病毒和其他细菌繁殖体。另外,较为特殊的是,艾滋病病毒对紫外线照射的耐受力较强。微生物种类不同,所需照射量也不同。微生物的数量越多,消毒时所需照射剂量应越大。因此,消毒污染严重的物品时,应加大照射量或采用多种消毒方式。

2.8 消毒对象的污染程度和光滑度

紫外线是一种低能量的电磁辐射波,穿透力弱,有机物的存在可明显影响紫外线的消毒功效。消毒对象表面粗糙或有污染物遮挡均可影响紫外线的被吸收,从而降低其消毒效果。

2.9 空气中灰尘和气溶胶含量

空气中的灰尘和气溶胶粒子会对紫外线产生散射作用,从而影响其消毒效果。

2.10 空气流速

空气流速也会影响紫外线灯的消毒效果。空气流速增加会强化紫外线灯的冷却效果,降低灯管内部温度,减少辐射输出;空气流速过大还会缩短微生物粒子在紫外线有效照射范围内的滞留时间,使消毒效果降低。

任务四 过滤除菌

【任务要求】

1. 了解过滤除菌的原理。
2. 掌握液体过滤除菌技术及无菌检查操作。
3. 掌握过滤除菌设备的使用方法及滤膜的选择方法。

【参考标准】

国家药品监督管理局《除菌过滤技术及应用指南》;团体标准 T/HBJL 002—2017《桓仁冰葡萄酒除菌过滤技术规程》。

【操作流程】

注射过滤器法:组装、灭菌→连接→压滤→无菌检查。

真空泵抽滤法:滤器的清洗→组装和包扎→装置和材料灭菌→过滤装置预检测→安装滤器→连接装置→加入滤样→负压抽滤→收集样品→拆洗滤器→无菌检查。

【任务实施】

1 用品准备

1.1 仪器和用具

真空泵、抽滤装置、无菌操作台、滤器、微孔滤膜过滤器、0.22 μm 滤膜、无菌试管等。

1.2 菌液

大肠杆菌培养液。

1.3 培养基

LB 培养基:见附录 A.6。

2 过滤除菌

2.1 注射过滤器除菌

2.1.1 组装、灭菌

将 0.22 μm 孔径的滤膜装入清洗干净的塑料滤器中,旋紧压平,包装灭菌后待用(0.1 MPa,121.5℃灭菌 20 min)。

2.1.2　连接

以无菌操作方式将灭菌滤器的入口连接至装有待滤溶液(2%葡萄糖溶液)的注射器上，将针头与出口处连接并插入带橡皮塞的无菌试管中。

2.1.3　压滤

给注射器中的待滤溶液加压，将其缓缓地挤入无菌试管中，滤毕，将针头拔出。压滤时，用力必须适当，不可太猛太快，以免细菌被挤压通过滤膜。

2.1.4　无菌检查

以无菌操作方式吸取 0.1 mL 除菌滤液至 LB 培养基上，涂布均匀，置于 37℃培养箱中培养 24 h，检查是否有菌生长。

2.1.5　清洗

弃去塑料滤器上的微孔滤膜，将塑料滤器清洗干净，并换上一张新的微孔滤膜，组装、包扎后，灭菌备用。

整个过程应严格在无菌条件下操作，以防污染。过滤时应避免各连接处出现渗漏现象。

2.2　真空泵抽滤除菌

2.2.1　灭菌

将滤膜放入培养皿中，用纸包好后灭菌。将玻璃过滤器装好，用纸包好后灭菌。将与抽滤瓶连接的接头用纸包扎好后灭菌。在抽滤瓶与抽气系统的连接处装上塞有棉花的小玻璃管，用纸包扎好后灭菌。将抽滤瓶塞上棉塞，用纸包好后灭菌。将抽气瓶(安全瓶)用纸包扎后灭菌。

2.2.2　安装抽滤装置

灭菌后的玻璃过滤器的安装应在超净工作台中进行。在火焰旁将无菌水倒入无菌培养皿中。在火焰旁拆开玻璃过滤器的包裹纸。打开灭菌抽滤瓶，去掉抽滤瓶上的棉塞包裹纸，解下玻璃滤器连接处的包裹纸。将灭菌滤膜用无菌水浸湿，然后放在灭菌抽滤瓶的陶瓷滤板上。在火焰旁将抽滤瓶与玻璃过滤器安装好。

2.2.3　抽滤

解下抽滤瓶连接支管上的包裹纸，连接抽滤瓶与抽气系统。如图 2-4-1 所示，在滤器中加入待过滤的菌液，接通电源进行抽滤。过滤完成后，在火焰旁取下滤器，给装有滤液的抽滤瓶塞上灭菌棉塞。滤液中不含细菌，菌体留在滤膜上，即完成抽滤。

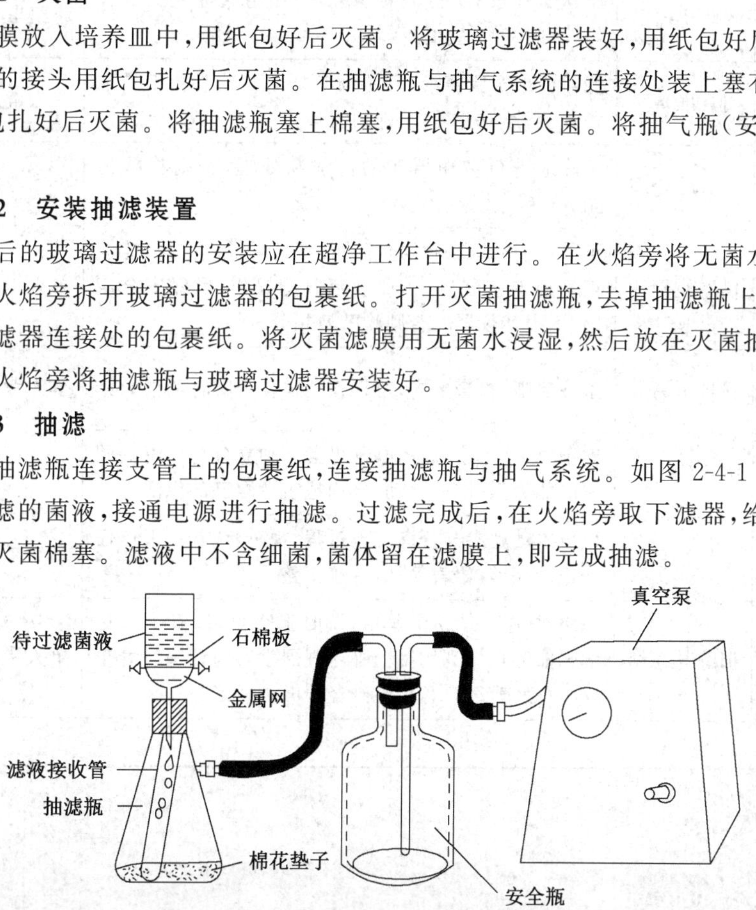

图 2-4-1　过滤除菌抽滤装置示意

2.2.4 无菌检查

以无菌操作方式吸取 0.1 mL 除菌滤液于 LB 培养基上，涂布均匀，置于 37℃培养箱中培养 24 h，检查是否有菌生长。

3 作业单

查阅过滤除菌的原理，总结实训操作步骤及要点。记录无菌检查结果。

【任务评价】

表 2-4-1 过滤除菌考核参考标准

序号	考核项目	考核内容	考核标准	考核方法	标准分值
1	职业基本素质	学习工作态度	态度端正，积极主动，工作认真。参与意识强，不请假，不懈怠，全勤，否则将酌情扣分。任务领会到位。有敬业精神	单人考核	10
		团队协作	服从工作安排，协调意识强，与小组其他成员配合好，否则将酌情扣分	小组考核	10
2	岗位专业技能	用具准备	能够根据实验需求，自主准备好相关器具。工具准备齐全，摆放合理，否则酌情扣分	单人考核	10
		器皿的处理	正确地进行玻璃器皿的清洗和处理，否则将酌情扣分	单人考核	20
		仪器使用	正确地使用灭菌锅、过滤或抽滤装置及真空泵，能够正确地连接装置，按照规范熟练操作，确保安全使用，不损坏仪器。否则将酌情扣分	单人考核	20
		报告填写	条理清晰，符合要求，可操作性强。否则将酌情扣分	单人考核	10
3	职业方法与能力	方法能力	善于思考，主动思考，勤于思考。独立分析和解决问题的能力强，能够主动、准确地表达自己的想法	单人考核	5
		工作过程	积极主动地参与任务工作过程，规范、认真。工作任务记录完整，语言简洁，字迹工整	小组考核	5
		训练与总结	积极准确地完成作业单，及时上交报告，有个人见解。能够自主利用网上平台开展学习与训练。善于反思，勤于反馈，积极总结经验教训	单人考核	10
	合计				100

【师徒共研】

1. 如果注射过滤器过滤速度较慢，或者过滤量较大，超过 500 mL，应如何处理？

可以采用真空泵和抽滤装置辅助过滤。

2. 如果注射过滤器过滤感觉非常容易，没有阻力，是怎么回事？

过滤是较为费力的，如果没有阻力可能是滤膜破裂。

3. 过滤除菌时，对过滤器有何要求？

过滤器不得对被滤过成分有吸附作用，也不能释放物质，不得有纤维脱落。禁用含石棉的过滤器。

4. 微孔滤膜一般有哪些种类？

微孔滤膜分为亲水性和疏水性两种，滤膜孔径一般有 0.45 μm 和 0.22 μm 两种。

5. 工业化过滤除菌应参考什么规范？

参考标准《除菌过滤技术及应用指南》(国家药品监督管理局 2018 年第 85 号通告)。

6. 除菌过滤器本身的性能确认主要包括哪些方面？

主要的确认项目包括微生物截留测试、完整性测试、生物安全测试(毒性测试和内毒素测试)、流速测试、水压测试、多次灭菌测试、可提取物测试、颗粒物释放测试和纤维脱落测试等。

7. 过滤除菌抽滤装置的安全瓶有何作用？

起到缓冲作用，使负压较为平稳，同时能够防止液体直接被抽到真空泵中。

【知识链接】

过滤除菌工艺与应用

1 过滤除菌的原理

过滤除菌是通过机械作用滤去液体或气体中细菌的方法。根据不同的需要，过滤除菌选用不同的滤器和滤板材料。微孔滤膜过滤器由上下两个分别具有出口和入口连接装置的塑料盖盒组成，出口处可连接针头，入口处可连接针筒。使用时，将滤膜装入两塑料盖盒之间，旋紧盖盒，当溶液从针筒注入滤器时，此滤器将各种微生物阻留在微孔滤膜上，从而达到除菌的目的。根据待除菌溶液量的多少，可选用不同大小的滤器。此法除菌的最大优点是不破坏溶液中各种物质的化学成分。

2 无菌过滤的发展历史

无菌过滤的应用始于 1918 年，兴于 20 世纪 30 年代。彼时无菌过滤器既可用于产生无菌溶液，也可用于降低内毒素至合理水平。在细菌截留性能方面，不能标准化或者真实地比对。换言之，过滤器生产厂家在不同条件的挑战实验下进行微生物测试，用于测试的微生物在不同的条件和不同的培养基上生长。第一个无菌级过滤器是 0.45 μm 级，用于去除饮料和液体制剂中的酵母菌、霉菌和细菌。该过滤器采用黏质沙雷菌进行挑战实验。Bowman 发现缺陷假单胞菌能够穿透"0.45 μm 无菌级过滤器"，促进了 0.20 μm 无菌级过滤器的发明和广泛使用。

3 影响无菌过滤细菌截留的因素

无菌过滤是指在特定条件下滤出液无菌，且该结果具有可重复性，并可以经过反复验证。

过滤膜孔的大小是截留细菌最重要的影响因素。真菌的直径一般为 5～7 μm，长约几毫米，非常容易被去除。单细胞微生物的直径为 0.5～2.0 μm，非常难被去除。亚微观生物比如病毒和噬菌体，大小在 0.04～1.00 μm 之间，更难被去除。由于微生物的大小在不同发育阶段有所不同，而且许多微生物都大于 0.20 μm，所以许多无菌过滤器的孔径设计在 0.20 μm(或者是 0.22 μm，这两种标准没有区别)。其次，细菌的电荷和表面吸附也影响过滤器截留细菌。无菌过滤器等级的分类并不依据其实际物理孔径的大小，而是依据其实际的细菌截留能力。尽管如此，滤膜的孔径(特别是小孔径)仍然是影响细菌截留的最主要因素。

4 影响过滤器处理能力的因素

过滤器处理能力是指在一定的工艺条件下，流经有效过滤面积的滤出液的总体积。过滤器处理能力受以下因素影响：多孔性、孔径、非特定的吸附、孔的外形、有效过滤面积、压差、受污染程度、液体制剂的浓度。温度对过滤器和液体制剂都有重要的影响，升高温度可降低最大允许压差。

任务五 药物杀菌

【任务要求】

1. 了解药物杀菌的原理。
2. 掌握药物杀菌的操作方法。

【参考标准】

中华人民共和国国家标准 GB 15981—1995《消毒与灭菌效果的评价方法与标准》。

【操作流程】

制平板→制备菌悬液→接种→加药剂→培养→结果检查。

【任务实施】

1　用品准备

1.1　器材

高压灭菌锅、恒温培养箱、鼓风干燥箱、超净工作台、移液器、微波炉、打孔器、滤纸片(Φ=6 mm)、酒精灯、培养皿、移液管(1 mL)、试管、接种环、涂布棒、镊子、烧杯、锥形瓶、玻璃棒等。

1.2　菌种

大肠杆菌、金黄色葡萄球菌、枯草芽孢杆菌。

1.3　化学药剂

1 g/L $HgCl_2$、5 g/L $AgNO_3$、5 g/L $CuSO_4$、50 g/L 石炭酸、10 mg/mL 青霉素、10 mg/mL 链霉素、生理盐水、1 mol/L NaOH、1 mol/L HCl。

1.4　培养基

牛肉膏蛋白胨培养基:见附录 A.2。

2　实验步骤

2.1　制平板

取无菌平皿 3 包(10 个/包),将已熔化并冷却至 50℃左右的牛肉膏蛋白胨培养基按无菌操作法倒入培养皿中,使其冷凝成平板。

2.2　制备菌悬液

取盛有适量无菌生理盐水的无菌试管 3 支,用接种环分别取大肠杆菌、金黄色葡萄球菌、枯草芽孢杆菌各 1～2 环接入无菌试管中,充分混匀,制成菌悬液。

2.3　接种

用无菌吸管分别吸取 0.1 mL 菌悬液接种于平板上,用无菌涂布棒涂匀,注意做好标记。

2.4　加试剂

用无菌镊子从灭菌后的洁净培养皿里夹取滤纸片,并将其平铺于含菌平板上。用规格为 20 μL 的移液器分别吸取 20 μL 不同种类的供试药剂(1 g/L $HgCl_2$、5 g/L $AgNO_3$、5 g/L $CuSO_4$ 和 50 g/L 石炭酸溶液),分别滴至滤纸片上,控干一定时间。注意药剂之间勿互相沾染,于培养皿背面做好标记。

2.5　培养

置于 28℃下培养,42～72 h 后观察结果。

2.6 结果检查

取出培养皿，观察滤纸片周围有无抑菌圈产生(图 2-5-1)，并测量抑菌圈的大小。

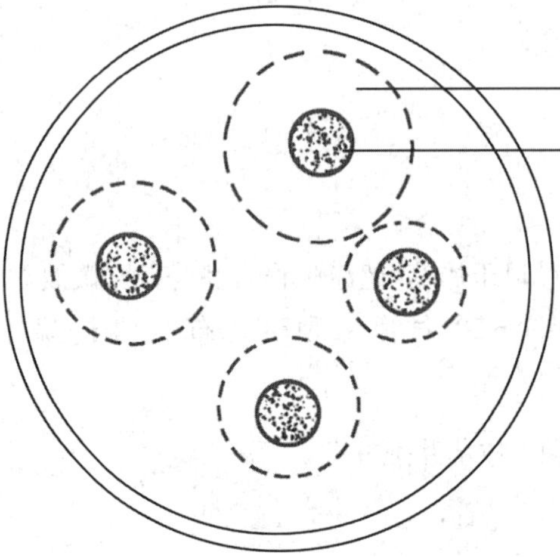

图 2-5-1 药物抑菌试验

3 作业单

观察不同化学药剂的抑菌效果，在表 2-5-1 中记录抑菌圈的大小。

表 2-5-1 化学药剂对细菌的抑菌效果

mm

菌种	化学药剂					
	$HgCl_2$ (1 g/L)	$AgNO_3$ (5 g/L)	$CuSO_4$ (5 g/L)	石炭酸 (50 g/L)	青霉素 (200 μg/L)	链霉素 (200 μg/L)
大肠杆菌						
金黄色葡萄球菌						
枯草芽孢杆菌						

【任务评价】

表 2-5-2 药物杀菌任务考核参考标准

序号	考核项目	考核内容	考核标准	考核方法	标准分值
1	职业基本素质	学习工作态度	态度端正，积极主动，工作认真。参与意识强，不请假，不懈怠，全勤，否则将酌情扣分。任务领会到位。有敬业精神	单人考核	10
		团队协作	服从工作安排，协调意识强，与小组其他成员配合好，否则将酌情扣分	小组考核	10

续表 2-5-2

序号	考核项目	考核内容	考核标准	考核方法	标准分值
2	岗位专业技能	用具准备	能够根据实验需求,自主准备好相关器具。工具准备齐全,摆放合理,否则酌情扣分	单人考核	10
		配制和加入药液	正确地配制不同种类的供试药剂、放置滤纸片、加入药剂,否则将酌情扣分	单人考核	20
		仪器使用	正确地使用培养箱,正确地设置培养条件,培养结束后,用游标卡尺测量抑菌圈直径,不损坏仪器。否则将酌情扣分	单人考核	20
		报告填写	条理清晰,符合要求,可操作性强。否则将酌情扣分	单人考核	10
3	职业方法与能力	方法能力	善于思考,主动思考,勤于思考。独立分析和解决问题的能力强,能够主动、准确地表达自己的想法	单人考核	5
		工作过程	积极主动地参与任务工作过程,规范、认真。工作任务记录完整,语言简洁,字迹工整	小组考核	5
		训练与总结	积极准确地完成作业单,及时上交报告,有个人见解。能够自主利用网上平台开展学习与训练。善于反思,勤于反馈,积极总结经验教训	单人考核	10
	合计				100

【师徒共研】

1. 药物灭菌法的适用对象有哪些?

药物灭菌法是指采用杀菌剂溶液进行灭菌的方法,常作为其他灭菌法的辅助措施,适合于皮肤、器具和设备的消毒。

2. 影响药物杀菌法的杀菌效果的因素有哪些?

主要有微生物的种类与数量、物体表面状况、杀菌剂的性质。

3. 常用的杀菌剂有哪些?

0.1%～0.2%新洁尔灭(十二烷基二甲基苄基溴化铵)溶液、75%乙醇、1%聚维酮碘溶液、煤酚皂溶液等。

4. 滤纸片-抑菌圈法的工作原理是什么?

以滤纸为药剂的承载体,将润湿药剂的滤纸片置于含有待检测菌种的平板上,使药剂在琼脂中扩散。待检药剂的抑菌效力用产生的可见的抑菌圈评价,以抑菌圈直径为测定指标,抑菌圈直径越大,该药剂的杀菌能力越强。

5. $HgCl_2$ 的杀菌原理是什么? $HgCl_2$ 对人体有哪些危害?

$HgCl_2$ 是剧毒物质,用作防腐剂和杀菌剂,因为它可以使蛋白质变性。长期在空气中的汞蒸气含量超过允许范围的环境下工作,人会出现记忆力减退、嗜睡、易疲劳、乏力、失眠、头昏等精神障碍。

【知识链接】

药物杀菌的认知

药物杀菌是指化学药品直接作用于微生物而将其杀灭，同时不损害制品质量的方法。化学药物杀菌的目的是减少微生物的数目以达到一定的无菌状态。影响杀菌效果的因素包括微生物的种类与数量、物体表面状况、杀菌剂的性质。杀菌剂是对微生物具有触杀作用的化学药品，分为气体杀菌剂和液体杀菌剂。杀菌剂不能杀死芽孢，仅对杀灭繁殖体有效。

常用的药物杀菌方法有气体灭菌法和药液灭菌法。

1 气体灭菌法

气体灭菌法指采用气态杀菌剂进行灭菌的方法，适用于环境消毒以及不耐加热灭菌的医用器具、设备和设施等的消毒。采用这种方法时，应注意杀菌剂的残留量和药物与灭菌对象的相互作用。常用的气体杀菌剂有环氧乙烷、甲醛、过氧乙酸等。

1.1 环氧乙烷

环氧乙烷易燃易爆，取用时必须用惰性气体二氧化碳或氟利昂稀释。环氧乙烷的吸入毒性较大，与氨相近，但它没有氨样的刺激性和嗅味。环氧乙烷损害皮肤及眼黏膜，使接触部位产生水泡或引发结膜炎，故使用时要特别小心。

一般用12%环氧乙烷和88%氟利昂或用10%环氧乙烷和90%二氧化碳混合灭菌，灭菌条件：质量浓度为850～900 mg/L(3 h、45℃)或45 mg/L(5 h、45℃)，相对湿度以40%～60%为宜。

1.2 甲醛

加热熏蒸甲醛溶液，每立方米空间用40%甲醛溶液30 mL，室内相对湿度宜高一些，以增强甲醛气体的灭菌效果。

1.3 丙二醇

丙二醇具有不挥发性和无引火性等特点，可用于室内空气灭菌，灭菌用量为1 mL/m^3。

1.4 乳酸

乳酸的灭菌用量为2 mL/m^3，其杀菌力不及甲醛，但对人无害。

1.5 过氧乙酸

过氧乙酸用于车间灭菌，其灭菌效力比相同浓度的甲醛大2.5倍。过氧乙酸对眼黏膜无刺激性，对木制品、金属制品均无影响。

2 药液灭菌法

药液灭菌法指采用杀菌剂溶液进行灭菌的方法。常用的液体杀菌剂有0.1%～0.2%新洁尔灭(十二烷基二甲基苄基溴化铵)溶液、75%乙醇、1%聚维酮碘溶液、煤酚皂溶液等。由于杀菌剂常施用于物体的表面，应注意其浓度不宜过高，以防发生化学腐蚀。

【拓展学习】

液体食物非热杀菌技术研究进展

目前，热杀菌在食品杀菌领域占主导地位，然而，热杀菌在消除绝大多数细菌和耐热孢子之余，通常还会导致产品营养价值严重损失，使产品外在颜色、风味和质地发生一定的变化。非热杀菌是近年来发展的一种新型杀菌技术，能保存食品的生理活性并将处理过程中造成的食品色香味及营养成分的损害降到最低，体现的是更加天然健康的食品加工理念。

1　高压处理技术

高压处理通过对容纳在柔性袋中的食品施以极高压力来实现，压力介质通常为水。研究表明，高压处理技术通过影响微生物细胞蛋白质的结构来有效灭活果汁中大多数病原微生物，食品感官和营养价值也不会显著损失，故其被证明是加工果汁的有效处理技术。

然而这种方法也存在一定的局限性，单独使用对孢子的影响很小，只有与其他处理组合使用才能使病原微生物完全失活并对食品感官特性的影响达到最小。另外，该技术在水果氧化和水解酶失活方面的处理效率较为低下，不适宜大规模使用。

2　紫外光照射和脉冲光处理技术

紫外线照射技术是一种有效性较强的非热杀菌技术，脉冲光谱包括从紫外到近红外区域的波长范围，二者均可以破坏微生物的核酸。DNA 损伤是微生物的关键致死因素。紫外线处理成本低，加工过程中不产生化学残留物，常被用于消毒空气中、水中和材料表面的微生物，在食品方面的应用较少。近年来的研究发现，紫外线虽不能灭活孢子，但能够有效地减弱孢子的耐热性。

3　超声波杀菌技术

超声波处理是近几十年来发展起来的一种新型食品加工技术，常与其他技术联用，在饮品加工领域具有较好的应用效果。根据频率高低，超声波可分为低频率超声波和高频率超声波。低频率超声波基于超声造成的空化现象使微生物失活，高频超声波则通过破坏细胞结构来杀死细胞。与巴氏杀菌相同，超声波对大肠杆菌有良好的杀菌效果。研究表明，单独使用该技术不能较好地使微生物失活，但能加快食品的热消毒速度，减少加工时间和营养损失，显著提高食品处理效率。

4　脉冲电场技术

脉冲电场是一种使用短脉冲电的食品加工技术，使微生物因细胞壁电穿孔而失活。该方法处理时间短、温度低、效果好，可同时保持高营养和高保质期，满足消费者对新鲜产品的要求，故其被认为是热杀菌的良好的替代技术。

5 射频电场处理技术

射频电场处理技术曾在灭活苹果汁细菌和要求有更强处理能力且电导率更高的橙汁处理中取得成功，并证明其可以在常规热杀菌无法实现的中等温度下使苹果汁中的大肠杆菌失活。非酶促褐变和抗坏血酸的损失是果汁的常见问题，研究证明，该技术处理后的果汁无褐变和抗坏血酸损失，故该方法可以用于果汁灭菌。但由于成本、处理条件等客观问题，该方法依旧处于理论研究阶段，没有得到广泛应用。

6 食品辐照技术

食品辐照的目的是使微生物失活，阻碍食源性非孢子形成病原菌。对延长蛋糕保质期的研究证明，随着辐照剂量的增加，微生物的存活率减小，杀菌效果变好。出于安全考虑，实际应用中不使用过高的辐照剂量，然而低剂量辐照并不能灭活食品中的孢子，故其推广受限。

7 冷等离子体处理技术

冷等离子体处理技术是利用电子、离子、原子、紫外光子和带电粒子的混合物杀灭微生物的一种方法，杀灭微生物的同时不会影响原材料的整体性质。冷等离子体处理技术有许多优点，研究证明，该方法不仅可以灭活芽孢和孢子，还可使用更低的用水量、工作温度和成本，达到与热杀菌相同的效果，具有较高的经济性，可进行食品工业的大型设备规模化灭菌。作为一种新型的灭菌方法，冷等离子体处理技术有着巨大的潜力，是目前为止最具竞争力的一项杀菌技术。

项目三
微生物的培养

知识目标

1. 了解培养基的配制方法和用途。
2. 掌握常见的培养基和用具的灭菌技术。
3. 掌握无菌操作的原理和方法。
4. 掌握菌种分离纯化的基本原理和方法。

技能目标

1. 具备常见培养基的制备能力。
2. 能够正确地进行培养基的灭菌。
3. 能够熟练地进行无菌操作。
4. 能够熟练地进行微生物的分离、纯化和培养。

德育目标

1. 培养学生严谨认真的工作作风。
2. 培养学生的食品安全意识,引导学生严守职业道德。

任务一 培养基制备

【任务要求】

1. 了解并掌握培养基的配制、分装方法。

2. 掌握培养基的灭菌方法。

【参考标准】

中华人民共和国国家标准 GB 4789.28—2013《食品微生物学检验 培养基和试剂的质量要求》。

【操作流程】

称药品→溶解→调 pH→熔化琼脂→过滤、分装→包扎、标记→灭菌→摆斜面或倒平板→质量检查→保存。

【任务实施】

1 用品准备

1.1 用具

小型药物天平、药匙、称量纸、锥形瓶、量筒、吸管、精密 pH 试纸、硅胶塞、牛皮纸(或报纸)、棉线、玻璃棒、玻璃纸、无菌培养皿、高压蒸汽灭菌锅、微波炉等。

1.2 培养基及试剂

(1)普通营养琼脂干粉;

(2)脱纤维羊血;

(3)半固体培养基;

(4)SS 培养基干粉;

(5)克氏双糖铁培养基干粉;

(6)1 mol/L NaOH 溶液;

(7)麦康凯培养基:见附录 A.7;

(8)蒸馏水。

2 操作步骤

2.1 常用培养基制备的一般流程及方法

3-1-1 PDA 培养基的制作

2.1.1 调配成分

根据培养基配方说明，准确计算、称量所需培养基各基本成分或干粉制剂，装于锥形瓶中，加入定量蒸馏水，充分混合。

2.1.2 溶解

将盛有混合物的锥形瓶置于沸水浴或流动蒸汽灭菌器中，加热，使其中成分溶解至呈半透明状。

2.1.3 校正 pH

校正 pH 是指将培养基的 pH 校正到适合细菌生长的最适 pH 范围。一般病原菌的最适 pH 为 7.2～7.6。校正培养基 pH 的常用试剂有 1 mol/L NaOH 溶液、1 mol/L、Na_2CO_3 溶液和 1 mol/L HCl 溶液（注意：培养基经高压灭菌后，用 NaOH 和 HCl 校正的，pH 会下降 0.1～0.2；用 Na_2CO_3 溶液校正的，pH 会上升 0.1～0.2）。校正培养基 pH 的方法有精密 pH 试纸法、比色法和电子 pH 计法等。

2.1.4 熔化琼脂

配制固体或半固体培养基须加入一定量的琼脂。加入琼脂后，置于电炉上一边搅拌一边加热，直至琼脂完全熔化后才能停止搅拌，并补足水分（水须预热）。加热时应注意控制火力，勿使培养基溢出或烧焦。

2.1.5 过滤

培养基中若存在杂质或沉淀物，则必须过滤澄清。液体培养基用滤纸趁热过滤，固体培养基用双层纱布夹脱脂棉趁热过滤。

2.1.6 分装

(1)液体培养基、半固体培养基　灭菌前将培养基分装于洁净的试管中，分装至试管的下部 1/4～1/3 处，加塞，用牛皮纸盖帽，用棉线扎捆，标明培养基名称、制作日期。灭菌后直立放置。

(2)固体斜面培养基　灭菌前将培养基分装于洁净的试管中，分装至试管的下部 1/3～1/2 处，加塞。5～10 支试管为一捆，用牛皮纸盖帽，用棉线扎捆，标明培养基名称、制作日期。灭菌后趁热摆成斜面，斜面长度为试管长度的 2/3，并保持斜面下端距离管底有 1 cm 以上柱高，同时斜面上端距离试管塞 1 cm 以上。

(3)琼脂高层培养基　灭菌前将培养基分装于洁净的试管中，分装至试管的下部 2/3 处，加塞。5～10 支试管为一捆，用牛皮纸盖帽，用棉线扎捆，标明培养基名称、制作日期。灭菌后直立放置。

(4)固体平板培养基　将培养基分装于锥形瓶中，先用玻璃纸或棉塞封口，再用牛皮纸盖帽,用棉线扎捆。灭菌后将培养基冷却至50℃左右,然后以无菌操作将培养基倒入平皿内(内径为9 cm的平皿倒入15～20 mL培养基),立即轻轻地水平旋转培养皿1～2周,使培养基均匀平铺于皿底。待培养基凝固后,在培养皿的背面标明培养基名称、制作日期,倒置保存。

2.1.7 灭菌

根据培养基中营养物质耐热性的不同,实验人员可采取下列相应的物理灭菌法。

(1)培养基中各成分均耐高热时,常用高压蒸汽灭菌法,这也是最常用、最可靠的培养基灭菌方法。常用灭菌条件为103.43 kPa(121.3℃)、15～20 min。含糖培养基用68.95 kPa(115.6℃)、10～15 min,以免破坏糖类物质。

(2)培养基中含有不耐高热的营养物质(如糖类、明胶和牛乳)时,常用流通蒸汽灭菌法。方法是:80～100℃加温30 min,每天1次,连续3 d。

(3)培养基中富含蛋白质(如血清或鸡蛋清)时,须用血清凝固器灭菌。方法是:将待灭菌培养基摆放在血清凝固器内(一般制成斜面),第1 d 75℃加热30 min,第2 d 80℃加热30 min,第3 d 85℃加热30 min,每次灭菌间隙将培养基取出,置于35℃恒温箱中过夜。

(4)液态高营养的不耐热培养基,如血清、细胞培养液,可采用过滤除菌。

2.1.8 倒平板

将待倒平板的培养基置于水浴锅中冷却至45～50℃,立刻倒平板。

2.1.9 质量检验

制备好的培养基必须经过性状检查、无菌检验和效果检验,均合格后才可使用。

2.1.9.1 性状检查

液体培养基应外观清澈透明;半固体培养基应质地均匀,呈半固体状;固体斜面培养基应质地均匀,凝固后斜面稳定,不下滑;平板培养基应质地均匀,表面光滑、平整,薄厚适宜。

2.1.9.2 无菌检验

将制备好的培养基置于35℃恒温箱中培养24 h,以无任何细菌生长者为合格品。

2.1.9.3 效果检验

将已知的标准菌株接种于待检培养基中,经培养后,检查标准菌的生长繁殖状况和生化反应是否与预期的结果符合。

2.1.10 保存

将制备好且标记清楚的培养基置于4℃冰箱中保存备用。严格灭菌后的培养基一般可保存1周以上,但不宜过久。平板培养基须倒置保存,以防止盖内水蒸气落在培养基表面,使培养基表面易污染且不易被接种。液体、半固体培养基应直立保存。

2.2 常用培养基的制备技术

2.2.1 营养肉汤培养基

用量筒准确地量取所需蒸馏水,先倒入锥形瓶一部分,随后按照营养肉汤成分配方(蛋白胨 10 g,牛肉膏 3 g,氯化钠 5 g,蒸馏水 1 000 mL)或干粉制剂说明书准确地计算、称量所需粉剂,置于已经盛有部分蒸馏水的锥形瓶中,最后将量筒内剩余蒸馏水全部倒入锥形瓶,充分混匀、加热溶解后,用 1 mol/L NaOH 校正 pH 至 7.5～7.6(高压蒸汽灭菌后可降至培养基要求的 7.4),分装于试管中,加塞、扎捆、标记后,121℃高压蒸汽灭菌 20 min。取出后直立放置,待冷却后置于 4℃冰箱中保存备用。可用于一般细菌的扩大培养。

3-1-2 NA 培养基的制作

2.2.2 营养琼脂培养基

用量筒准确地量取所需蒸馏水,先倒入锥形瓶一部分,然后按照营养琼脂成分配方(蛋白胨 10 g,牛肉膏 3 g,氯化钠 5 g,琼脂粉 20 g,蒸馏水 1 000 mL)或干粉制剂说明书准确地计算、称量所需粉剂,置于已经盛有部分蒸馏水的锥形瓶中,最后将量筒内剩余蒸馏水全部倒入锥形瓶,充分混匀、加热溶解后,校正 pH 至 7.2～7.4。若制作固体斜面则先分装于试管中,加塞、扎捆、标记后,121℃高压蒸汽灭菌 20 min,灭菌后趁热摆成斜面,凝固后置于 4℃冰箱中保存。可用于一般细菌菌种的传代保存。若制作固体平板,则直接封装在锥形瓶中,121℃高压蒸汽灭菌 20 min,灭菌后以无菌操作倒平板,待凝固后标记,倒置于 4℃冰箱中保存。可用于对营养要求不高的细菌的分离培养和纯化。

2.2.3 半固体营养琼脂培养基

配方:蛋白胨 10 g,牛肉膏 3 g,氯化钠 5 g,琼脂粉 5 g,蒸馏水 1 000 mL,pH 为 7.4,具体操作同营养肉汤培养基。可用于观察细菌的动力和保存菌种。

2.2.4 血琼脂平板

将灭菌后的营养琼脂冷却至 50℃左右,以无菌操作加入 10%无菌脱纤维羊血(或兔血),立即混匀,避免产生气泡,然后以无菌操作分装于无菌试管或培养皿中,制成血琼脂斜面或血琼脂平板。血琼脂斜面可用于保存营养要求高的细菌,血琼脂平板可用于分离培养细菌和检测细菌的溶血性。

2.2.5 麦康凯琼脂平板

按照配方说明(蛋白胨 20 g,NaCl 5 g,胆盐 5 g,乳糖 10 g,5 g/L 中性红水溶液 5 mL,琼脂 20 g,蒸馏水 1 000 mL)自行配制时,先将除乳糖和中性红之外的成分混合加热溶解,调节 pH 至 7.2 之后,再加入乳糖、中性红,混匀后 115℃高压蒸汽灭菌 15 min。取出后冷却至 50℃左右,以无菌操作倒平板。凝固后标记,倒置于 4℃冰箱中保存。可用于肠杆菌科细菌的分离培养与鉴定。

思政花园

落红不是无情物,化作春泥更护花。

(清)龚自珍《己亥杂诗 · 其五》

3 作业单

总结各种常见培养基制备的操作步骤、要点及可能存在的问题。

【任务评价】

表 3-1-1 培养基制备考核参考标准

序号	考核项目	考核内容	考核标准	考核方法	标准分值
1	职业基本素质	学习工作态度	态度端正,积极主动,工作认真。参与意识强,不请假,不懈怠,全勤,否则将酌情扣分。任务领会到位。有敬业精神	单人考核	10
		团队协作	服从工作安排,协调意识强,与小组其他成员配合好,否则将酌情扣分	小组考核	10
2	岗位专业技能	用具准备	能够根据实验需求,自主准备好相关器具。工具准备齐全,摆放合理,否则酌情扣分	单人考核	10
		配制培养基	正确地配制不同培养基,正确地称量药品,调节pH,否则将酌情扣分	单人考核	20
		仪器使用	正确地使用酸度计、培养箱、灭菌锅,不损坏仪器。否则将酌情扣分	单人考核	20
		报告填写	条理清晰,符合要求,可操作性强。否则将酌情扣分	单人考核	10
3	职业方法与能力	方法能力	善于思考,主动思考,勤于思考。独立分析和解决问题的能力强,能够主动、准确地表达自己的想法	单人考核	5
		工作过程	积极主动地参与任务工作过程,规范、认真。工作任务记录完整,语言简洁,字迹工整	小组考核	5
		训练与总结	积极准确地完成作业单,及时上交报告,有个人见解。能够自主利用网上平台开展学习与训练。善于反思,勤于反馈,积极总结经验教训	单人考核	10
	合计				100

【师徒共研】

1. 牛肉膏蛋白胨培养基是何种培养基？除了培养细菌外,能否用该种培养基培养真菌和放线菌？为什么？

牛肉膏蛋白胨培养基是一种应用十分广泛的天然培养基,其中的牛肉膏可为微生物提供碳源、磷酸盐和维生素,蛋白胨主要提供氮源和维生素,NaCl 提供无机盐。可用于培养细菌,也可用于培养真菌,一般不用于培养放线菌。因为其属于高蛋白培养基,放线菌不适宜在高蛋白(实际就是高氮)培养基上生长。

2. 为什么分装于锥形瓶中的培养基装量不能过多?

第一,分装量太多,锥形瓶内培养基易沾染瓶口及棉塞而造成污染;第二,分装量太多不利于振荡摇匀;第三,分装量太多会使培养基灭菌不彻底。

3. 如果培养基较多,怎样防止其过早地冷却凝固?

将已灭菌的培养基置于50℃水浴锅中冷却并保温一段时间。

4. 常用培养基的基本要求是什么?

必须含有细菌细胞生长繁殖所需的原料;能满足产物生成的需要;能够维持一定的 pH 条件;来源丰富、价格低廉、质量稳定等。

5. 培养基灭菌有哪些注意事项?

灭菌温度及压力、灭菌时间与次数,皆会影响培养基的质量。高压维持时间不可过长,灭菌次数不要超过 2 次,否则会使培养基变质,使营养物质损失。琼脂培养基受热时间太长、温度太高则引起沉淀,如其 pH 在 4.8 以下,灭菌时间过长可破坏其黏度。明胶培养基如受热温度太高,其凝固性易被破坏。

6. 倒平板时有哪些注意事项?

培养基灭菌后冷却至45~50℃时,摇匀,并及时倒入培养皿中。此时培养基的温度不太高也不太低,温度过高过低皆会影响其质量。

7. 为什么制备好的培养基不能存放过久?

制备好的培养基不能存放过久,因培养基会吸收空气中的二氧化碳等而影响其质量,且容易潮解变质。培养基最好现配现用。

【知识链接】

培养基的认知

培养基是供微生物生长、繁殖、代谢的混合养料。由于微生物具有不同的营养类型,对营养物质的要求也各不相同,加之实验和研究的目的不同,所以培养基的种类很多,使用的原料也各有差异。

1 培养基配制的原则

1.1 选择合适的营养物质

所有微生物的生长繁殖都需要碳源、氮源、无机盐、生长因子、水及能源,但由于微生物的营养类型复杂,不同微生物对营养物质的需求不同,因此必须根据不同微生物的营养需求配制针对性强的培养基。自养型微生物能利用简单的无机物合成自身需要的糖类、脂类、蛋白质、核酸、维生素等复杂的有机物,因此培养自养型微生物的培养基可以由简单的无机物组成。例如,培养化能自养型的氧化硫杆菌时,培养基中不包含其他碳源物质,氧化硫杆菌可以将空气中和溶于水中的 CO_2 作为碳源。

微生物的主要类型可分为细菌、放线菌、酵母菌、霉菌、原生动物、藻类及病毒，培养它们所需的培养基各不相同。在实验室里培养细菌常用牛肉膏蛋白胨培养基，培养放线菌用高氏一号培养基，培养酵母菌一般用麦芽汁培养基，培养霉菌一般用察氏培养基。

1.2 合适的营养物质浓度及配比

培养基中营养物质的浓度合适时，微生物才能生长良好。营养物质的浓度过低时，培养基不能满足微生物正常生长所需，浓度过高时则可能对微生物生长起抑制作用。例如，高浓度糖类物质、无机盐、重金属离子等不仅不能维持和促进微生物的生长，反而起抑菌或杀菌作用。另外，培养基中各营养物质之间的浓度配比也直接影响微生物的生长繁殖和代谢产物的形成与积累，其中碳氮比（C/N）的影响较大。碳氮比指培养基中碳元素与氮元素物质的量的比值，有时也指培养基中还原糖与粗蛋白之比。例如，在利用微生物发酵生产谷氨酸的过程中，培养基的碳氮比为 4∶1 时，菌体大量繁殖，谷氨酸积累少；当培养基的碳氮比为 3∶1 时，菌体繁殖受到抑制，谷氨酸产量则大量增加。

1.3 合适的 pH

各类微生物的生长繁殖或产生代谢产物所需的最适 pH 各不相同。培养基的 pH 必须控制在一定的范围内，以满足不同类型微生物的生长繁殖或促进微生物产生代谢产物。一般地，细菌与放线菌适宜在 pH 7.0～7.5 范围内生长，酵母菌和霉菌通常在 pH 4.5～6.0 范围内生长。另外，在微生物生长繁殖和代谢过程中，由于营养物质被分解利用和代谢产物的形成与积累，培养基 pH 会发生变化，若不对培养基 pH 条件进行控制，往往导致微生物生长速率下降或（和）代谢产物产量下降。因此，为了维持培养基 pH 的相对恒定，通常在培养基中加入 pH 缓冲剂。

1.4 控制氧化还原电位

不同类型的微生物对氧化还原电位（φ）的要求不同，一般地，好氧微生物在 φ 值为＋0.1 V 以上条件下可正常生长，一般以＋0.3～＋0.4 V 为宜；厌氧微生物只能在 φ 值低于＋0.1 V 条件下生长；兼性厌氧微生物在 φ 值为＋0.1 V 以上条件下进行好氧呼吸，在＋0.1 V 以下进行发酵。φ 值与氧分压和 pH 有关，也受某些微生物代谢产物的影响。在 pH 相对稳定的条件下，可通过增加通气量（如振荡培养、搅拌）提高培养基的氧分压，或加入氧化剂，从而增加 φ 值。在培养基中加入抗坏血酸、硫化氢、半胱氨酸、谷胱甘肽等还原性物质，可降低 φ 值。

1.5 适宜的渗透压

由于微生物的细胞膜是半通透膜，细胞壁起到机械性保护作用，因此要求其生长的培养基具有一定的渗透压。当环境的渗透压低于细胞原生质的渗透压时，会出现细胞膨胀现象，轻者影响细胞的正常代谢，重者导致细胞破裂；当环境的渗透压高于原生质的渗透压时，细胞皱缩，细胞膜与细胞壁分开，即出现质壁分离现象。等渗条件最适宜微生物的生长。

1.6 灭菌处理

要获得微生物纯培养，必须避免杂菌污染，因此应对所用器材及工作场所进行消毒与灭菌。对培养基采一般采取高压蒸汽灭菌，一般培养基采用121.3℃高压蒸汽灭菌15～30 min，可达到灭菌目的。在高压蒸汽灭菌过程中，长时间高温会使某些不耐热物质遭到破坏，如使糖类物质形成氨基糖、焦糖。因此，含糖培养基常用115.6℃高压蒸汽灭菌15～30 min，可达到灭菌目的。对某些对糖要求较高的培养基，可先将糖进行过滤除菌或间歇灭菌，再与其他已灭菌的成分混合。

2 培养基制备的基本要点

培养基的种类繁多，制备的具体操作不完全相同，但制备的基本过程及其要求是相同的。一般培养基的制备过程如下：

原料(天然原料或药品)称量→混合溶解(加热煮沸)→调整 pH→过滤→分装→消毒或灭菌→保温试验→备用。

经过一系列的制备过程所制成的培养基，应达到几个基本要求：应保持原有物质的营养价值和一定的水分含量；应保持在所规定的 pH 范围内；应保持一定的透明度；有沉淀物的培养基中，其上清液应保持澄清；经过保温后，必须被证实无微生物生长。因此，一些受热容易被破坏的物质，如糖类、血清，必须先进行滤菌处理，最后与已经灭菌的成分混合。在溶解、煮沸过程中失去的水分，灭菌前必须补足；在调节培养基的 pH 时，必须考虑到培养基经过灭菌后，pH 会有所下降。

3 培养基的类型及应用

培养基的种类繁多，根据其成分、物理状态和用途，培养基可分成如下多种类型。

3.1 按成分不同划分

3.1.1 天然培养基

所用原料是一些天然动植物产物，其化学成分不明确或化学成分不恒定，如牛肉膏蛋白胨培养基 (广泛用于细菌培养)、麦芽汁培养基 (用于啤酒发酵)，其特点是营养丰富，价格低廉，适用于工业生产。

3.1.2 合成培养基

由化学成分已知的试剂配制的，各成分的量都确切知道的培养基，如培养放线菌的高氏一号培养基、培养真菌的察氏培养基。这类培养基成分明确、重复性好，但配制较烦琐、价格较高，适用于微生物营养、代谢、生理生化、遗传分析、菌种鉴定等定量要求较高的研究工作，不适用于大规模的工业生产。

3.1.3 半合成培养基

由部分天然的有机物提供碳源、氮源和生长因子，然后加入适量的化学药品配制而成的半合成培养基，在生产和实验中使用较多。如培养真菌用的马铃薯葡萄糖培养基和LB培养基（一般用于基因克隆中的大肠杆菌培养）。这种培养基配制方便，培养的微生物生长良好。实验室和发酵生产用的大多数培养基属于半合成培养基。

3.2 根据物理状态划分

根据培养基中凝固剂的有无及含量的多少，可将培养基划分为固体培养基、半固体培养基、液体培养基和脱水培养基4种类型。

3.2.1 固体培养基

在液体培养基中加入一定量凝固剂即可制得固体培养基。理想的凝固剂应具备以下条件：不被所培养的微生物分解利用；在适宜微生物生长的温度范围内保持固体状态；凝固点不能太低，否则不利于微生物的生长；对所培养的微生物无毒害作用；在灭菌过程中不会被破坏；透明度好，黏着力强；配制方便且价格低廉。常用的凝固剂有琼脂、明胶和硅胶。固体培养基常用于微生物的分离、鉴定、活菌计数及菌种保藏等。

3.2.2 半固体培养基

半固体培养基中的凝固剂含量比固体培养基中的少，其琼脂含量一般为0.5%。半固体培养基可用于微生物的运动特征观察、分类鉴定及噬菌体效价滴定等。

3.2.3 液体培养基

液体培养基中不含任何凝固剂。在用液体培养基培养微生物时，振荡或搅拌可以增加培养基的通气量，同时使营养物质分布均匀。液体培养基常用于大规模工业生产以及实验室的微生物基础理论和应用方面的研究。

3.2.4 脱水培养基

脱水培养基又称脱水商品培养基或预制干燥培养基，指含有除水以外的一切成分的商品培养基，只要加入适量水分并加以灭菌即可使用，是一类成分精确且使用方便的现代化培养基。

3.3 按用途划分

3.3.1 基础培养基

尽管不同微生物的营养需求各不相同，但大多数微生物所需的基本营养物质是相同的。基础培养基是含有一般微生物生长繁殖所需基本营养物质的培养基。牛肉膏蛋白胨培养基是最常用的基础培养基。基础培养基也可以作为一些特殊培养基的基础成分，根据某种微生物的特殊营养需求，在基础培养基中加入所需营养物质，即可制成特殊培养基。

3.3.2 加富培养基

加富培养基也称营养培养基，即在基础培养基中加入某些特殊营养物质制成的一类营养丰富的培养基，这些特殊营养物质包括血液、血清、酵母浸膏、动植物组织液等。加富培养基一般用来培养营养要求比较苛刻的异养型微生物，如培养百日咳博德特氏菌需要含有血液的加富培养基。加富培养基还可以用来富集和分离某种微生物，这是因为加富培养基含有某种微生物所需的特殊营养物质，该种微生物在这种培养基中较其他微生物生长速度快，并逐渐富集而占优势，逐步淘汰其他微生物，从而容易达到分离该种微生物的目的。从某种意义上讲，加富培养基类似选择培养基，两者区别在于：加富培养基是用来增加所要分离的微生物的数量，使其形成生长优势菌，从而分离得到该种微生物；选择培养基则一般是抑制不需要的微生物的生长，使所需要的微生物增殖，从而达到分离所需微生物的目的。

3.3.3 选择培养基

选择培养基是用来将某种或某类微生物从混杂的微生物群体中分离出来的培养基。根据不同种类微生物的特殊营养需求或对某种化学物质的敏感性不同，在培养基中加入相应的特殊营养物质或化学物质，抑制不需要的微生物的生长，使所需要的微生物增殖。选择培养基是依据某些微生物的特殊营养需求设计的。

3.3.4 鉴别培养基

鉴别培养基是用于鉴别不同类型微生物的培养基。在培养基中加入某种特殊化学物质，某种微生物在该培养基中生长后能产生某种代谢产物，而这种代谢产物可以与培养基中的特殊化学物质发生特定的化学反应并产生明显的特征性变化，根据这种特征性变化，可将该种微生物与其他微生物区分开来。鉴别培养基主要用于微生物的快速分类鉴定及分离和筛选产生某种代谢产物的微生物菌种。

任务二 微生物接种

【任务要求】

1. 了解接种的概念、原理和方法。
2. 掌握常见的接种技术。

【参考标准】

中华人民共和国国家标准 GB 20287—2006《农用微生物菌剂》。

【操作流程】

斜面划线接种:准备工作→点燃酒精灯→拿试管→松棉塞→拿接种环→烧接种环→拔棉塞→管口过火→取菌→划线→管口过火→棉塞过火→塞棉塞→烧接种环→灭酒精灯→培养→观察。

试管液体接种:准备工作→点燃酒精灯→摇匀菌悬液→拆包扎纸→拿试管→松棉塞→拿移液管→拔棉塞→除纸→取菌→接菌→放移液管→管口过火→棉塞过火→塞棉塞→灭酒精灯→培养→观察。

【任务实施】

1 用品准备

1.1 设备和材料

超净工作台、接种针、接种环、酒精灯。

1.2 菌种和培养基

苏云金杆菌斜面菌种、牛肉膏蛋白胨斜面培养基。

2 操作步骤

2.1 准备工作

使用接种室前,须先擦洗干净,然后用 5~10 mL/m^3 福尔马林加热熏蒸,或者用高锰酸钾熏蒸,也可用 5%的石炭酸喷雾灭菌。用紫外灯照射 20~30 min,也可达到灭菌的目的。此时,应把接种所需用具(如接种针、接种环、酒精灯)及培养基放入接种室一起灭菌,但是菌种不能放入。超净工作台应用紫外线照射 30 min,通风后方可使用。

进入接种室前应先把手洗净,再用 75%酒精擦手。菌种试管表面同样须用 75%酒精擦拭,才可以将菌种放入接种室。

2.2 接种技术

2.2.1 斜面菌种接种技术

斜面菌种接种技术指将斜面培养基上的菌种接种至另一新的斜面培养基上的方法,其主要操作步骤如图 3-2-1 所示。

(1)准备工作就绪后,点燃酒精灯。

(2)将菌种和斜面培养基的两支试管握在左手中,使中指位于两支试管之间的部分,斜面向上,并使它们处于水平位置。也可将试管放在左手掌中,用手指托住试管。

(3)先用右手将棉塞拧转松动,以便接种时拔出。

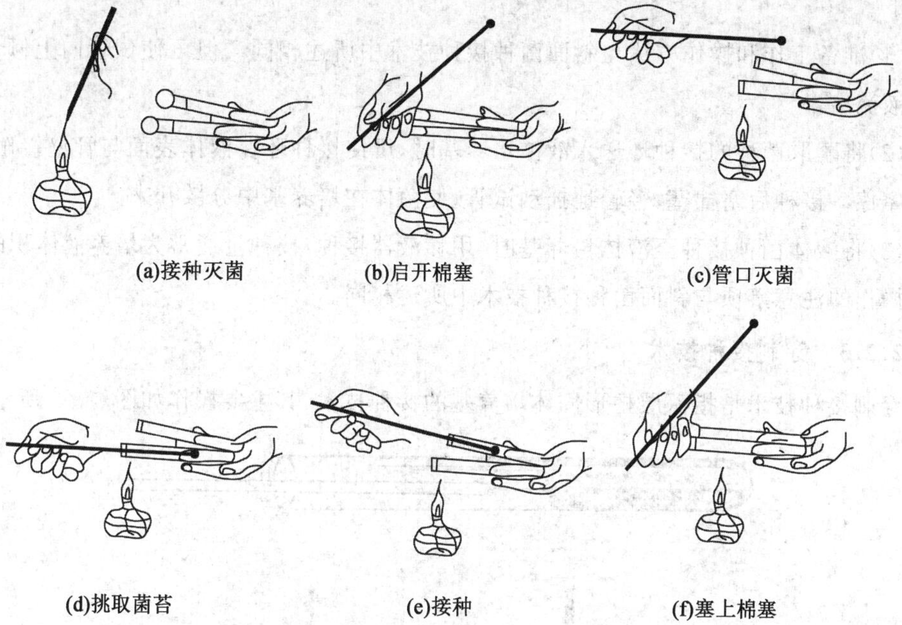

图 3-2-1 斜面接种时的无菌操作

(4)右手拿接种环,在火焰上将环的部分烧红灭菌。环以上凡是在接种时可能进入试管的部分,均应烧红灭菌。以下操作均应将试管口靠近火焰旁进行。

(5)用右手小指、无名指和手掌拔掉棉塞。

(6)用火焰灼烧管口,灼烧时应不断地转动试管口(目的是将试管口沾染的少量菌体烧死)。

(7)将烧过的接种环贴附在未长菌的培养基上,使其冷却,以免烫死被接种的菌体,然后轻轻地接触菌体,取出少许,慢慢地将接种环抽出试管。

(8)在火焰旁无菌区,迅速地将接种环伸进另一支试管,在培养基斜面上轻轻地划线,划线时由底部划至顶部,划线可划"之"字形,或划几条直线,但均不可将培养基划破,也不可使菌种污染管壁。

(9)将接种环抽出,灼烧试管口,并在火焰旁塞上棉塞。塞棉塞时,不应用试管迎棉塞,以免移动时不洁空气进入试管。

(10)将接种环在火焰上灼红灭菌后,放下,再将棉塞塞紧。

(11)接种完毕后,包扎试管斜面培养基,并标明操作人员姓名、操作时间和菌种名称,整理超净工作台面后关闭电源。

2.2.2 液体接种技术

液体接种技术适用于斜面菌种接入液体培养基或液体菌种接入液体培养基,其操作要点如下。

(1)准备工作和操作方法与斜面菌种接种技术中所述相同。但可使试管向上倾斜,以免培养液流出。

(2)将蘸取菌种的接种环送入液体培养基时,可使接种环在液体表面与管壁接触的部分轻轻摩擦。接种后塞棉塞,轻轻地摇动试管,使菌体在培养基中分散开来。

(3)将液体菌种接种至液体培养基时,用移液器接种,接种量通常为培养液体积的1/10。无菌操作的注意事项与斜面菌种接种技术中所述相同。

2.2.3 穿刺接种技术

穿刺接种技术是指深层柱形固体培养基的接种技术,其主要操作如图3-3-2所示。

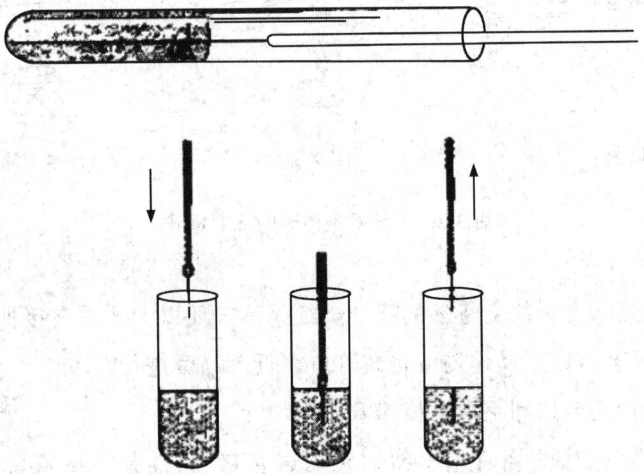

图3-2-2 穿刺接种技术

首先,取2支新制的半固体牛肉膏蛋白胨深层柱形培养基,并标明菌种名、接种日期和接种人等。接种的方法是:用接种针蘸取少量待接菌种,然后从柱状培养基的表面中心穿入其底部(但不要穿透),然后沿原刺入路线抽出接种针,抽出时切勿移动接种针。

思政花园

十月可酿酒,六月可作酱。

(宋)陆游《杂感》

3 作业单

总结微生物接种的操作步骤、要点及可能存在的问题。

【任务评价】

表 3-2-1 微生物接种任务考核参考标准

序号	考核项目	考核内容	考核标准	考核方法	标准分值
1	职业基本素质	学习工作态度	态度端正,积极主动,工作认真。参与意识强,不请假,不懈怠,全勤,否则将酌情扣分。任务领会到位。有敬业精神	单人考核	10
		团队协作	服从工作安排,协调意识强,与小组其他成员配合好,否则将酌情扣分	小组考核	10
2	岗位专业技能	用具准备	做好接种室的灭菌,能够根据实验需求,自主准备好相关器具。工具准备齐全,摆放合理,否则将酌情扣分	单人考核	10
		接种操作	按照要求正确地完成接种操作,操作规范,操作过程中不染杂菌,否则将酌情扣分	单人考核	20
		仪器使用	正确地使用酒精灯、接种环、培养箱等设备,不损坏仪器。否则将酌情扣分	单人考核	20
		报告填写	条理清晰,符合要求,可操作性强。否则将酌情扣分	单人考核	10
3	职业方法与能力	方法能力	善于思考,主动思考,勤于思考。独立分析和解决问题的能力强,能够主动、准确地表达自己的想法	单人考核	5
		工作过程	积极主动地参与任务工作过程,规范、认真。工作任务记录完整,语言简洁,字迹工整	小组考核	5
		训练与总结	积极准确地完成作业单,及时上交报告,有个人见解。能够自主利用网上平台开展学习与训练。善于反思,勤于反馈,积极总结经验教训	单人考核	10
	合计				100

【师徒共研】

1. 接种前为什么要灼烧接种环?

为了保证纯种微生物在接种过程中不被污染(接种前),以及实验操作用的微生物不污染周围环境(接种后)。接种必须在一个无杂菌污染的环境中进行。

2. 为什么接种环须冷却后才能与菌种接触?是否可以将接种环放在工作台上冷却?如何知道接种环已经冷却?

若不冷却,会烫死菌种。不能直接置于工作台上冷却,会引入杂菌。若要冷却接种环,可以将其与试管内壁或者未长菌的培养基接触一下,当无嗞嗞声或者培养基不熔化表明接种环已经冷却。

3. 进行微生物接种时，有哪些无菌操作要求？

在操作过程中，不应有快速或大幅度的动作；使用玻璃器皿，应轻拿轻放；在火焰上方操作；接种用具在使用前后均须灼烧灭菌；在接种培养物时，动作应轻、准；应及时将带有菌液的吸管、玻片等器材置于盛有5%甲酚皂溶液的消毒桶内消毒。

4. 什么是斜面接种？它适用于哪些微生物接种？

将斜面菌种接种至另一个新鲜斜面培养基上的接种方法叫斜面接种，它适用于好气性微生物的接种。

5. 什么是穿刺接种，其适用范围是什么？

穿刺接种是用接种针从菌种斜面上挑取少量菌体并把它穿刺到固体或半固体的深层培养基中的接种方法。穿刺接种适用于厌气性细菌培养、检查细菌的运动能力及菌种保藏。

6. 穿刺接种时能否将接种针直接穿透培养基？

不能直接穿透培养基。采用穿刺接种观察细菌运动性即观察细菌有无鞭毛时，应该尽可能竖直穿刺，如果穿透试管中培养基，触碰底部穿刺针可能晃动而使穿刺线弯曲，而影响观察，也可能导致细菌从琼脂与玻璃管之间扩散开来而影响观察。

7. 接种时为什么要尽量使试管平放？

为了增大琼脂表面积，使菌有足够空间生长，同时可防止灰尘掉落其中，减少杂菌污染。

【知识链接】

无菌接种技术的认知

在微生物分离、纯化和培养过程中，为了保证微生物的"纯洁"，必须防止其他微生物的混入。这种在分离、转接及培养纯培养物时为防止其他微生物污染的技术称为无菌操作技术。无菌操作技术是保证微生物学研究和发酵正常进行的关键。

接种是将微生物或微生物悬液引入新鲜培养基的过程，无菌接种技术是指在微生物的转接过程中防止其他微生物污染的接种技术。接种是微生物实验及科学研究中的一项最基本的操作技术。微生物的分离、培养、纯化或鉴定以及有关微生物的形态观察及生理研究均涉及接种。接种的关键是严格地进行无菌操作，如果操作不慎引起污染，实验结果就不可靠，将影响下一步工作的进行。

1　无菌操作技术

为了保证微生物在接种过程中不被其他微生物污染，必须做好接种的环境、接种的器具、培养基以及操作人员等几个方面的灭菌工作。

1.1　环境条件的灭菌

微生物的接种操作一般是在超净工作台或无菌室内进行的，不具备无菌工作室或超净工作台的实验室可在酒精灯火焰附近完成操作(一般认为，距离酒精灯火焰 5 cm 的范围为无菌区)。

无菌室的灭菌:在使用无菌室之前,打开紫外灯照射约 30 min,可以使空气和室壁表面基本无菌。为了加强灭菌效果,在开灯前可以在接种室内喷洒石炭酸溶液。接种室的台面等可用 2%~3%甲酚皂溶液擦洗,也可用福尔马林熏蒸灭菌。

超净工作台的灭菌:超净工作台借助于鼓风机将普通空气抽入,通过粗滤、超滤纤维过滤后,进入工作台内的空气即为无菌空气。在使用前,应先打开超净工作台里的紫外灯,提前照射约 30 min;接种前,提前打开鼓风机 5~6 min。实验结束后,用消毒液擦拭工作台面,关闭工作电源,重新开启紫外灯照射 15 min。

接种室无菌程度的检查:取无菌的营养琼脂平板,在接种室内的台上和台下各放一套,打开皿盖,放置 15 min,盖上皿盖,置于 37℃培养箱中倒置培养 24~28 h。如果每个培养皿内的菌落数不超过 4 个,则可以认为无菌程度良好;若菌落数较多,则应对接种室进一步灭菌。

1.2 接种器的灭菌

实验过程中用到的器具,例如平板、试管、移液管、锥形瓶、接种针、涂布棒等,都要进行灭菌。一般来说,平板、试管、移液器、锥形瓶等,须在接种前提前灭菌,在接种前将它们放入无菌室或超净工作台,在对空气灭菌的同时对它们的包装进行再次表面杀菌。接种针、接种环一般采取火焰灼烧法灭菌,即接种前用酒精灯外焰灼烧灭菌,冷却后直接使用。涂布棒一般采取用 75%酒精浸泡后再在酒精灯火焰上灼烧的方法灭菌。

1.3 培养基及生理盐水的灭菌

实验过程中用到的培养基和稀释用生理盐水均须灭菌,另外,一些添加至培养基中的药品也须灭菌。

1.4 操作人员

进入无菌室之前,操作人员应换上已灭菌的工作服和专用鞋、帽、口罩等,勿使头发、内衣等露出,剪去指甲,按规定方法洗净双手并消毒。室内的操作人员不宜过多,应尽量减少人员流动。在超净工作台上工作时,应对双手进行表面消毒,消毒后不能随便离开工作台面,如果离开,应再次消毒。

2 接种技术

在实验室或生产实践中,用得最多的接种工具是接种环、接种针。根据接种微生物的性质和接种要求的不同,常把接种针的针尖部做成不同的形状,如环形、针形、刀形、耙形等(图 3-2-3)。有时,滴管和吸管也可作为接种工具,用于液体接种。要将菌液均匀地涂布在固体培养基表面时,须用涂布棒。

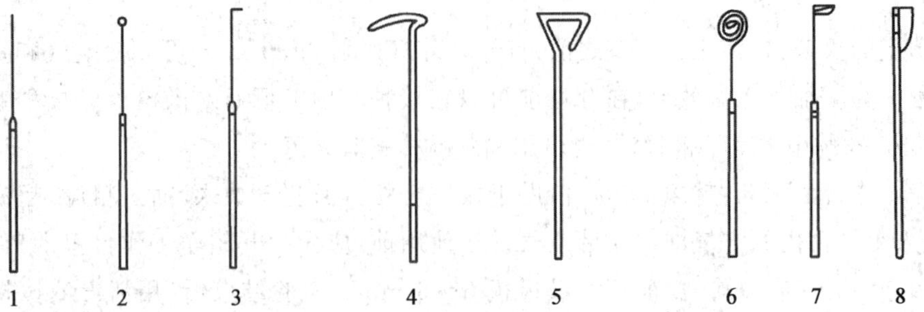

1. 接种针 2. 接种环 3. 接种钩 4、5. 玻璃涂棒 6. 接种圈 7. 接种铲 8. 小解剖刀

图 3-2-3 微生物接种和分离工具

常用的接种方法有以下几种。

2.1 划线接种

划线接种是最常用的接种方法。取少量微生物或含有微生物的悬液在固体培养基表面做来回直线形的移动，即可达到接种的作用。常用的接种工具有接种环、接种针等。在斜面接种和平板划线中常用此法。

2.2 三点接种

在研究霉菌形态时常用此法。将少量的微生物接种在平板表面，待呈等边三角形的三点独立形成菌落后，观察、研究它们的形态。除三点外，也有采用一点或多点进行接种的。采用三点接种的方法可以同时获得三个重复的霉菌菌落。三个彼此相邻的菌落间会形成一个菌丝生长较稀疏且较透明的狭窄区域，在该区域内的气生菌丝可分化出少数子实体。因此，直接将培养皿置于低倍镜下就可观察到子实体的形态特征，从而省去制片的麻烦，并可避免由于制片而破坏子实体自然生长状态的弊端。

2.3 穿刺接种

在保藏厌氧菌种或研究微生物的动力时常采用此法。做穿刺接种时，采用的接种工具是接种针，采用的培养基一般是半固体培养基。具体操作是：用接种针蘸取少量的菌种，沿半固体培养基中心向管底做直线穿刺。如果某细菌具有鞭毛而能运动，培养一段时间后，可见该细菌在穿刺线周围扩散生长。

2.4 浇混接种

此法的操作是：先将待接种的微生物制成菌悬液，用移液器将其接种至培养皿中，然后倒入冷却至 45℃左右的固体培养基，迅速轻轻地摇匀，使菌液被稀释，待平板凝固后，将其置于合适温度下培养，可长出单个的微生物菌落。稀释倒平板法就是采用浇混的方式进行接种的。

2.5 涂布接种

此法与浇混接种略有不同，须先制备平板，然后将菌液倒入平板，迅速用涂布棒将菌液涂布均匀，封口后将其置于合适温度下培养，可长出单个的微生物菌落。

2.6　液体接种

用无菌生理盐水将菌从固体培养基中洗下，倒入液体培养基中；或用接种环（针）挑取固体培养基上的菌落（菌苔），然后将其接种至液体培养基；或者用移液器将菌种从液体培养物中接种至液体培养基中；或将菌种从液体培养物中接种至固体培养基中。以上几种接种都可称为液体接种。

2.7　注射接种

即用注射的方法将待接种的微生物转接至活的生物体内，如人或其他动物中。常见的疫苗预防接种就属于注射接种。

2.8　活体接种

该方法是专门用于培养病毒或其他病原微生物的一种方法，所用的活体可以是整个动物，也可以是离体活组织。

任务三　微生物分离纯化

【任务要求】

1. 了解微生物分离和纯化的原理。
2. 能够根据菌落特征及培养特征区分细菌、酵母菌、放线菌和霉菌。
3. 掌握划线分离、涂布分离和倾注分离的操作。

【参考标准】

进出口行业标准 SN/T 2552.11—2010《乳及乳制品卫生微生物学检验方法　第 11 部分：蜡样芽孢杆菌的分离与计数》。

农业行业标准 NY/T 2962—2016《奶牛乳房炎乳汁中金黄色葡萄球菌、凝固酶阴性葡萄球菌、无乳链球菌分离鉴定方法》。

【操作流程】

划线法分离细菌：准备工作→制备平板→平板划线→恒温培养→转接纯化。

涂布法分离放线菌：准备工作→制备平板→涂布平板→恒温培养→转接纯化。

倾注法分离真菌：制备混合液平板→恒温培养→转接纯化。

【任务实施】

1 用品准备

1.1 用具

无菌玻璃涂布棒、酒精灯、无菌吸管、接种环、无菌培养皿、恒温培养箱、15 mL 玻璃试管、100 mL 锥形瓶、玻璃珠等。

1.2 培养基及试剂

(1)牛肉膏蛋白胨培养基:见附录 A.2;

(2)高氏一号培养基:见附录 A.5;

(3)马铃薯葡萄糖琼脂培养基(PDA 培养基):见附录 A.3;

(4)5 000 U/mL 链霉素溶液;

(5)50 U/mL 制霉素溶液或 0.5%重铬酸钾溶液。

1.3 样品

土壤样品、混合菌悬液。

2 操作步骤

2.1 制备土壤稀释液

2.1.1 制备土壤悬液

称取 5 g 土样,在火焰旁将其放入装有 45 mL 无菌水的锥形瓶中,振荡 10 min,使土样中的菌体、芽孢或孢子均匀地分散,制成稀释度为 10^{-1} 的土壤悬液。

2.1.2 制备土壤稀释液

另取 6 支装有 9 mL 无菌水的试管,用记号笔编号 10^{-2}、10^{-3}、10^{-4}、10^{-5}、10^{-6}、10^{-7},依次置于试管架上。取一支无菌移液管,从移液管包装纸的上半段(近吸管口)撕口,将包装纸分成上下两段,弃上段包装纸。左手持锥形瓶底,以右手掌及小指、无名指夹住锥形瓶上棉塞,在火焰旁拔出棉塞(棉塞须夹在手上,不得放置在桌上)。弃移液管下段包装纸,将移液管吸液端伸进锥形瓶内,吸取 1 mL 土壤悬液。将棉塞塞回锥形瓶上,放下锥形瓶,换持编号为 10^{-2} 的无菌水试管。在火焰旁拔出棉塞(试管盖),将移液管伸入无菌水试管内,滴加土壤悬液,并在试管内反复吸吹 3 次,使之充分混匀,制成 10^{-2} 土壤稀释液。取出移液管,塞回棉塞(试管盖)。接着换一支无菌移液管,按照前面的方法从编号为 10^{-2} 的试管中吸取 1 mL 稀释液,加入编号为 10^{-3} 的无菌水试管中,混匀后制成 10^{-3} 土壤稀释液。继续上述操作,依次制成 10^{-4}、10^{-5}、10^{-6}、10^{-7} 土壤稀释液(图 3-3-1)。

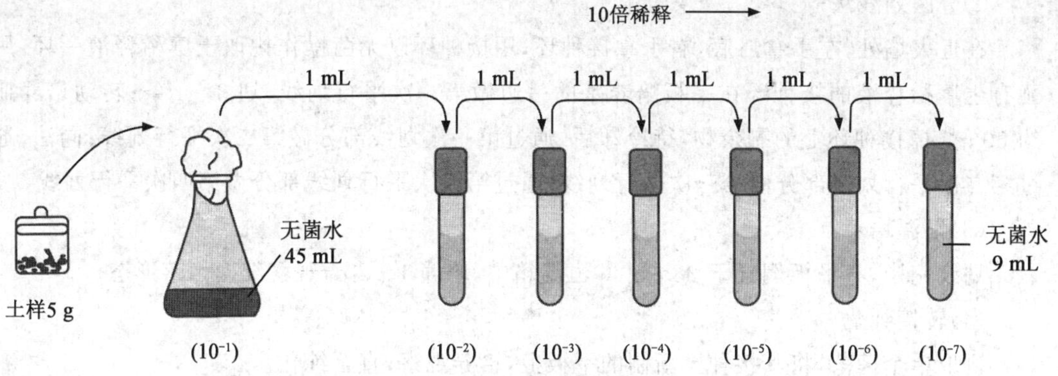

图 3-3-1 土壤稀释液的制备

2.2 分离微生物

2.2.1 划线法分离细菌

(1)制备平板

采用无菌操作,往无菌培养皿中倾入适量已熔化并冷却至 45～50℃的牛肉膏蛋白胨培养基,并轻轻地摇动培养皿,静置、冷凝,制成平板(每组制备 2 个平板)。

(2)平板划线

用接种环取一环土壤稀释液(10^{-5} 和 10^{-6} 稀释度的各一环),在平板上划线(图 3-3-2)。

①连续划线法

用接种环蘸取少量土壤稀释液,在平板培养基表面做连续划线,切勿划破培养基。划线时,注意接种环与平板表面呈 20°～30°。

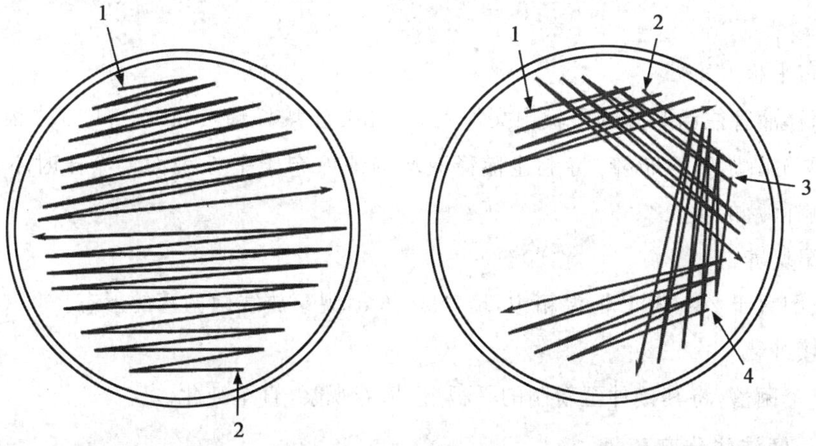

(a) 连续划线法(1、2为依次划线的起点)　(b) 分区划线法(1、2、3、4为依次划线的起点)

图 3-3-2 平板划线法示意

②分区划线法

在近火焰处，左手拿皿底，右手拿接种环，用接种环以无菌操作挑取土壤稀释液一环，用蘸有土壤稀释液的接种环在平板培养基的一边做第一次平行划线，划 3～4 条；转动培养皿约 60°，烧掉接种环上的剩余物，待冷却后，通过第一次划线部分做第二次平行划线；同法，通过第二次平行划线部分做第三次平行划线，通过第三次平行划线部分做第四次平行划线。

(3)恒温培养

划线完毕，将平板倒置于 28～30℃恒温箱中，培养 1～2 d，观察细菌菌落形态。

(4)转接纯化

挑取单个菌落，将其接种至新制的平板上，培养观察，直至纯化。

2.2.2 涂布法分离放线菌

此法的操作流程如图 3-3-3 所示。

(1)制备平板

采用无菌操作，往无菌培养皿的一边加入两滴 0.5%重铬酸钾溶液(或 50 U/mL 制霉素溶液)，在培养皿的另一边倒入适量已熔化并冷却至 45～50℃的高氏一号培养基，并轻轻地摇动培养皿，使重铬酸钾和培养基混合均匀，静置、冷凝，制成平板。

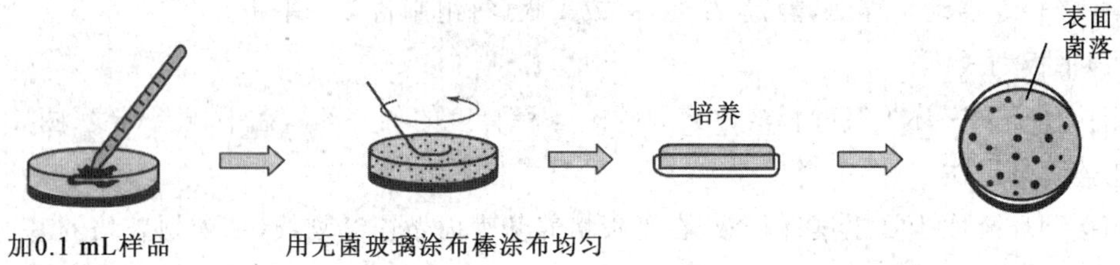

图 3-3-3 平板涂布法

(2)涂布平板

用无菌移液管往已制好的平板中央加入 0.1 mL 土壤稀释液(10^{-3} 和 10^{-4} 稀释度的各 0.1 mL)，取无菌玻璃涂布棒，将上述稀释液均匀地涂布于平板表面。涂抹时不能弄破平板，以免影响菌落的生长。

(3)恒温培养

将平板倒置于 28～30℃恒温箱中，培养 5～6 d，观察放线菌菌落的形态。

(4)转接纯化

挑取单个菌落，将其接种至新制的平板上，培养观察，直至纯化。

2.2.3 倾注法分离真菌

此法的操作流程如图 3-3-4 所示。

(1)制备混合液平板

采用无菌操作，往无菌培养皿的一边加入两滴 5 000 U/mL 链霉素溶液，在培养皿的另一边用无菌移液管加入 1 mL 土壤稀释液(10^{-4} 和 10^{-5} 稀释度的各 1 mL),然后倒入适量已熔化并冷却至 45～50℃的 PDA 培养基,轻轻地摇动培养皿,使菌悬液、链霉素和培养基混合均匀,静置、冷凝,制成平板。

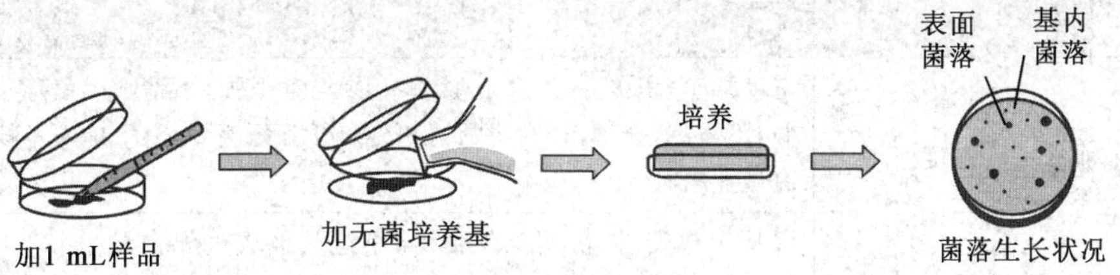

图 3-3-4 倾注法

(2)恒温培养

待平板完全冷凝后,将平板倒置于 28～30℃恒温箱中,培养 5～6 d,观察真菌菌落的形态。

(3)转接纯化

挑取单个菌落,接种至新鲜平板上,培养观察,直至纯化。

3 作业单

总结微生物分离纯化的操作步骤、要点及可能存在的问题。将菌种分离纯化的记录与结果填入表 3-3-1。

表 3-3-1 微生物分离纯化结果记录表

样品名称		规格		样品编号	
稀释倍数		取样日期		检测日期	
	菌落形态		菌图像绘制		
划线法分离细菌					
涂布法分离放线菌					
倾注法分离真菌					
检测结论					

【任务评价】

表 3-3-2　微生物分离纯化任务考核参考标准

序号	考核项目	考核内容	考核标准	考核方法	标准分值
1	职业基本素质	学习工作态度	态度端正,积极主动,工作认真。参与意识强,不请假,不懈怠,全勤,否则将酌情扣分。任务领会到位。有敬业精神	单人考核	10
		团队协作	服从工作安排,协调意识强,与小组其他成员配合好,否则将酌情扣分	小组考核	10
2	岗位专业技能	用具准备	能够根据实验需求,自主准备好相关器具。工具准备齐全,摆放合理,否则酌情扣分	单人考核	10
		菌种分离纯化	按照要求正确地完成接种操作,划线法分离细菌、涂布法分离放线菌、倾注法分离真菌,各操作过程中不染杂菌,否则将酌情扣分	单人考核	20
		仪器使用	正确地使用涂布棒、接种环、酒精灯、恒温培养箱等设备,不损坏仪器。否则将酌情扣分	单人考核	20
		报告填写	条理清晰,符合要求,可操作性强。否则将酌情扣分	单人考核	10
3	职业方法与能力	方法能力	善于思考,主动思考,勤于思考。独立分析和解决问题的能力强,能够主动、准确地表达自己的想法	单人考核	5
		工作过程	积极主动地参与任务工作过程,规范、认真。工作任务记录完整,语言简洁,字迹工整	小组考核	5
		训练与总结	积极准确地完成作业单,及时上交报告,有个人见解。能够自主利用网上平台开展学习与训练。善于反思,勤于反馈,积极总结经验教训	单人考核	10
	合计				100

【师徒共研】

1. 为什么平板培养时须倒置?

倒置后,空气不易进入,从而不易引入杂菌,特别是在培养厌氧菌时,倒置可隔绝氧气的进入,从而可以使厌氧菌更好地生长。另外,平板培养时倒置可防止平板内微生物进入周围环境中,从而污染空气,特别是一些致病菌。而且,若不倒置,会形成水膜,影响划线。

2. 斜面培养物有时出现水膜现象,如何避免水膜的形成?

第一,斜面培养基灭菌后,经过干燥再用于接种;第二,接种后,试管塞不宜塞得太紧,以防灭菌后所余水及菌种生长旺盛生成的水留在试管内,从而行成水膜。

3.若接种的培养物出现杂菌,如何分析引起杂菌的原因?

可以从4个方面分析:①培养基及相关器皿是否灭菌彻底;②接种器具及接种环境是否干净;③接种操作是否正确、规范;④接种后菌的培养是否正确。

4.划线分离时,为什么每划一次都要将接种环上的剩余物烧掉?

目的是杀死上次划线后接种环上残留的菌种,使下次划线的菌种直接来自上次划线的末端,使每次划线菌种数目减少,达到分离菌株的目的。

5.进行混合菌种划线分离之前须做哪些准备工作?

第一,进行环境消毒(无菌室和超净台);第二,将培养基、接种工具和其他用品全部摆放在实验台上;第三,在待接种的培养基试管或平板上贴好标签,标上接种的菌名、操作者、接种日期等;第四,接种人员先用肥皂或2%甲酚皂溶液洗手,擦干后再用75%酒精擦拭双手。

【知识链接】

分离纯培养技术介绍

从混杂微生物群体中获得只含有某一种或某一株微生物的过程称为微生物的分离与纯化。

1 微生物的分离

微生物的分离技术主要有稀释和选择培养技术,另外还有单细胞挑取技术。稀释法是指通过梯度稀释一定浓度菌悬液或在固体表面上做接种环的长距离划线操作,使单位体积或单位面积内仅存留一个单细胞,并使此单细胞增殖为一个新的群体,最常用的为平板划线分离法和稀释涂布平板法。平板划线分离法普遍用于微生物的分离与纯化。其基本原理是选择适合于待分离微生物的生长条件,如营养成分、酸碱度、温度和氧等要求,或加入某种抑制剂,形成只利于该微生物生长而抑制其他微生物生长的环境,从而淘汰一些不需要的微生物。

1.1 平板划线分离法

平板是培养平板的简称,它是指熔化的固体培养基在无菌的平皿中冷却凝固后得到的培养平板。最常用的分离、培养微生物的固体培养基是琼脂固体培养基平板。由Koch建立的采用平板分离微生物纯培养的技术简便易行,100多年来一直是各种菌种分离的最常用手段。用接种环以无菌操作的方式取少量待分离的材料,在无菌平板表面进行平行划线、扇形划线或其他形式的连续划线,接种环上的微生物细胞数量将随着划线次数和长度的增加而逐渐减少,如果划线长度适宜,微生物能逐个分散开来,经培养后,平板上能长出单个菌落。

1.2 稀释倾注平板法

先将待分离的材料用无菌水做一系列的梯度稀释(1∶10,1∶100,1∶1 000,……),然后分别取少量不同稀释梯度溶液,接种至盛有适量46℃左右的琼脂培养基的无菌培养皿中,充分混匀,静置,待其凝固,置于恒温培养箱中倒置培养一段时间。如果稀释适当,可在某个稀释度的平板培养基表面或内部获得分散的单个菌落，这个菌落可能是由一个细菌细胞繁殖形成的。挑取该单菌落，或重复以上操作，便可得到该种微生物的纯培养物。

1.3 稀释涂布平板法

首先，将熔化、稍凉的培养基倒入灭菌培养皿中，待其冷却、凝固；将待分离的材料用无菌生理盐水做一系列梯度稀释，然后取少量不同稀释梯度的溶液接种至培养基表面，用无菌涂布棒涂布均匀。同理，如果稀释适当，可以在某个稀释度的培养基表面获得分散的单个菌落。挑取该单菌落，或重复以上操作，便可得到该种微生物的纯培养物。

1.4 单细胞挑取法

从混杂群体中直接分离单个细胞或单个个体进行培养以获得纯培养，称为单细胞（单孢子）分离法。单细胞分离法的难度与细胞或个体的大小呈反比，分离较大的微生物如藻类、原生动物较容易，分离个体较小的细菌则较难。单细胞挑取法是在显微镜下使用单孢子分离器进行机械操作，挑取单孢子或单细胞进行培养的；也可以采用特制的毛细管在载玻片上的琼脂涂层中选取单孢子并切割下来，然后接种到合适的培养基进行培养。单细胞分离法对操作技术的要求较高，多限于高度专业化的科学研究采用。

为保证分离、培养得到的微生物是纯培养物，分离、培养时必须采用无菌操作技术。

2 微生物的培养

微生物在固体培养基上生长形成的单个菌落，通常是由一个细胞繁殖而成的集合体。因此，可通过挑取单菌落而获得纯培养。获取单个菌落可通过稀释涂布平板或平板划线等技术实现。值得指出的是，从微生物群体中分离得到的生长在平板上的单个菌落并不一定是纯培养物。因此，纯培养的确定除了依靠观察菌落特征外，还要结合显微镜检测个体形态特征后才能确定，有些微生物的纯培养物要经过一系列分离与纯化过程和多种特征鉴定才能得到。

根据微生物对氧气的需求不同，微生物的培养可以分为好氧培养、厌氧培养以及兼性好氧（厌氧）培养。

2.1 好氧培养

好氧培养是针对需要氧气才能生长的微生物的一种培养模式，绝大多数的培养都属于好氧培养，如平板培养、斜面培养、谷氨酸发酵。生产实践中，好氧培养的氧气一般来自空气。固体培养中的供氧可以通过空气自然对流或机械通风的方法实现，例如，平板培养和斜面培养分别是通过平板玻璃的缝隙和棉塞的缝隙进行自然供氧的；在酱油生产中，制备成曲的前期是通过自然对流的方式进行供氧的，但是到了菌丝生长旺盛期，就须要采取机械通风的方法进行供氧，以保证获得充足的氧气并及时排除霉菌生长产生的热量和二氧化碳。

在液体培养中，微生物只能利用培养液中的溶解氧，所以维持适当的溶解氧是好氧培养的关键。常温常压下达到平衡时，氧在水中的溶解度仅为 6.2 mL/L，这些氧只能氧化 8.3 g

葡萄糖,仅相当于培养基中常用葡萄糖浓度的1%,因此供氧量几乎是限制因子。在液体锥形瓶培养中,一般是采取振荡培养的方式实现供氧,振荡的方式主要有往复式和旋转式两种。在发酵罐内进行好氧培养时,一般通过通入无菌压缩空气来实现供氧,同时通过搅拌作用,增加氧气在发酵液中的溶解度。

2.2 厌氧培养

厌氧培养是指在隔绝氧气或驱除空气的状态下进行培养。专性厌氧细菌须要在绝对厌氧的状态下才能生长发育,但在实验条件下,有时兼性厌氧细菌也采取厌氧方式进行培养。在生产和实践中,除了可以采用专门的厌氧培养装置外,如厌氧培养皿、厌氧罐,还可采用以下方式实现厌氧培养。

2.2.1 与空气隔绝或尽量少接触空气

将琼脂培养基倾入普通试管约10 cm高度进行穿刺培养,或接种后在液体培养基和固体培养基上覆盖一层液体石蜡或矿物油,以防止微生物与空气接触。

2.2.2 除掉空气

将微生物装入耐压容器中进行真空培养,或将容器充满二氧化碳、氢气、氮气、氩气等。这些气体可将微量的氧气除掉。有氢气存在时,可用置换后飞溅火花等方法来除掉残存的氧气。加入焦性没食子酸和碳酸钠进行化学除氧,在有水的情况下,它们缓慢作用,吸收氧气,释放二氧化碳,造成缺氧和低氧化还原电位的环境。或使用好氧细菌及发芽的种子,通过呼吸作用消耗氧气。

任务四 微生物菌种保藏

【任务要求】

1. 了解微生物菌种保藏的目的和原理。
2. 掌握微生物菌种保藏的操作步骤。

【参考标准】

国家质量监督检验检疫总局 SN/T 2660—2010《食品微生物实验室菌种保藏方法》。

【操作流程】

斜面保藏:准备工作→接种→培养→保藏。

穿刺法:准备工作→接种→培养→保藏。

液体石蜡法:准备工作→接种→培养→加石蜡油→保藏。

沙土管保藏法:制作沙土管→制备菌悬液→加样→干燥→抽样检查→保藏。

冷冻干燥保藏法:准备安瓿管→制备脱脂乳→制备菌悬液→分装→预冻→真空干燥→封管→保藏。

【任务实施】

1 用品准备

1.1 仪器和用具

用于菌种保藏的小试管、无菌吸管、灭菌锅、干燥箱、冰箱、冷冻真空干燥装置、安瓿管、接种环、接种针等。

1.2 培养基及试剂

(1)牛肉膏蛋白胨培养基:见附录A.2;

(2)豆芽汁葡萄糖斜面培养基:见附录A.8;

(3)高氏一号培养基:见附录A.5;

(4)LB培养基:见附录A.6;

(5) 2% HCl;

(6)10% HCl;

(7)无水氯化钙;

(8)石蜡油;

(9)无菌甘油;

(10)牛乳;

(11)生理盐水。

1.3 菌种

待保藏的适龄菌株斜面,细菌、放线菌、酵母菌及霉菌等。

2 操作步骤

保藏菌种的方法很多,常用的保藏方法有斜面传代法、穿刺培养法、液体石蜡法、甘油管法等,可以分为培养保藏法和休眠保藏法。

2.1 微生物菌种的培养保藏法

为了生产和科研上利用菌种的方便,以便随时观察或更换菌种,有时只需将微生物做暂时或简便的保藏。

2.1.1 斜面传代法

此法适用于任何一种微生物,其操作要点如下:

(1)将需要保藏的菌种接种于该微生物最适宜的新鲜斜面培养基上,在适合的温度下培养,以得到健壮的菌体。

(2)将长好的斜面取出,换上无菌的橡皮塞塞紧,于4℃冰箱中保存。

(3)每隔一定时间(根据不同的微生物而定,如细菌1个月左右,放线菌3个月左右),将斜面重新移植培养,塞上无菌的橡皮塞,4℃保存。

此方法的优点是简便可行,取用方便。缺点是保藏时间不长,多次传代后菌种易变异。

2.1.2 穿刺培养法

穿刺培养法的操作步骤如下:

(1)将半固体培养基注入小试管(如0.8 cm×10 cm)中,使培养基距离试管口2~3 cm 。

(2)用接种针挑取菌体,从半固体培养基顶部的中央沿直线穿刺至距离固体培养基底部约1/3处,塞上无菌的橡皮塞,置于37℃下培养24 h。

(3)将培养好的试管取出,熔封或塞上橡皮塞,于4℃冰箱中保存。

采用此法可保藏菌种半年到一年以上。

2.2 微生物菌种的休眠保藏法

2.2.1 液体石蜡法

液体石蜡法的操作步骤如下:

(1)采用与斜面传代法和穿刺培养法相同的方法获得健壮的培养物。

(2)将灭菌的液体石蜡注入斜面试管(或穿刺试管)中,使液面高出斜面顶部1 cm左右,使用的液体石蜡要求化学纯即可。

(3)将注入石蜡的培养物置于试管架上,以直立状态放在4℃冰箱中保存。

2.2.2 甘油管法

甘油管法的操作步骤如下:

(1)首先将纯甘油配成80%(体积分数)的甘油水溶液。

(2)将80%甘油按1 mL/瓶的量分装到甘油瓶(3 mL规格)中,121℃灭菌20 min。

(3)将要保藏的菌种培养成新鲜的斜面(也可用液体培养基振荡培养成菌悬液)。

(4)在培养好的斜面中注入少许(2~3 mL)无菌水,刮下斜面,振荡,使细胞充分分散,制成均匀的悬浮液,此时细胞浓度为10^{8}~10^{10}个/mL。

(5)吸取1 mL菌悬液于上述装好甘油的无菌甘油瓶中,充分混匀后,使甘油的终体积分数为40%,然后置于-20℃下保存(液体培养的菌,取对数生长期菌液1 mL于甘油瓶中)。

2.2.3 沙土管保藏法

沙土管保藏法的操作步骤如下:

(1)取河沙若干,用24目筛子过筛,用10%盐酸溶液浸泡24 h,然后弃盐酸溶液,用水浸泡数次至中性为止，然后滤除水分，将河沙烘干。

(2)取菜园(果园)壤土，风干，粉碎，过筛(24 目筛)。

(3)把烘干的沙和土按一定的比例(3∶2)混合后分装入小指形管中，装入量为 1 cm 左右，塞好棉塞，121℃灭菌 1 h，然后烘干。也可于 170℃ 2 h 干热灭菌。

(4)将保藏的菌种接种至新鲜斜面，在适宜的温度下获得对数期培养物。

(5)在斜面培养物中注入 3～4 mL 无菌水，用接种环刮下菌苔，振荡均匀后，吸取 0.2 mL 左右的菌液于沙土管中，再用接种针将沙土和菌液搅拌均匀。若是产孢子的微生物，也可以直接用接种针将孢子拌入沙土中。

(6)将混合的沙土管置于真空泵中，抽真空，以除去沙土管中的水分。

(7)将抽干后的沙土管置于干燥器中保存，干燥器下层应盛有硅胶、石灰或五氧化二磷等物，每隔一段时间应更换一次干燥器下层的物质，以保持干燥。

2.2.4 冷冻干燥保藏法

冷冻干燥保藏法是指在低温下，快速地将细胞冻起来，然后再在真空下抽干，使微生物的生长和一切酶的作用暂时停止。为防止深冻和水分不断升华对细胞的损害，采用保护剂来制备细胞悬液。在冻结和脱水过程中，保护性溶质通过氢键和离子键对水和细胞产生亲合力来稳定细胞成分的结构。冻干操作的步骤如下：

(1)选择规格为 0.8 cm×10.0 cm 的中性玻璃安瓿管，先用 2%盐酸浸泡 8～10 h，再用自来水冲洗多次，用蒸馏水洗 2～3 次后于烘箱中烘干。

(2)将印有菌号、制作日期的标签放入烘干的安瓿管(字面应面向管壁)中并塞上棉塞，于 121℃灭菌 30 min。

(3)将待冻干保藏的菌种进行斜面培养，以得到良好的斜面培养物。

(4)将新鲜牛奶反复脱脂后转入锥形瓶中灭菌。

(5)用无菌吸管吸取 2～3 mL 灭菌的牛奶于长好的斜面中，刮下细胞或孢子，轻轻地搅动，使细胞均匀地悬浮在牛奶中。

(6)用无菌的巴斯德吸管将制备的菌悬液滴入安瓿管中，每管 0.2 mL 左右(4～5 滴)。

(7)把安瓿管置于－40～－25℃下预冻，若保藏量大(如 500 支安瓿管)预冻 1 h 以上，若保藏少量则安瓿管预冻几分钟即可。

(8)预冻后将安瓿管进行真空干燥。先将冷冻室温度降至－20℃以下，放入预冻安瓿管后立即开动真空泵，抽真空时真空度在 15 min 内应达到 65 Pa 以下，当真空度达到 26 Pa 时，可以适当提高温度以加速水分的蒸发。一般保藏少量样品 3～4 h 即可抽干，而要冻干大量样品(如 500～600 支安瓿管)，则需 8～10 h 甚至过夜。

(9)经过真空干燥后，测定样品的残留水分，一般残留水分在 1%～3%范围内即可进行密封，高于 3%须继续进行真空干燥，有时也可以凭经验直接观察样品的干湿程度。

(10)干燥后，将安瓿管的棉塞向下推移，然后用火焰烧熔棉塞的下方并拉成细颈，再将安瓿管安装在真空的歧管上，继续抽干几分钟后，用火焰将细颈烧熔、封闭。

(11)安瓿管密封后,用高频电火花检查安瓿管的真空情况,如管内发出灰蓝色光,说明保持着真空,合格者可置于室温或4℃冰箱中保存。

3　作业单

总结微生物菌种保藏的操作步骤、要点及可能存在的问题。

【任务评价】

表 3-4-1　微生物菌种保藏任务考核参考标准

序号	考核项目	考核内容	考核标准	考核方法	标准分值
1	职业基本素质	学习工作态度	态度端正,积极主动,工作认真。参与意识强,不请假,不懈怠,全勤,否则将酌情扣分。任务领会到位。有敬业精神	单人考核	10
		团队协作	服从工作安排,协调意识强,与小组其他成员配合好,否则将酌情扣分	小组考核	10
2	岗位专业技能	用具准备	能够根据实验需求,自主准备好相关器具。工具准备齐全,摆放合理,否则酌情扣分	单人考核	10
		菌种保藏操作	按照要求正确地完成菌种斜面传代、穿刺培养法、液体石蜡法、沙土管法保藏,操作过程中不能染杂菌,否则将酌情扣分	单人考核	20
		仪器使用	正确地使用接种针、接种环、冰箱、真空泵、冷冻干燥机等设备,不损坏仪器。否则将酌情扣分	单人考核	20
		报告填写	条理清晰,符合要求,可操作性强。否则将酌情扣分	单人考核	10
3	职业方法与能力	方法能力	善于思考,主动思考,勤于思考。独立分析和解决问题的能力强,能够主动、准确地表达自己的想法	单人考核	5
		工作过程	积极主动地参与任务工作过程,规范、认真。工作任务记录完整,语言简洁,字迹工整	小组考核	5
		训练与总结	积极准确地完成作业单,及时上交报告,有个人见解。能够自主利用网上平台开展学习与训练。善于反思,勤于反馈,积极总结经验教训	单人考核	10
	合计				100

【师徒共研】

1.什么是菌种衰退?有何表现?

菌种衰退是指生产菌株性状的劣化或遗传标记的丢失,具体表现为:菌落形态的改变;生长速度缓慢;生产能力下降;抗不良环境(抗噬菌体、低温等)能力减弱。

2.菌种保藏的目的是什么?

保持菌种的存活率、优良性能、生产能力。

3.采用斜面传代法保藏菌种过程中,划线有哪些注意事项?

迅速地将接种针伸入待接培养基管内,在培养基斜面上由下至上轻轻地划线,注意勿使端部带菌部分通过火焰或碰到管壁,不能将培养基表面划破。

4.菌种保藏中,石蜡油的作用是什么?

作用是密封,防止空气进入,降低菌种的生理活性。

5.斜面传代法有哪些优点和缺点?

在斜面培养基表面接种、培养后,储存在4℃冰箱中,简单、方便,不需要特殊设备等。但由于微生物与空气接触,所以保存时间短,需要定期接种传代,易污染,菌种特性易改变。

6.经常使用的细菌菌株,使用哪种保藏方法比较好?

可以用甘油管法保存,在液体培养基中加入50%的甘油,然后在低温(-70℃)下冷冻保存。使用时,取出菌株冰浴融化,直接平板划线即可。

7.制备好的沙土管菌种如何进行保藏?

可采用下列任何一种措施进行保藏:

(1)将沙土管留存在干燥器中,干燥器可置于室温或冰箱中;

(2)将沙土管带塞一端浸入熔化的石蜡中,使管口密封;

(3)在火焰上,将沙土管的棉塞下端的玻璃烧熔,封住管口,再置于冰箱中保存。

【知识链接】

微生物菌种的保藏

菌种是一个国家的重要生物资源,菌种保藏是一项重要的微生物学基础工作。菌种保藏机构的任务是在广泛收集实验室和生产菌种、菌株的基础上,将它们妥善保存,以保证菌种存活,不丢失,不污染,防止优良性状丧失,并达到随时为生产、科研提供优良菌种的目的。

1 菌种保藏的原理

菌种保藏的具体方法很多,原理却大同小异。首先,要挑选典型菌种的优良纯种,最好采用它们的休眠体(如分生孢子、芽孢);其次,要创造一个降低代谢速度、适合其长期休眠的环境条件,从微生物和环境的关系的研究中得知,干燥、低温、缺氧、避光、缺乏营养等环境因素均可使微生物处于休眠状态。

2 菌种的保藏方法

2.1 斜面保藏法

这是一种最基本的微生物保藏方法，适用范围广，细菌、真菌、放线菌都可采用。做法是定期将菌种接种在不同成分的斜面培养基上，待培养好后再置于4℃的冰箱中保存。保藏时间依微生物的种类不同而不同，霉菌、放线菌及有芽孢的细菌保存2～4个月，移种一次。酵母菌2个月移种一次，细菌最好每月移种一次。此法为实验室和工厂菌种室常用的保藏法，优点是操作简单，取用方便，不需特殊设备，能随时检查所保藏的菌株是否死亡、变异与被杂菌污染等。缺点是：菌种管棉塞容易发霉；菌株的遗传性状容易发生变异；需要定期接种，工作量大；被杂菌污染的机会较多。

2.2 液体石蜡覆盖保藏法

此法是斜面保藏的一种改进方法。将菌种接种至斜面培养基上培养，长好后，将灭过菌并除去水分的液体石蜡倒入斜面，液体石蜡高出菌斜面末端1 cm左右，使菌种与空气隔绝。斜面直立于室温下或在4℃冰箱中保藏，保藏时间可长达1年或以上。此法实用且效果好。霉菌、放线菌、产芽孢细菌可保藏2年以上不死，酵母菌可保藏1～2年，一般无芽孢细菌也可保藏1年左右。甚至用一般方法很难保藏的脑膜炎球菌，在37℃温箱内，也可保藏3个月之久。此法的优点是制作简单，不需特殊设备，且不需经常移种。缺点是保存时必须直立放置，所占空间较大，同时也不便携带。从液体石蜡下取培养物移种后，接种环在火焰上烧灼时，培养物容易与残留的液体石蜡一起飞溅，当培养物是病原菌时应特别注意。

2.3 载体吸附保藏法

此法是将菌种接种于适当的载体上进行保藏的方法，多适用于产孢子或芽孢的微生物的保藏。

2.3.1 滤纸保藏法

将滤纸剪成0.5 cm×1.2 cm的小长条，灭菌后，蘸取用脱脂牛乳制备的浓菌，然后将滤纸装入0.6 cm×8.0 cm的灭菌安瓿管中，每管装1～2张，内置五氧化二磷作吸水剂，用真空泵抽尽气体后，塞上棉塞，保存于低温下。细菌、酵母菌、丝状真菌均可用此法保藏，前两者可保藏2年左右，有些丝状真菌甚至可保藏14～17年之久。此法较液氮冷冻法和真空冷冻干燥法简便，不需要特殊设备。

2.3.2 沙土管保藏法

取河沙过60目筛，用10%盐酸浸泡3～4 h以除去其中所含有机物。用水漂洗至中性，烘干，装入高度约1 cm的河沙于小试管中，121℃间歇灭菌3次。用无菌吸管将孢子悬液滴入沙粒小管中，经真空干燥8 h，于常温或低温下保存均可。此法多用于能产生孢子的微生物（如霉菌、放线菌），因此在抗生素工业生产中应用最广，效果较好，可保存2年左右，但应用于营养细胞时效果不佳。

2.3.3 曲法保藏

将麸皮与水按(1∶0.8)～(1∶1.5)比例拌匀(含水量因菌种不同而异),装入试管,塞上棉塞,灭菌后接入菌种培养,当形成孢子后即成曲。充分干燥后于室温下或低温下保藏。此法适用于保藏产生大量孢子的霉菌和一些放线菌,保藏时间在1年以上。

2.4 冷冻保藏法

冷冻保藏是指在－20℃以下进行的保藏。冷冻可以使微生物代谢活动停止,一般而言,冷冻温度越低,效果越好。冷冻保藏时为了保护微生物不受损伤,通常加入一定的保护剂,如甘油;同时还要掌握好冷冻速度和解冻速度。此法的缺点是培养物的运输较困难。

2.4.1 普通冷冻保藏技术(－20℃)

此法是指将长好的斜面菌种严格密封后于－20～－5℃下保存,或收集细胞培养物后置于试管内,严格密封后于－20～－5℃下保存。此法可以维持菌种活力1～2年。应注意的是,经过一次解冻的菌株培养物不宜再用来保藏。此法虽简便易行,但不适用于多数微生物的长期保存。

2.4.2 超低温冷冻保藏法

此法是指于－60℃以下的超低温冷藏柜中进行的保藏。一般方法是先离心收获对数生长中期至后期的微生物细胞,再用新鲜培养基重新悬浮所收获的细胞,然后加入等体积的20％甘油或10％二甲基亚砜作冷冻保护剂,混匀后分装入冷冻指管或安瓿管中,于－70℃超低温冰箱中保藏。若干细菌和真菌可通过此方法保藏5年而活力不受影响。

2.4.3 液氮超低温冷冻保藏法

这一方法是将菌体悬浮在保护剂中,或将琼脂培养物原封不动地进行液体冷冻,在液氮(－196℃)或气相液氮(－156℃)中保存。液氮保藏菌种的存活率远比其他保藏方法高,且恢复突变的发生率极低。液氮保藏已成为工业微生物菌种保藏的最好方法。做法是:将细胞悬浮于一定量的分散剂中或将琼脂斜面上长好的培养物直接进行液体冷冻,然后转移至液氮或其蒸汽相(气相液氮)中保藏。进行液氮冷冻保藏时应严格控制制冷速度。液氮冷冻保藏中最常用的保护剂是二甲基亚砜和甘油,一般终体积分数为甘油10％、二甲基亚砜5％。

2.5 真空冷冻干燥保藏法

用无菌脱脂牛乳将菌种制成高浓度菌悬液,分装在无菌安瓿瓶中,在低温下抽真空使菌体充分干燥成菌块,然后在真空条件下将安瓿瓶熔封,放置在室温或低温下保存。此法具备了低温、真空、干燥3个条件,优点是保藏时间长,变异小,便于大量保藏。生活力强的微生物及其孢子以及无芽孢菌都适用此法,一些很难保存的致病菌(如脑膜炎球菌与淋病球菌)也可采用此法保存。此法适用于菌种长期保存,一般可保存数年至10余年,缺点是设备和操作都比较复杂。

除上述菌种保藏方法外,还有其他一些保藏方法,如蒸馏水悬浮法、寄主保藏法。

项目四
微生物计数

知识目标

1. 了解微生物计数法的原理及适用范围。
2. 掌握微生物计数的操作步骤及要点。
3. 掌握微生物计数结果的计数规则及计数方法。

技能目标

1. 能够根据相关标准合理设计检测步骤。
2. 能够对样品进行真实有效的检测。
3. 能够对不同数据进行有效的分析处理。

德育目标

1. 培养学生严谨认真的工作作风。
2. 激发学生的责任感、使命感,引导学生严守职业道德。

任务一 显微直接计数

【任务要求】

1. 了解血球计数板的结构、计数原理及方法。
2. 能够熟练使用血球计数板及显微镜直接计数。

【操作流程】

制备菌悬液→镜检计数室→加样→显微计数→结果计算→报告结果。

【任务实施】

1 用品准备

1.1 仪器和用具

显微镜、血球计数板、盖玻片(22 mm×22 mm)、吸水纸、计数器、滴管、擦镜纸等。

1.2 菌种

酿酒酵母(*Saccharomyces cerevisiae*)斜面或培养液。

2 操作步骤

2.1 制备菌悬液

用无菌生理盐水将酿酒酵母制成浓度适当的菌悬液,以每小格内有5～10个菌体为宜。

2.2 镜检计数室

在加样前,先对计数板的计数室进行镜检。若有污物,可用酒精棉球擦拭干净,晾干后才能用于计数。

2.3 加样

将清洁干燥的血细胞计数板盖上盖玻片,再用无菌的毛细滴管吸取摇匀的酿酒酵母菌悬液,从盖玻片边缘滴入,使菌液沿缝隙借助毛细渗透作用自动进入计数室。渗入计数室内的菌液不能太多,也不能有气泡产生。

2.4 显微镜计数

加样后静置 5 min,待菌液不再流动,将血细胞计数板置于显微镜载物台上,先用低倍镜找到计数室所在位置,然后换成高倍镜进行计数。调节显微镜光线至强弱适当,对于用反光镜采光的显微镜,还要注意光线不能偏向一边,否则观察者不易看清楚视野中的计数室方格线,或只见竖线或只见横线。

在计数前若发现菌液太浓或太稀,必须重新调节稀释度,再制片观察。一般样品的稀释度以每小格内有 5～10 个菌体为宜。计数时若计数区是由 16 个大方格组成的,按对角线方位,数左上、左下、右上、右下的 4 个大方格(即 100 个小格)的菌数。如果是 25 个大方格组成的计数区,除数上述 4 个大方格外,还须数中央 1 个大方格的菌数(即 80 个小格)。如果菌体位于大方格的双线上,计数时则数上线不数下线,数左线不数右线,以减少误差。位于格线上的菌体一般只数上方和右边线上的。如遇酵母出芽,芽体大小达到母细胞的一半时,即作为 2 个菌体计数。计数一个样品,须用两个计数室中计得的平均数值来计算样品的含菌量。

2.5 直接计数法的结果计算

2.5.1 16×25 的血球计数板

$$酵母细胞数/(个/mL)=\frac{100个小格内酵母细胞总个数}{100}\times 400\times 10\ 000\times 稀释倍数$$

2.5.2 25×16 的血球计数板

$$酵母细胞数/(个/mL)=\frac{80个小格内酵母细胞总个数}{80}\times 400\times 10\ 000\times 稀释倍数$$

2.6 清洗血细胞计数板

使用完毕后,用流水将血细胞计数板冲洗干净,切勿用硬物洗刷,洗完后自然风干或用吹风机吹干。镜检,观察每个小格内是否有残留菌体或其他沉淀物。若不干净,则必须重复洗涤至干净为止。

表 4-1-1 直接计数法检测结果记录表

计数次数	每个中方格菌数					总菌数	菌液稀释倍数	二室平均值	菌数/(个/mL)
	1	2	3	4	5				
第一室									
第二室									

【任务评价】

表 4-1-2　直接计数法任务考核参考标准

序号	考核项目	考核内容	考核标准	考核方法	标准分值
1	职业基本素质	学习工作态度	态度端正,积极主动,工作认真。参与意识强,不请假,不懈怠,全勤,否则将酌情扣分。任务领会到位。有敬业精神	单人考核	10
		团队协作	服从工作安排,协调意识强,与小组其他成员配合好,否则将酌情扣分	小组考核	10
2	岗位专业技能	用具准备	能够根据检测需求,自主准备好相关器具,保证操作过程完整连贯。否则酌情扣分	单人考核	10
		样品处理	正确稀释、加样,操作熟练,确保菌液浓度合适。否则将酌情扣分	单人考核	20
		结果计数与数据处理处理	能够正确地进行镜检、计数,并选择合适的计算方法,能够正确地进行数据修约。所填数据与实际不符的将酌情扣分	单人考核	20
		报告填写	正确地填写计数表格,数据填写正确、所用计算公式正确、计算结果准确,否则将酌情扣分	单人考核	10
3	职业方法与能力	方法能力	善于思考,主动思考,勤于思考。独立分析和解决问题的能力强,能够主动、准确地表达自己的想法	单人考核	5
		工作过程	积极主动地参与任务工作过程,规范、认真。工作任务记录完整,语言简洁,字迹工整	小组考核	5
		训练与总结	积极准确地完成作业单,及时上交报告,有个人见解。能够自主利用网上平台开展学习与训练。善于反思,勤于反馈,积极总结经验教训	单人考核	10
	合计				100

【师徒共研】

1.采用血球计数板直接计数时,菌液中的气泡是否会影响检测结果?

取样时须先摇匀菌液,加样时计数室不可有气泡产生。气泡影响计数室内液体的体积,使结果误差变大。而且有气泡会影响显微镜下的观察。

2.从试管中吸取菌液前为什么要先进行振荡?

从试管中吸取菌液进行计数前,要将试管轻轻地振荡几下,这样能使酵母菌分布均匀,防止酵母菌凝聚沉淀,可以增强计数的代表性和准确性,从而减小计数结果的误差。

3.在计数前若发现菌液太浓,应该如何调节菌液浓度?

振荡试管使菌液分布均匀,取 1 mL 菌液,用无菌水稀释,以每个小方格内含 4～5 个细胞为宜，再用血球计数板计数，所得数值乘以稀释倍数即可。

4. 酵母菌有芽殖现象，若酵母菌出芽如何计算？

活酵母有芽殖现象，当芽体达到母细胞大小的一半时，即可作为 2 个菌体计数。若芽体小于母细胞的一半，仅作为 1 个酵母细胞计数。

5. 对于压在方格界线上的酵母细胞，该如何计数？

用血球计数板计数时，难免会遇到菌体压在方格界线上的现象。对于压在方格界线上的酵母菌，应当计数同侧相邻两边上的菌体数，一般可采取"数上线不数下线，数左线不数右线"的原则处理，另两边不计数。

6. 对于样品的检测，可以用一次计数结果计算吗？

计数一个样品，须用两个计数室中计得的平均数值来计算，对每个样品可计数 3 次，再取其平均值，不能仅用一次计数结果计算。计数时应适时调节焦距，以观察到不同深度的菌体。按公式计算每毫升(或 10 mL)菌液中所含的酵母菌个数。

7. 如何清洗血细胞计数板？

血细胞计数板计数完毕，应取下盖玻片，用流水将血球计数板冲洗干净，切勿用硬物洗刷或抹擦，以免损坏网格刻度。洗净后自然风干或用吹风机吹干，或用 95% 乙醇、无水乙醇、丙酮等有机溶剂脱水使其干燥。通过镜检观察每个小格内是否残留菌体或其他沉淀物。若不干净，则必须重复清洗，直到干净为止，然后放入盒内保存。

【知识链接】

1 直接计数法的概念

直接计数法是将小量待测样品的悬浮液置于一种特别的具有确定面积和容积的载玻片上(又称计菌器)，于显微镜下直接计数的一种简便、快速、直观的方法。

目前国内外常用的计菌器有血细胞计数板、Peteroff-Hauser 计菌器以及 Hawksley 计菌器等，它们都可用于酵母菌、细菌、霉菌孢子等悬液的计数，基本原理相同。后两种计菌器由于盖上盖玻片后，总容积为 0.02 mm^3，而且盖玻片和载玻片之间的距离只有 0.02 mm，因此可用油浸物镜对细菌等较小的细胞进行观察和计数。除了用这些计菌器外，还有在显微镜下直接观察涂片面积与视野面积之比的估算法，此法一般用于牛乳的细菌学检查。

显微镜直接计数法的优点是直观、快速、操作简单。但此法的缺点是，所测得的结果通常是死菌体和活菌体的总和。目前已有一些方法可以克服这一缺点，如结合活菌染色微室培养(短时间)以及加细胞分裂抑制剂等方法，来达到只计数活菌体的目的。

2 直接计数法的基本原理

用血细胞计数板在显微镜下直接计数是一种常用的微生物计数方法。血球计数板是一块特制的厚型载玻片，其上由 4 条槽构成 3 个平台。中间较宽的平台又被一短横槽隔成两半，每一边的平台上各列有一个方格网，计数时用其一即可。其结构如图 4-1-1 所示。

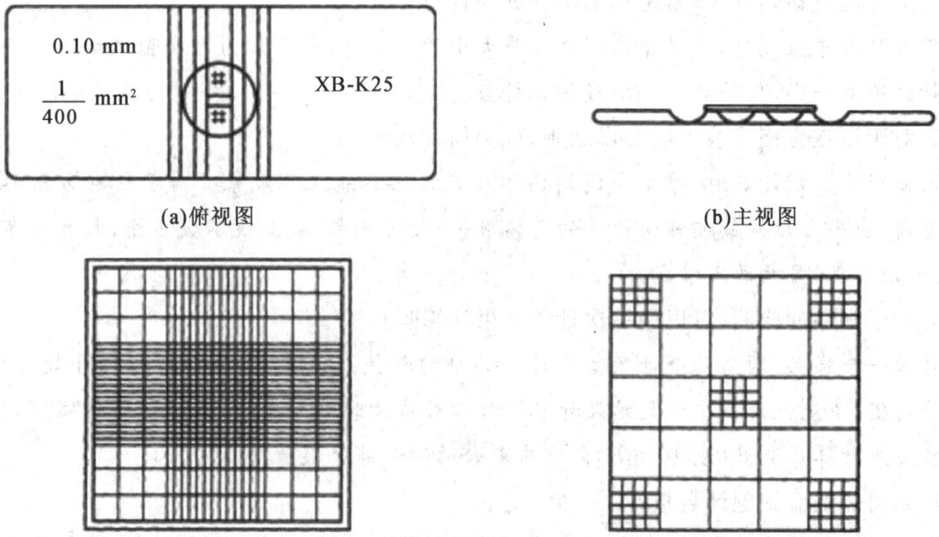

(a)俯视图　(b)主视图

(c)放大后方格网　(d)放大后计数室

图 4-1-1　血球计数板正面、侧面及计数室

每个方格网共分为 9 个大方格，中间的大方格即为计数室。计数室的刻度一般有两种规格，一种是一个大方格分成 25 个中方格，而每个中方格又分成 16 个小方格；另一种是一个大方格分成 16 个中方格，而每个中方格又分成 25 个小方格（图 4-1-2）。无论是哪一种规格的计数板，每一个大方格中的小方格都是 400 个。每一个大方格的边长为 1 mm，则每一个大方格的面积为 1 mm^2，盖上盖玻片后，盖玻片与载玻片之间的高度为 0.1 mm，所以计数室的容积为 0.1 mm^3（万分之一毫升）。

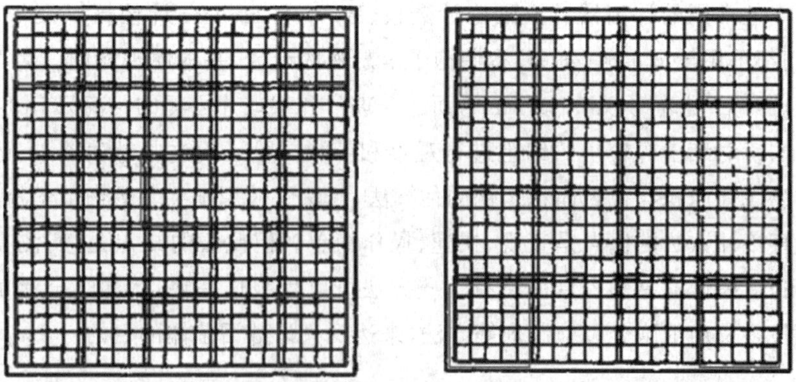

(a) 25大格×16小格型计数板　(b) 16大格×25小格型计数板

图 4-1-2　不同刻度的计数室

计数时，通常数 5 个中方格的总菌数，然后求得每个中方格的平均菌数，乘上 25 或 16，即得一个大方格中的总菌数，再换算成 1 mL 菌液中的总菌数。

假设 5 个中方格中的总菌数为 A，菌液稀释倍数为 B，如果是 25 个中方格的计数板，则

$$1\ \text{mL 菌液中的总菌数}=\frac{A}{5}\times 25\times 10\ 000\times B=50\ 000AB(\text{个})$$

同理，如果是 16 个中方格的计数板，则

$$1\ \text{mL 菌液中的总菌数}=\frac{A}{5}\times 16\times 10\ 000\times B=32\ 000AB(\text{个})$$

任务二　稀释平板计数

【任务要求】

1. 掌握稀释平板计数法的基本原理。
2. 掌握活菌计数操作技能。

【操作流程】

稀释菌悬液→取样→倒平板→培养→计数→计算结果。

【任务实施】

1　用品准备

1.1　仪器

恒温培养箱。

1.2　菌种及培养基

大肠杆菌菌悬液、牛肉膏蛋白胨培养基(附录 A.2)。

1.3　其他用具

1 mL 无菌吸管、无菌培养皿、15 mL 试管、试管架等。

2 操作步骤

2.1 编号

取无菌培养皿 9 套，分别用记号笔标明 10^{-4}、10^{-5}、10^{-6}(稀释度)各 3 套。另取 6 支盛有 9 mL 无菌水的试管，排列在试管架上，依次标记 10^{-1}、10^{-2}、10^{-3}、10^{-4}、10^{-5}、10^{-6}。

2.2 稀释

用 1 mL 无菌吸管吸取已充分混匀的大肠杆菌菌悬液(待测样品)，精确地吸取 1 mL 至 10^{-1} 的试管中，此即为 10 倍稀释。注意吸管尖端不能碰到液面，以免吹出时试管内液体外溢。将 10^{-1} 试管置于试管振荡器上振荡，使菌液充分混匀。另取一支 1 mL 吸管插入 10^{-1} 试管中来回吹吸菌悬液 3 次，进一步将菌体分散、混匀。吹吸菌液时不能太猛太快，吸时吸管伸至管底，吹时离开液面，以免将吸管中的过滤棉花浸湿或使试管内液体外溢。

用此吸管吸取 10^{-1} 菌液，精确地吸取 1 mL 至 10^{-2} 试管中，此即为 100 倍稀释。其余依此类推，分别制成 10^{-3}、10^{-4}、10^{-5}、10^{-6} 稀释液。注意每一支吸管只能接触一个稀释度的菌悬液，否则稀释不准确，结果误差较大。

2.3 取样

用 3 支 1 mL 无菌吸管分别吸取 10^{-4}、10^{-5} 和 10^{-6} 的稀释菌悬液至对应的无菌培养皿中，每个培养皿接种 0.2 mL。

应一次性吸取 3 个重复所需菌液量，以减少同一稀释度几个重复间的操作误差。

2.4 倒平板

向上述盛有不同稀释度菌液的培养皿中倒入熔化后冷却至 45℃左右的牛肉膏蛋白胨培养基，约 15 mL/培养皿，并立即在水平位置上轻轻地旋动培养皿，使培养基与菌液混合均匀，但不能使培养基荡出培养皿或溅至培养皿盖上。

由于细菌易吸附在玻璃器皿表面，所以加入菌液后，应尽快倒入熔化后冷却至 45℃左右的培养基，并立即摇匀，否则细菌将不易分散或长成的菌落连在一起，影响计数。

待培养基凝固后，将平板倒置于 37℃恒温培养箱中培养。

2.5 计数

培养 48 h 后，取出培养平板，算出同一稀释度的 3 个平板上的菌落平均数，并按下列公式计算 1 mL 菌液中的活菌总数：

1 mL 菌液中活菌总数＝同一稀释度 3 次重复的平均菌落数×稀释倍数×5

一般选择每个平板上长有 30～300 CFU 菌落的稀释度计算 1 mL 菌液中的含菌量较为合适。同一稀释度的 3 个重复的菌落数不应相差很大，否则表示试验不准确。实际工作中，同一稀释度的平板不能少于 3 个，这样便于数据统计，减少误差。由 10^{-4}、10^{-5}、10^{-6} 3 个稀释度计算出的 1 mL 菌液中菌落形成单位数也不应相差太大。

对于稀释平板计数法，选择适宜的稀释度是很重要的。一般以 3 个连续稀释度中的第二个稀释度倒平板培养后长出 50 CFU 左右菌落数为好，否则要适当增加或减少稀释度个数。

稀释平板计数法的操作除可以用上述倒平板的方式以外，还可以用涂布平板的方式进行。二者的操作基本相同。所不同的是，后者先将牛肉膏蛋白胨培养基熔化后倒平板，待培养基凝固后编号，并于 37℃ 培养箱中烘烤 30 min，或在超净工作台上适当吹干，然后用无菌吸管分别吸取不同稀释度的菌液接种于对应编号的平板上，并尽快用无菌玻璃涂棒将菌液涂布均匀，平放于实验台上 20～30 min，使菌液渗入培养基表层内，然后倒置于 37℃ 培养箱中培养 24～48 h。

涂布平板用的菌悬液量一般以 0.1 mL 较为适宜，过少则菌液不易被涂布开，过多则不易形成单菌落。

3 作业单

根据计数样品实际，将计数结果填入表 4-2-1，并计算 1 mL 菌液的活菌总数。

表 4-2-1 稀释平板计数法检测结果记录单

稀释度	10^{-4}				10^{-5}				10^{-6}			
菌落数	1	2	3	平均	1	2	3	平均	1	2	3	平均
1 mL 菌液的活菌总数												

【任务评价】

表 4-2-2　稀释平板计数法任务考核参考标准

序号	考核项目	考核内容	考核标准	考核方法	标准分值
1	职业基本素质	学习工作态度	态度端正，积极主动，工作认真。参与意识强，不请假，不懈怠，全勤，否则将酌情扣分。任务领会到位。有敬业精神	单人考核	10
		团队协作	服从工作安排，协调意识强，与小组其他成员配合好，否则将酌情扣分	小组考核	10
2	岗位专业技能	用具准备	能够根据检测需求，自主准备好相关器具，保证操作过程完整连贯。否则将酌情扣分	单人考核	10
		样品处理	正确地稀释、加样，操作熟练，确保菌液浓度合适。否则将酌情扣分	单人考核	20
		结果计数与数据处理处理	正确地镜检、计数，并选择合适的计算方法，正确地进行数据修约。所填数据与实际不符的将酌情扣分	单人考核	20
		报告填写	正确地填写计数表格，数据填写正确、所用计算公式正确、计算结果准确，否则酌情扣分	单人考核	10
3	职业方法与能力	方法能力	善于思考，主动思考，勤于思考。独立分析和解决问题的能力强，能够主动、准确地表达自己的想法	单人考核	5
		工作过程	积极主动地参与任务工作过程，规范、认真。工作任务记录完整，语言简洁，字迹工整	小组考核	5
		训练与总结	积极准确完成作业单，及时上交报告，有个人见解。能够自主利用网上平台开展学习与训练。善于反思，勤于反馈，积极总结经验教训	单人考核	10
	合计				100

【师徒共研】

1. 为什么必须将熔化后的培养基冷却至 45℃左右才能倒平板？

(1)刚熔化的培养基的温度较高，不经冷却就倒入冷的培养皿中，会产生水汽和水滴。水汽和水滴附着在皿壁上，会影响涂布效果。

(2)培养基的温度过高，会将菌烫死，影响计数结果。

(3)培养基的温度过高，不便于实验人员操作。

2. 要使稀释平板计数法准确，须要掌握哪几个关键？

(1)保证无菌操作，避免杂菌的干扰。

(2)掌握适当的稀释度，稀释液太浓或太稀均可导致无法计数，影响计数结果。

(3)控制好菌落生长时间,培养时间过长,菌落生长太大不便区分;培养时间过短,则菌落太小,影响计数。

3.倒平板法和涂布计数法哪个方法更好?

倒平板法适用于厌氧、兼性厌氧微生物的菌落观察。倒平板法的操作相对烦琐,不适合好氧和对热敏感的细菌的培养。

涂布计数法适用于好氧微生物的菌落观察。涂布法使用得较多,但有时涂布不均匀,菌落一般在表面。

4.稀释平板计数法和显微镜直接计数法哪个更好?

显微镜直接计数法随机性大,不能客观、全面地反映菌体数量。显微镜直接计数法一般与血球计数板配套使用。显微镜直接计数法的优点是快速,观察时便可计数。

稀释平板计数法最大的缺点是速度慢,平板上长出菌落一段时间后才能计数。但是,由于稀释平板计数法通常进行梯度稀释,所以计数的线性范围大。由于是用菌悬液涂布,所以菌落生长得比较均匀,能较好地反映菌落的疏密程度。其重复性、平行性均好,是经典的计数方法。

5.同一种菌液用血球计数板和稀释平板计数法同时计数,所得结果是否一样?

不一样,直接镜检计数,计数的是直接看到的细菌,无论死活都会被记录上。相比之下,平板计数法只能计数活的且能在所使用的琼脂平板上生长的细菌。此外,平板计数法计数的是细菌菌落而不是细菌的个数,假设两个相同的细菌相距很近,那么只能形成一个菌落。

【知识链接】

1 稀释平板计数法

稀释平板计数是根据微生物在固体培养基上所形成的单个菌落由一个单细胞繁殖而成这一培养特征设计的,即一个菌落代表一个单细胞。计数时,首先将待测样品制成均匀的系列稀释液,尽量使样品中的微生物细胞分散成单个细胞(否则一个菌落代表的就不止一个细胞),再取一定稀释度、一定量的稀释液接种到平板中,使其均匀分布于培养基表面。经培养后,由单个细胞生长繁殖形成菌落,统计菌落数目,即可计算出样品的含菌数。此法所计算的菌数是培养基上长出来的菌落数,故又称活菌计数。一般用于微生物的选种与育种和分离纯化、某些成品鉴定(如杀虫菌剂等)、生物制品检验、土壤含菌量测定及食品和水源的污染程度的检验。

2 菌落总数的计数和报告

选择菌落数在30～300 CFU之间的平板,以平均菌落数乘以稀释倍数报告。

若有两种稀释度的平均菌落数均在30～300 CFU之间，则由两者菌落数之比值决定，当比值小于或等于2，取两者的平均数，若大于2，取较少的菌落数。

若所有稀释度的平均菌落数均不在30～300 CFU之间。如均大于300 CFU，则以最高稀释度的平均菌落数乘以稀释倍数报告。如均小于30 CFU，则以最低稀释度的平均菌落数乘以稀释倍数报告。如菌落数有的大于300 CFU，有的小于30 CFU，均不在30～300 CFU之间，则应以最接近300 CFU或30 CFU的平均菌落数乘以稀释倍数报告。如所有稀释度的平板上均无菌落生长，则应按小于1乘以最低稀释倍数报告。

不同稀释度的菌落数应与稀释倍数呈反比(同一稀释度的平板的菌落数应基本接近)，即稀释倍数越高菌落数越少，稀释倍数越低菌落数越多。如出现相反现象，则应视为检验中的差错，不应作为样品计数报告的依据。

当平板上有链状或片状菌落生长时，如呈链状生长的菌落之间无任何明显界限，应视为一个菌落计；如有几条不同来源的链，则每条链均应按一个菌落计算。如有片状菌落生长，该平板一般不宜采用；如果片状菌落生长范围不到平板的一半，而另一半又分布均匀，则可以半个平板的菌落数乘2代表全平板的菌落数。

当计数平板内的菌落数过多(即所有稀释度均大于300 CFU)，但分布很均匀时，可取平板的一半或1/4计数，求得平均菌落数再乘以相应稀释倍数作为该平板的菌落数。

【拓展学习】

最可能数计数法

1915年，McCrady首次发表了用最可能数(most probable number，MPN)法来估算细菌浓度的方法，这是一种应用概率理论来估算细菌浓度的方法。目前，我国仍普遍将MPN法用于大肠菌群、大肠杆菌等的检测。

1 最可能数计数法的概念

最可能数计数法又称稀释培养计数，是利用待测微生物的特殊生理功能的选择性来摆脱其他微生物类群的干扰，并通过该生理功能的表现来判断该类群微生物的存在和丰度的方法。

最可能数计数法适用于测定在一个混杂的微生物群中虽不占优势，但却具有特殊生理功能的类群。此法特别适用于测定土壤微生物中的特定生理群(如氨化细菌、硝化细菌、纤维素分解菌、自生固氮菌、根瘤菌、硫化细菌和反硫化细菌，见表4-2-3)的数量和检测污水、牛奶及其他食品中特殊微生物类群(如大肠菌群)的数量。其缺点是只适用于特殊生理类群的测定，结果偏差较大，只有在因某种原因不能使用平板计数时才采用。

表 4-2-3 几种主要微生物生理群 MPN 计数法一览表

微生物生理群	培养基	常用稀释度	常用重复次数	培养时间/d	主要检查方法
氨化细菌	蛋白胨氨化培养基	$10^{-6}\sim10^{-9}$	4	7	根据培养液加奈氏试剂后是否出现棕色或褐色，确定是否产生氨
亚硝酸细菌	铵盐培养基	$10^{-2}\sim10^{-7}$	3	14	根据培养液加格里斯试剂Ⅰ及Ⅱ的反应，出现绛红色证明有 NO_2^- 生成；或在培养液中加锌碘淀粉试剂及体积分数为 20% 的 H_2SO_4，若出现蓝色，证明有 NO_3^- 生成
硝酸细菌	亚硝酸盐培养基	$10^{-2}\sim10^{-6}$	3	14	根据培养液加入浓硫酸及二苯胺试剂后，是否出现蓝色，确定是否有 NO_3^- 生成
反硝化细菌	反硝化细菌培养基	$10^{-4}\sim10^{-8}$	3	14	根据杜氏小管有无气体，确定有无 N_2 生成；利用格里斯试剂Ⅰ及Ⅱ、二苯胺试剂、浓硫酸检测有无 NO_2^- 生成及有无 NH_3 存在，判断反硝化作用进行情况
好气性自生固氮菌	阿须贝无氮培养基	$10^{-2}\sim10^{-6}$	3	7～14	根据培养液表面与滤纸接触处有无褐色或黏液状菌膜生成，判断有无好气性自生固氮菌生长
好气性纤维素分解菌	赫奇逊噬纤维培养基	$10^{-1}\sim10^{-5}$	3	14	根据各试管中滤纸条上有无黄色或橘黄色菌斑出现及滤纸撕裂状况，确定有无好气性纤维素分解细菌的生长
厌气性纤维素分解菌	嫌气性纤维素分解菌培养基	$10^{-1}\sim10^{-5}$	3	1～21	根据各试管中滤纸条上有无穿洞、破裂、完全分解情况，确定有无厌气性纤维素分解细菌的生长
硫化细菌	硫化细菌培养基	$10^{-2}\sim10^{-8}$	3	21～23	在每管培养液中加入 10 g/L $BaCl_2$ 溶液 2 滴，如有白色沉淀出现，则证明有硫化细菌活动
反硫化细菌	斯塔克反硫化细菌培养基	$10^{-2}\sim10^{-7}$	3	21～30	根据培养液试管底部、管壁有无黑色沉淀出现，判断有无反硫化细菌活动

2 最可能数计数法的检测原理

MPN 计数是指将待测样品作一系列稀释，一直稀释到将少量(如 1 mL)的稀释液接种至新鲜培养基中没有或极少出现生长繁殖。根据没有生长的最低稀释度与出现生长的最高稀释度，采用“最可能数”理论，可以计算出样品单位体积中细菌数的近似值。具体地说，菌液经多次 10 倍稀释后，一定量菌液中细菌可以极少或无菌，然后每个稀释度取 3～5 次重复接种于适宜的液体培养基中。培养后，将有菌液生长的最后 3 个稀释度(即临界级数)中出现细菌生长的管数作为数量指标，从最可能数表上查出近似值，再乘以数量指标第一位数的稀释倍数,即为原菌液中的含菌数。

3　应用最可能数计数法的注意事项

应用 MPN 法计数,应注意以下问题:

(1)菌液稀释度的选择要合适,其原则是最低稀释度的所有重复都应有菌生长,而最高稀释度的所有重复无菌生长。对于土壤样品,分析每个生理群的微生物需 5～7 个连续稀释液分别接种,微生物种类不同,其起始稀释度不同。

(2)每个接种稀释度必须有重复,重复次数可根据需要和条件而定,一般 3～5 个重复,个别也有采用 2 个重复的,但重复次数越多,误差就会越小,相对地,结果就会越正确。不同的重复次数应按其相应的最可能数表计算结果。

项目五 样品的采集与制备

知识目标

1. 了解微生物检测的采样原则。
2. 掌握食品微生物检测中样品的采集及处理方法。
3. 掌握食品微生物检测中常见样品的制备技术。

技能目标

1. 能够按照规程完成取样操作。
2. 能够正确地使用各种常见的取样设备。
3. 能够按照要求对采集的样品进行预处理。

德育目标

1. 培养学生严谨认真、实事求是的工作作风。
2. 强化学生的食品安全意识，培养学生的敬业精神，引导学生严守职业道德。

任务一　环境样品的采集与制备

【任务要求】

1. 掌握常见环境样品的采集步骤。

2. 掌握常见采样工具的使用方法。

【参考标准】

中华人民共和国国家标准 GB/T 27405—2008《实验室质量控制规范　食品微生物检测》。

【操作流程】

1. 水样品

容器清洗→容器灭菌→除余氯→取自来水样→保存与运送。

2. 空气样品

直接沉降法:培养基配制→收集菌→培养→计数。

过滤法:装置连接→收集菌→培养→计数。

【任务实施】

1　用品准备

1.1　环境样品

自来水、生产工具和用具(如搅拌器)等。

1.2　工具

150 mL 锥形瓶、玻璃瓶(装 4 L 水,下端带测管)、培养皿、克罗托夫采样器、刷子、海绵等。

2 操作步骤

2.1 水样品的采集与处理

2.1.1 对容器的要求

容器及瓶塞、瓶盖应能经受灭菌的温度，并且在灭菌温度下不释放或产生任何能抑制生物活动或导致死亡或促进生长的化学物质。玻璃或聚丙烯塑料容器用自来水和洗涤剂洗涤，然后用自来水彻底冲洗，再用硝酸水溶液(1∶1)浸泡，最后用自来水和蒸馏水洗净。

2.1.2 容器灭菌

热力灭菌是最可靠而普遍应用的方法。热力灭菌分干热灭菌和高压蒸汽灭菌两类。聚丙烯瓶只能用高压蒸汽灭菌，玻璃瓶可用两种方法灭菌。干热灭菌之后，玻璃容器是干燥的，便于保存和使用；高压蒸汽灭菌之后，从灭菌器中取出放在烘箱内烘干。干热灭菌所需温度较高、时间较长。高压蒸汽灭菌法 121℃灭菌 15 min，即可杀死芽孢。干热灭菌法杀死芽孢需 160～180℃、维持 2 h。

2.1.3 除余氯

为了除去余氯，在灭菌前向容器中加入硫代硫酸钠以还原余氯，每 125 mL 水样加 100 g/L 硫代硫酸钠 0.1 mL。

2.1.4 取自来水样

取自来水时，须先用清洁布将水龙头擦干，再用酒精灯灼烧水龙头灭菌，然后将水龙头完全打开，放水 5～10 min 后再将水龙头关小，采集水样。经常取水的水龙头放水 1～3 min 即可采集水样。

2.1.5 保存与运送

水样采集后，应于 2 h 内送至检测室。若路途较远，应连同水样瓶一并置于 6～10℃的冰盒内运送。运送时间不得超过 6 h，洁净的水最多不超过 12 h。水样送到后，应立即进行检测，如条件不允许，则可将水样暂时保存在冰箱中，但不超过 4 h。运送水样时应避免玻璃瓶摇动。水样溢出后又回流至瓶中，易增加污染。检测时应将水样摇匀。

2.2 空气样品的采集与处理

2.2.1 直接沉降法(自然沉降法)

5-1-1 自然沉降法测环境微生物

在检测空气中细菌含量的各种沉降法中，Koch 简单平皿法是最早的方法之一。Koch 简单平皿法就是将琼脂平板或血琼脂平板暴露在空气中一定时间，然后在 37℃下培养 48 h，计算所生长的菌落数，按奥梅梁斯基计算法，即在面积为 100 cm^2 的培养基表面，

5 min 沉降下来的细菌数相当于 10 L 空气中所含的细菌数。简化后，其计算公式为：

$$1\ \mathrm{m^3}\ 细菌总数=\frac{50\ 000}{At}N$$

式中：A——实验平板面积，$\mathrm{cm^2}$；

t——暴露时间，min；

N——平板菌落数，CFU。

由于应用上述方法检测出的空气中的细菌数约比克罗托夫采样器获得的菌数少 2/3。因此，有人建议将面积 100 $\mathrm{cm^2}$ 的培养基（培养皿直径约为 11 cm）暴露在空气中 5 min 后，即放入 37℃下培养 24 h，所得的细菌数看作 3 L（而不是 10 L）空气中所含有的细菌数。其计算公式为：

$$1\ \mathrm{m^3}\ 细菌总数=\frac{167\ 000}{At}N$$

设 $A=100\ \mathrm{cm^2}$，$t=5$ min，则 1 $\mathrm{m^3}$ 细菌总数 $=334N$

2.2.2 过滤法

如图 5-1-1 所示，空气通过盛有定量无菌生理盐水及玻璃珠的锥形瓶，液体阻挡空气中的尘粒通过，并吸收附着其上的细菌；通过空气时须振荡锥形瓶数次，使细菌充分分散于液体内，然后将此生理盐水 1 mL 接种至琼脂培养基，在 37℃下培养 48 h，计算菌落数。由已知吸收空气的体积和液体量推算出 1 $\mathrm{m^3}$ 空气中的细菌数。若欲检查空气中病原微生物，可接种于特殊培养基上观察。其计算公式为：

$$1\ \mathrm{m^3}\ 细菌总数=\frac{1\ 000NV}{V'}$$

式中：V——吸收液体积，mL；

V'——滤过空气量，L；

N——菌落数，CFU。

检测空气中的细菌数也可采用滤膜法，其步骤是：在无菌滤器上放两块圆形的灭菌滤纸，然后再放上滤膜，拧紧滤器，以 5～10 L/min 的速度吸取检测所需的空气 50～100 L。将滤膜轻轻地取下，平放在培养基表面，经过培养后，各种菌落出现在滤膜上。也可将滤膜上的细菌用无菌水洗下，用洗液做倾注培养。

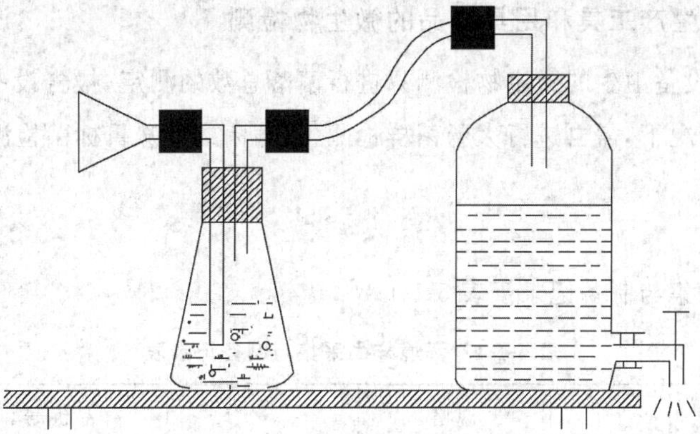

图 5-1-1 过滤法收集空气样品的装置

2.3 食品生产工具和用具检测样品的采集与处理

2.3.1 生产工具和用具检样的采集与制备

设备、容器的卫生微生物检测属于食品微生物检测的范围。目前,各大食品厂一般以就地清洗系统(cleaning in place,CIP)作为防范措施。但为了确保食品生产设备的卫生安全,也须对生产设备和容器进行卫生微生物学检测,以便监督生产,减少或防止食品成品的污染,保障各批次产品的卫生质量。生产工具和用具的抽样与制备方法一般有冲洗法和表面擦拭法。

(1)冲洗法

一般容器和设备,可用一定量的无菌生理盐水反复地冲洗与食品接触的表面,然后用倾注法检查此冲洗液中的活菌总数,必要时进行大肠菌群或致病菌项目的检测。而大型设备,可以用循环水通过设备,然后采集定量的冲洗水,用滤膜法进行微生物检测。

(2)表面擦拭法

设备表面的微生物检测也常用表面擦拭法进行取样,一般用刷子擦洗法或海绵擦拭法。

①刷子擦洗法

用无菌刷子反复地刷洗设备表面 200～400 cm^2 的面积,然后将刷子放入盛有 225 mL 无菌生理盐水的容器中充分洗涤,对此含菌液进行微生物检测即可。

②海绵擦拭法

用体积为 4 cm×4 cm×4 cm 的无菌海绵或无菌脱脂棉球,反复地擦洗设备表面 100～200 cm^2 的面积,然后将带菌棉球或海绵放入 225 mL 无菌生理盐水中充分洗涤,对此含菌液进行微生物检测即可。

2.3.2 食品生产工具和用具样品的微生物检测

一般情况下，设备卫生的微生物检测只进行菌落总数的测定，报告设备表面每平方厘米的含菌量。特殊情况下，需再进行大肠菌群检测、致病菌或特殊目标菌检测。

3 作业单

将环境样品采集与制备记录于表 5-1-1。

表 5-1-1 环境样品采集与制备记录表

样品名称		规格		样品编号	
检测标准		取样日期		检测日期	
采集与制备方法					
样品名称		规格		样品编号	
检测标准		取样日期		检测日期	
采集与制备方法					
样品名称		规格		样品编号	
检测标准		取样日期		检测日期	
采集与制备方法					
检测结论					

【任务评价】

表 5-1-2 环境样品的采集与制备任务考核参考标准

序号	考核项目	考核内容	考核标准	考核方法	标准分值
1	职业基本素质	学习工作态度	态度端正,积极主动,工作认真。参与意识强,不请假,不懈怠,全勤,否则将酌情扣分。任务领会到位。有敬业精神	单人考核	10
		团队协作	服从工作安排,协调意识强,与小组其他成员配合好,否则将酌情扣分	小组考核	10
2	岗位专业技能	用具准备	能够根据实验需求,自主准备好相关器具。工具准备齐全,摆放合理,否则酌情扣分	单人考核	10
		制备样品	按照要求完成环境样品的采集与制备,操作过程中不染杂菌,尽量保持样品本身的卫生品质,否则将酌情扣分	单人考核	20
		仪器使用	正确地使用高压灭菌锅、克罗托夫采样器等设备,操作符合要求,否则将酌情扣分	单人考核	20
		报告填写	条理清晰,符合要求,可操作性强。否则将酌情扣分	单人考核	10
3	职业方法与能力	方法能力	善于思考,主动思考,勤于思考。独立分析和解决问题的能力强,能够主动、准确地表达自己的想法	单人考核	5
		工作过程	积极主动地参与任务工作过程,规范、认真。工作任务记录完整,语言简洁,字迹工整	小组考核	5
		训练与总结	积极准确地完成作业单,及时上交报告,有个人见解。能够自主利用网上平台开展学习与训练。善于反思,勤于反馈,积极总结经验教训	单人考核	10
	合计				100

【师徒共研】

1. 检测食品用水时,为什么用硝酸水溶液(1∶1)浸泡容器?

容器表面的附着物很容易污染样品,只有用酸浸泡才能消除附着的污染物;硝酸相对硫酸氧化性更强,清除有机污染物效果更好,而且硝酸盐易溶于水。

2. 若路途较远,为什么应连同水样瓶一并置于6~10℃的冰盒内运送?

在较低温度下,水样中微生物生长缓慢,低温运送可使样品中微生物的数量基本不变。

3. 过滤法测定空气中微生物的原理是什么?

过滤法的原理是使定量的空气通过吸收剂,而后通过培养吸收剂,计算出空气中的细菌数。

4. 生产工具、用具检样的采集的意义是什么?

设备、容器的卫生微生物学检测属于食品微生物检测的范围。在食品的生产过程中,原辅材料经过清洗、紫外线照射、蒸煮、烘烤、超高温杀菌等加热杀菌工艺后，微生物含量急剧下降或达到商业无菌状态。但是，这些经过高温制作的食品在冷却、输送、灌装、封口、包装过程中，往往会被设备、容器等生产工具、用具中的微生物二次污染。因此，除保持空气的清洁度和生产人员的个人卫生外，与食品直接接触的各种生产工具、用具保持清洁卫生和无菌是减少和防止成品二次污染的关键。

5. 过滤法收集空气样品装置(图 5-1-1)的工作原理是什么？

右侧玻璃瓶内盛有适量的水，瓶内上部空间为真空条件。外部空气样品进入左侧锥形瓶，瓶内无菌生理盐水阻挡空气中的尘粒通过，并吸收附着其上的细菌。空气通过时振荡锥形瓶数次，使细菌充分分散于液体内，然后将此生理盐水 1 mL 接种至琼脂培养基上培养，通过计数菌落数推算出空气中的细菌数。

【知识链接】

环境中微生物的检测

1 空气中的微生物

空气是疾病传播的主要媒介。因此，测定空气中微生物的数量和种类，对保证食品的安全性以及预防某些传染病有十分重要的意义。空气中含有相当数量的微生物，主要来自植物、动物、人类的生产生活活动、污水、土壤、灰尘等方面。微生物在空气中停留的时间主要取决于风力、气流、雨雪等天气条件，最终沉降到土壤、水体、建筑物和动植物上。

在以纯种微生物进行生产的发酵工业中，环境的卫生状况、空气中的含菌量均能直接影响发酵产品的质量和产量。测定工厂所在地空气、某些操作间的空气和经过过滤等方法除菌后的无菌空气的含菌种类和数量，是工厂质检部门常规的检测项目。

空气样品的微生物检测，通常包括测定空气中的细菌数和空气污染的标志菌(溶血性链球菌和绿色链球菌)数，只有在特殊情况下才进行病原微生物的检查。空气体积大，菌数相对稀少。气流、日光、温度及湿度和人、动物的活动，使细菌在空气中的分布和数量不稳定。即使在同一室内，微生物的分布也不均匀，检查时常得不到准确的结果。

空气的采样方法，常见的有以下 3 种，即直接沉降法、过滤法、气流撞击法，气流撞击法最为完善，因为这种方法能较准确地反映空气中细菌的真实含量。

2 水中的微生物

自然界的水可分为地下水和地面水，地下水因为经过很厚的土层的过滤，含有的营养物质和微生物数量较少，而河水、湖水等各种地面水中都含有各种各样的微生物。水中的微生物包括自身存在的微生物和周围环境带来的微生物两类。水中自身存在的微生物有自养微生物中的硫细菌、硝化细菌、铁细菌、光合细菌等，以及异养微生物中的假单胞菌、放线菌、真菌及藻类等。周围环境带来的微生物主要来自土壤、空气、垃圾、工厂废物和城市下水道的污水等。

判断测定水样是否符合饮用水标准，通常需测定细菌总数和大肠菌群两个项目。水中的细菌总数可以说明水被有机物污染的程度，总大肠菌群的数目用于判断水源是否被粪便所污染，以及间接推断水源受肠道病原菌污染的可能性。生活饮用水国家标准规定：细菌总数不得超过 100 CFU/mL，总大肠菌群数不得检出。

3 土壤中的微生物

土壤是微生物的“大本营”，也是微生物的天然培养基，它具备微生物生长发育所需的营养、温度、水分、空气、酸度和渗透压等各种条件，可为微生物提供良好的生长环境。数量庞大、种类繁多的土壤微生物是人类最主要的菌种资源库。

任务二 食品样品的采集与制备

【任务要求】

1. 掌握常见食品样品的采集方法。
2. 掌握食品样品采集后的处理方法。
3. 掌握食品检样的保存及送检方法。

【参考标准】

中华人民共和国国家标准 GB 4789.1—2016《食品微生物学检验 总则》。

【操作流程】

工具清洗灭菌→分割、称取→放入无菌容器→密封→(冷藏)→标记→送检。

【任务实施】

1 用品准备

1.1 原料

生肉及脏器、禽类、熟肉制品，酸乳、炼乳、奶粉等乳制品，蛋、蛋液，水产品，调味品，饮料，罐头产品等。

1.2 用具

乳钵、均质器、棉拭、剪刀、刀、电钻、金属制双套回旋取样管等。

2 操作步骤

2.1 样品采集与制备

2.1.1 肉与肉制品

(1)生肉及脏器检样

如果是屠宰场宰后的畜肉,用无菌刀取开腔后两腿内侧肌肉各 50 g(或劈半后取两侧背最长肌肉各 50 g)。如果是冷藏或销售的生肉,可用无菌刀取腿肉或其他部位的肌肉 100 g。检样采集后放入无菌容器内,立即送检;条件不允许时,最好不超过 3 h。送检时应注意冷藏,不得加入任何防腐剂。检样送至化验室后应立即检测或放入冰箱暂存。

处理生肉及脏器检样时,先对检样进行表面消毒,可在沸水中烫 3～5 s 或采用火焰灼烧法,再用无菌剪刀剪取检样的深层肌肉 25 g,放入无菌乳钵内剪碎后,加灭菌海砂或玻璃砂研磨,磨碎后加入灭菌水 225 mL,混匀或用均质器以 8 000～10 000 r/min 均质 1 min,即为 1∶10 稀释液。

(2)禽类(包括家禽和野禽)

取整只鲜、冻家禽,放置于无菌容器内。检测前先对检样进行表面消毒,用灭菌剪刀或刀去皮后,一般可从胸部或腿部剪取肌肉 25 g,余下处理与生肉采集与制备步骤相同。处理带毛野禽时先去毛,其余步骤与家禽检样处理相同。

(3)各类熟肉制品

熟肉制品包括酱卤肉、肴肉、方圆腿、熟灌肠、熏烤肉、肉松、肉脯、肉干等,一般取 200 g,而熟禽取整只,放于无菌容器内,立即送检。检测时直接切取或称取 25 g,其余操作按照生肉处理要求进行。

(4)腊肠、香肚等生灌肠

大型的生灌肠取整根,小型的可取数根,其总质量不少于 250 g。处理时先对生灌肠表面进行消毒,用灭菌剪刀取内容物 25 g,余下处理按生肉处理要求进行。

以上样品的采集和送检及检样的处理均以通过检测细菌含量来判断其肉类新鲜度为目的。如需检测肉禽及其制品受外界环境污染的程度或检查其是否带有某种致病菌,应用棉拭采样法。具体方法为:用板孔 5 cm^2 的金属制规板压在受检物上,将灭菌棉拭子稍蘸湿,在板孔 5 cm^2 的范围内揩抹多次,然后将板孔规板移压另一点,用另一根棉拭揩抹,如此共移压揩抹 10 次,总面积 50 cm^2,共用 10 根棉拭子。每根棉拭子在揩抹完毕后应立即剪断或烧断后投入盛有 50 mL 灭菌水的锥形瓶或大试管中,立即送检。检测时先充分振摇锥形瓶或大试管中的液体,以此作为原液,再按要求做 10 倍递增稀释。检测致病菌不必用规板,在可疑部位用棉拭子揩抹即可。

2.1.2　乳与乳制品

2.1.2.1　采样方法及采样数量

如果是散装或大型包装的乳品，用灭菌刀、勺取样，在移取另一件样品前，须先清洗灭菌刀、勺。采样时应注意样品的代表性，每件样品总质量不少于 200 g，放入灭菌容器内及时送检。鲜乳一般不应存放超过 3 h，在气温较高或路途较远的情况下应进行冷藏，不得使用任何防腐剂。如果是小型包装的乳品，取整件，采样时应注意包装的完整性。每件样品的采样量一般是生奶 1 瓶或 1 包，消毒奶 1 瓶或 1 包，奶粉 1 瓶或 1 包(大包装者 200 g)，奶油 1 块(113 g)，酸奶 1 瓶或 1 罐，炼乳 1 瓶或 1 罐，奶酪(干酪)1 包。而对成批产品进行质量鉴定时，其每批采样量以千分之一计算，不足千件者抽取 1 件。

2.1.2.2　样品预处理

(1)鲜奶、酸奶

以无菌操作去除瓶口的纸罩、纸盖，瓶口经火焰烧灼后以无菌操作吸取 25 mL 检样，放入装有 225 mL 灭菌生理盐水的锥形瓶内，振摇均匀(酸乳如有水分析出于表层，应先去除)。

(2)炼乳

先用温水将瓶或罐的表面洗净，再用点燃的酒精棉球消毒瓶或罐的上表面，然后用灭菌的开罐器打开罐(瓶)，以无菌操作称取 25 g(mL)检样，放入装有 225 mL 灭菌生理盐水的锥形瓶内，振摇均匀。

(3)奶油

以无菌操作打开包装，取适量检样置于灭菌锥形瓶内，先在 45℃水浴或温箱中加温，熔化后立即将锥形瓶取出。用灭菌吸管吸取 25 mL 奶油放入另一个盛有 225 mL 灭菌生理盐水的锥形瓶内(所用稀释液应预先置于 45℃水浴中保温)，振摇均匀。从检样熔化到接种完毕的时间不应超过 30 min。

(4)奶粉

罐装奶粉的开罐取样操作同炼乳处理，袋装奶粉应用蘸有 75%酒精的棉球涂擦消毒袋口。以无菌操作开封取样，称取检样 25 g，放入装有适量玻璃珠的灭菌锥形瓶内，缓慢地加入 225 mL 温热的灭菌生理盐水(先用少量生理盐水将奶粉调成糊状，再全部加入，以免奶粉结块)，振摇，使奶粉充分溶解和混匀。

(5)奶酪

先用灭菌刀削去部分表面封蜡，用点燃的酒精棉球消毒表面，然后用灭菌刀切开奶酪，以无菌操作切取表层和深层检样各少许，置于灭菌乳钵内切碎，加入少量生理盐水将其研成糊状。

2.1.3 蛋与蛋制品

2.1.3.1 采样方法及采样数量

(1)鲜蛋

用流水冲洗蛋壳,再用75%酒精棉球擦拭消毒后放入灭菌袋内,加封、标记后送检。

(2)罐装全蛋粉、巴氏消毒全蛋粉、蛋黄粉、蛋白片

用75%酒精棉球消毒包装上开口处,然后将盖开启,用灭菌的金属制双套回旋取样管斜角插入罐底,旋转套管采集样品,再将采样器抽出罐外,用灭菌小匙自上、中、下部采集检样,装入灭菌广口瓶中,每个检样的总质量不少于100 g,标记后送检。

(3)冰全蛋、巴氏消毒冰全蛋、冰蛋黄、冰蛋白

先用75%酒精棉球消毒铁听开口处,然后将盖开启,用灭菌电钻由顶至底斜角钻入,慢慢地钻取检样,然后抽出电钻,从中取出200 g检样装入灭菌广口瓶中,标记后送检。

对成批产品进行质量鉴定时的采样数量:全蛋粉、巴氏消毒全蛋粉、蛋黄粉、蛋白片等产品以一日或一班生产量为一批。检测沙门氏菌时,按每批总量5%抽样(即每100箱中抽检5箱,每箱为一个检样),但每批不得少于3个检样;测定菌落总数和大肠菌群时,每批在装听过程前、中、后取样,每次取样50 g,每批合为一个检样。冰全蛋、巴氏消毒冰全蛋、冰蛋黄、冰蛋白等产品按每500 g取样一次,测定菌落总数和大肠菌群时,在每批装听过程前、中、后取样,每次取样50 g,合为一个检样。

2.1.3.2 样品预处理

首先进行样品的稀释,不同样品可按照以下方法进行。

(1)鲜蛋外壳

用灭菌生理盐水浸泡的棉拭充分擦拭蛋壳,然后将棉拭直接放入培养基内增菌培养。也可将整只鲜蛋放入灭菌小烧杯或平皿中,按检样要求加入定量灭菌生理盐水或液体培养基,用灭菌棉拭将蛋壳表面充分擦洗后,以擦洗液作为检样。

(2)鲜蛋液

持鲜蛋在流水下洗净,晾干后再用75%酒精棉球消毒蛋壳,然后根据检测要求,取蛋白、蛋黄或全蛋液,放入带有玻璃珠的灭菌瓶内,充分摇匀待检。

(3)全蛋粉、巴氏消毒全蛋粉、蛋白片、冰蛋黄

将检样放入带有玻璃珠的灭菌瓶内,按比率加入灭菌生理盐水,充分摇匀待检。

(4)冰全蛋、巴氏消毒冰全蛋、冰蛋白、冰蛋黄

将装有冰蛋检样的容器浸泡于流动冷水中,待检样融化后取出,放入带有玻璃珠的灭菌瓶中充分摇匀待检。

各种蛋制品的沙门氏菌增菌培养:以无菌操作称取检样,将其接种于亚硒酸盐煌绿或煌绿肉汤等增菌培养基中(此培养基应预先置于盛有适量玻璃珠的灭菌瓶内),盖紧瓶盖,充分摇匀,然后放入36℃±1℃温箱中培养20 h±2 h。

用亚硒酸盐煌绿培养基增菌培养时,各种蛋与蛋制品的检样接种量都为30 g,培养基为

150 mL。

2.1.4 水产品

采取水产样品前,应按检测目的和水产品的种类确定采样量。除个别大型鱼类和海兽只能割取其局部作为样品外,一般都采集完整的个体,待检测时再按要求在一定部位取检样。以判断质量鲜度为目的时,鱼类和体型较大的贝甲类虽然应以个体为一个样品,单独采取,但对一批水产品进行质量判断时,仍必须采取多个个体集成多份检样以全面反映质量。小型鱼类和对虾、小蟹因个体过小,在检测时只能混合采取检样,采样量应大些,一般为500~1 000 g。鱼糜制品(如灌肠、鱼丸)和熟鱼制品则取250 g,放入灭菌容器内。水产品含水较多,体内酶的活力也较旺盛,易于变质。因此,在采集样品后应在3 h内送检,在送检过程中应加冰保藏。具体样品的预处理方法如下。

(1)鱼类

取样部位为背肌。先用流水将鱼体体表冲净,去鳞,再用75%酒精棉球擦净鱼背。晾干后,用灭菌刀在鱼背部沿脊椎切开5 cm,再沿垂直于脊椎的方向切开两端,使两块背肌分别向两侧翻开,然后用无菌剪刀取25 g鱼肉,放入灭菌乳钵内。用灭菌剪刀剪碎,加灭菌海砂或玻璃砂研磨(有条件情况下可用均质器)。磨碎检样后加入225 mL灭菌生理盐水,混匀成稀释液。注意在剪取肉样时,勿触及或粘上鱼皮。鱼糜制品或熟鱼制品应放入乳钵内,进一步捣碎后,再加生理盐水混匀成稀释液。

(2)虾类

采样部位为腔节内的肌肉。将虾体在流水下冲净,摘去头胸节,用灭菌剪刀剪除腹节与头胸节连接处的肌肉,然后挤出腔节内的肌肉,称取25 g,放入灭菌乳钵内,余下处理操作同鱼类。

(3)蟹类

采样部位为胸部肌肉。将蟹体在流水下冲净,剥去壳盖和腔脐,去除鳃条,再在流水下冲净。用75%酒精棉球擦拭前后外壁,置于灭菌搪瓷盘上晾干。然后用灭菌剪刀剪开,呈左右两片,挤出胸部肌肉(用手指从足根一端向剪开的一端挤压),称取25 g,置于灭菌乳钵内。余下处理操作同鱼类。

(4)贝壳类

采样部位为贝壳内容物。先用流水刷洗贝壳,刷净后放在铺有灭菌毛巾的清洁搪瓷盘或工作台上。采样者将双手洗净并用75%酒精棉球涂拭消毒后,用灭菌刀从贝壳的张口处隙缝中徐徐切入,撬开壳盖,再用灭菌镊子取出整个内容物,称取25 g,置于灭菌乳钵内。余下处理操作同鱼类。

需要特别指出的是,水产食品兼受海洋细菌和陆地细菌的污染,检测时细菌培养温度为30℃。以上检样处理的方法和检测部位均以检测水产品肌肉内细菌含量从而判断其鲜度质量为目的。

2.1.5 饮料、冷冻饮品

(1)瓶装汽水、果蔬饮料、碳酸饮料、茶饮料等

应尽可能采集原瓶(罐)、袋和盒装样品,4 瓶(袋、盒)为一件,大包装者以 1 桶或 1 瓶为一件,散装者应用无菌操作取 500 mL(g),放入灭菌磨口瓶或灭菌袋中。用点燃的酒精棉球烧灼或擦拭瓶(袋)口,再用灭菌开瓶器将盖启开。含有二氧化碳的饮料可倒入另一灭菌容器内,勿盖紧容器口,覆盖灭菌石炭酸纱布,轻轻摇荡,待气体全部逸出后,进行检测。

(2)冰淇淋、冰棍

应采集原包装样品,冰淇淋以 4 杯为一件,散装者取 200 g,以无菌操作将样品放在灭菌容器内,待其融化,立即进行检测。冰棍如班产量 20 万根以下者,以一班为一批;班产量 20 万根以上者,以工作台为一批,一批取 3 根,一件取 3 根。用灭菌镊子除去包装纸,将冰棍部分放入灭菌磨口瓶内,木棒留在瓶外,盖上瓶盖,用力抽出木棒,或用灭菌剪刀剪掉木棒,置于 45℃水浴 30 min,熔化后立即进行检测。

(3)食用冰块

以 500 g 为一件,取冷冻冰块放入灭菌容器内,待其融化,立即进行检测。

2.1.6 调味品

(1)酱油和食醋

瓶装者取原包装 1 瓶,用 75%酒精棉球烧灼瓶口灭菌,再用灭菌开瓶器启开后进行检测。散装样品可用灭菌吸管取 500 mL,放入灭菌容器内进行检测。检测食醋样品中的微生物含量前,须先用 20%~30%灭菌碳酸钠溶液将其 pH 调至中性。

(2)酱类

用无菌操作称取 25 g 样品,放入灭菌容器内,加入 225 mL 灭菌蒸馏水,制成混悬液。

2.1.7 冷食菜和豆制品

定型包装者用原包装,散装者采样 200 g。抽样时先用 75%酒精棉球消毒包装袋口,用灭菌剪刀剪开后,分别取接触盛器边缘、底部及上面不同部位的样品,再放入灭菌容器内,混匀。以无菌操作称取 25 g 检样,加入 225 mL 灭菌稀释液,用均质器打碎 1 min,制成混悬液。

2.1.8 糖果、糕点、蜜饯

定型包装者取原包装样品,散装的糕点、果脯取 200 g,糖果取 100 g,采样后立即送检。

(1)蛋糕

如为原包装,用灭菌镊子剥除包装纸,采取外部及中心部位;如为带馅糕点,取外皮及内馅 25 g;奶花糕点,取奶花及糕点部分各一半共 25 g。然后加入 225 mL 灭菌生理盐水,制成混悬液。

(2)果脯

采集不同部位共 25 g 检样,加入 225 mL 灭菌生理盐水,制成混悬液。

(3)糖果

用灭菌镊子剥除包装纸,称取数块共 25 g,加入 225 mL 预温至 45℃的灭菌生理盐水,待熔化后检测。

2.1.9　酒类

瓶装酒类应采取原包装样品 2 瓶，散装者应取 500 mL，放入灭菌容器内，立即送检。

(1)瓶装酒类

用点燃的酒精棉球烧灼瓶口灭菌，用灭菌开瓶器将盖启开：有二氧化碳的酒类可倒入另一灭菌容器内，勿盖紧容器口，覆盖灭菌纱布，轻轻摇荡，待气体全部逸出后，进行检测。

(2)散装酒类

可直接吸取，进行检测。

2.1.10　罐头食品

罐头食品的抽样方法可采用下述方法之一。

(1)按杀菌锅抽样

低酸性食品罐头在杀菌冷却完毕后每杀菌锅抽样两罐，3 kg 以上的大罐每锅抽 1 罐。酸性食品罐头每锅抽 1 罐，一般一个班次的产品组成一个检测批，将各锅的样罐组成一个样批送检，每批每个品种取样基数不得少于 3 罐。产品如按锅划分堆放，当杀菌操作不当引起问题时，也可以按锅处理。

(2)按生产班(批)次抽样

取样数为 1/6 000，尾数超过 2 000 者增取 1 罐，每班(批)每个品种不得少于 3 罐。

某些产品班产量较大，则以 30 000 罐为基数，其取样数按 1/6 000；超过 30 000 罐以上的按 1/20 000 计，尾数超过 4 000 罐者增取 1 罐。

个别产品产量过小，同品种同规格可合并班次为一批取样，但并班总数不超过 5 000 罐，每个批次取样数不得少于 3 罐。

2.1.11　方便面(米粉)、即食粥等方便食品

袋(碗)装方便面(米粉)、即食粥等方便食品以 3 袋(碗)为一件(约 250 g)，散装(或简易)包装者抽取 200 g。

(1)无调味料的方便面(米粉)、即食粥

按无菌操作开封取样，称取 25 g，剪碎或放在玻璃研钵中研碎，加入 225 mL 灭菌生理盐水，制成 1∶10 的均质液，备用。

(2)有调味料的方便面(米粉)、即食粥

按无菌操作开封取样，将面(粉)块剪碎或研碎后与各种调味料按它们在产品中的质量比例分别称样，共称取 25 g，并混合均匀，加入 225 mL 灭菌生理盐水，制成 1∶10 的均质液，备用。

2.1.12　粮食样品的采集与处理

2.1.12.1　样品的采集

根据粮囤、粮垛的大小和类型，按三层五点法取样，或分层随机采集不同的样品，混匀，取 500 g 左右进行检测。每增加 1 000 t，增加 1 个混样。

2.1.12.2　样品的处理

为了分离侵染粮粒内部的霉菌，在分离培养前，必须先将附着在粮粒表面的霉菌除去。取粮粒 10～20 g，放入灭菌的 150 mL 锥形瓶中，以无菌操作加入无菌水至没过粮粒 1～

2 cm。塞上棉塞，充分振荡1～2 min，换水，再振荡，如此反复洗涤10次，最后将粮粒倒在无菌培养皿中备用。如为原粮（如玉米、小麦），须先用75%酒精浸泡1～2 min，以脱去粮粒表面的蜡质，再用无菌水洗涤粮粒，备用。

2.2 食品检样的保存及送检

为确保检测结果的适时性，样品采集后，应由抽样人写出完整的抽样报告，并尽可能保持样品在原有条件下被迅速地送到实验室。一般不超过36 h送检，且最好由专人立即送检。当样品需要托运或由非专职抽样人员运送时，必须将样品包装好，应做到防破损、防冻结或防腐，防止冷冻样品升温或融化；在包装上应注明“防碎”“易腐”“冷藏”等字样；同时做好样品运送记录，写明运送条件、日期、到达地点及其他需要说明的情况，并由运送人签字。如不能及时运送，冷冻样品应保持冷冻状态，可将样品暂放在冰内、－20℃冰箱的冰盒内或置于低温冰箱中保存；冷却和易腐食品存放在0～5℃冰箱或冷藏库内；其他食品可放在常温阴暗处。运送冷冻和易腐食品，应在包装容器内加适量的冷却剂或冷冻剂，以保证运送途中样品不升温或不融化，必要时可在运送途中补加冷却剂或冷冻剂。盛样品的容器应消毒处理，但不得用消毒剂处理容器，不能在样品中加入任何防腐剂。

3 作业单

将食品样品采集与制备的过程记录于表5-2-1。

表5-2-1 食品样品采集与制备记录表

样品名称		规格		样品编号	
检测标准		取样日期		检测日期	
采集与制备方法					
样品名称		规格		样品编号	
检测标准		取样日期		检测日期	
采集与制备方法					
样品名称		规格		样品编号	
检测标准		取样日期		检测日期	
采集与制备方法					
检测结论					

【任务评价】

表 5-2-2　食品样品的采集与制备任务考核参考标准

序号	考核项目	考核内容	考核标准	考核方法	标准分值
1	职业基本素质	学习工作态度	态度端正，积极主动，工作认真。参与意识强，不请假，不懈怠，全勤，否则将酌情扣分。任务领会到位。有敬业精神	单人考核	10
		团队协作	服从工作安排，协调意识强，与小组其他成员配合好，否则将酌情扣分	小组考核	10
2	岗位专业技能	用具准备	能够根据实验需求，自主准备好相关器具。工具准备齐全，摆放合理，否则将酌情扣分	单人考核	10
		制备样品	按照要求完成食品样品的采集与制备，操作过程中不染杂菌，尽量保持样品本身的卫生品质，否则将酌情扣分	单人考核	20
		仪器使用	正确地使用均质器、冰箱、回旋取样管、水浴锅等设备，操作符合要求，否则将酌情扣分	单人考核	20
		报告填写	条理清晰，符合要求，可操作性强。否则将酌情扣分	单人考核	10
3	职业方法与能力	方法能力	善于思考，主动思考，勤于思考。独立分析和解决问题的能力强，能够主动、准确地表达自己的想法	单人考核	5
		工作过程	积极主动地参与任务工作过程，规范、认真。工作任务记录完整，语言简洁，字迹工整	小组考核	5
		训练与总结	积极准确地完成作业单，及时上交报告，有个人见解。能够自主利用网上平台开展学习与训练。善于反思，勤于反馈，积极总结经验教训	单人考核	10
	合计				100

【师徒共研】

1. 检验水产品是否被某种致病菌污染时，如何取样？

需要检验水产品是否被某种致病菌污染时，其检验部位应为胃肠消化道和鳃等器官：鱼类取肠管和鳃；虾类取头胸节内的内脏和腹节外沿处的肠管；蟹类取胃和鳃条；贝类中的螺类取腹足肌肉以下的部分，贝类中的双壳类取覆盖在斧足肌肉外层的内脏和瓣鳃。

2. 检测食醋中的微生物含量前，为什么要用灭菌碳酸钠溶液调 pH 至中性？

食醋的酸性会抑制微生物的生长，如果不调节 pH 至中性可能有的菌生长受抑制，无法在培养基上长成菌落，影响检测结果。

3. 检测粮食中的霉菌含量有何意义？

粮食最易被霉菌污染，遭受产毒霉菌侵染后，不仅会发生霉败变质，造成经济上的巨大损失，而且会产生各种不同性质的霉菌毒素。因此，加强粮食的霉菌检测具有重要意义。

4. 制备鲜蛋液样品时，为何要用酒精棉球消毒蛋壳？为何要将蛋液放入带有玻璃珠的灭菌瓶内？

用75％酒精棉球消毒蛋壳，可以减少蛋壳表面的微生物对蛋液的污染；灭菌瓶内放入玻璃珠，可以促进样品混合均匀。

5. 对检测结果有怀疑或有争议时，如何处理？

对检测结果有怀疑或有争议时，可对样品进行复验。国际贸易中，双方在交货时，对食品的质量是否符合合同中的规定产生分歧时，也须进行复验。如双方争执较大，还应由双方一起采样，将样品送至权威和公正的第三方检测机构进行仲裁检测。

【知识链接】

食品中的微生物采样

样品(sample)是指从某一总体中抽出的一部分，食品采样是指从较大批量食品中抽取能较好地代表其总体样品的方法。采样及样品处理是食品微生物检测工作中最重要的组成部分，实验室收到的检样是否具有代表性、均匀性及适时性决定了检测结果的准确性。食品卫生监督部门或食品企业自身为了解和判断食品的营养与卫生质量，或查明食品在生产过程中的卫生状况，可使用采样检测的方法。根据抽样检测的结果，结合感官检查，可对食品的营养价值和卫生质量做出评价，或协助企业找出某些生产环节中存在的主要卫生问题。食品采样是食品检测结果准确与否的关键。

1　采样目的

食品采样的主要目的是鉴定食品的营养价值和卫生质量，包括食品中营养成分的种类、含量和营养价值，食品及其原料、添加剂、设备、容器、包装材料中是否存在有毒有害物质及其种类、性质、来源、含量、危害等。食品采样是进行营养指导、开发营养保健食品和新资源食品、强化食品的卫生监督管理、制定国家食品卫生质量标准以及进行营养与食品卫生学研究的基本手段和重要依据。

2　采样原则

2.1　代表性

在大多数情况下，不可能对全部待鉴定食品进行检测，而只能抽取其中的一部分作为样品，通过对样品的检测来推断该食品总体的营养价值或卫生质量。因此，所采集的样品应能够较好地代表待鉴定食品。若所采集的样品缺乏代表性，无论其后的检测过程和环节多么精确，其结果都难以反映总体的情况，常可导致错误的判断和结论。

2.2 真实性

采样人员应亲临现场采样，以防止在采样过程中的作假或伪造食品。所有采样用具都应清洁、干燥、无异味、无污染食品的可能。应尽量避免使用对样品可能造成污染或影响检测结果的采样工具和采样容器。

2.3 准确性

性质不同的样品必须分开包装，并应视为来自不同的总体。采样方法应符合要求，采样的数量应满足检测及留样的需要。可根据感官性状进行分类或分档采样。务必将采样记录清楚地填写在采样单上，并紧附于样品。

2.4 及时性

采样应及时，采样后也应及时送检。尤其是检测样品中水分、微生物等易受环境因素影响的指标，或样品中含有挥发性物质或易分解破坏的物质时，应及时赴现场采样并尽可能缩短从采样到送检的时间。

3 国际常见取样方案

3.1 ICMSF 取样方案

国际食品微生物规范委员会（ICMSF）提出的采样基本原则，是根据以下几个因素来设定抽样方案并规定其不同采用数的。

第一，各种微生物本身对人的危害程度各不相同。

第二，食品经不同条件处理后，其危害变化情况：降低危害度、危害度未变、增加危害度。

对一批产品检查多少检样，才能够有代表性，才能客观地反映该产品的质量。为了强调抽样与检样之间的关系，ICMSF 已经阐述了把严格的抽样计划与食品危害程度相联系的概念。另外，ICMSF 将检测指标对食品卫生的重要程度分成一般、中等、严重三档。根据以上危害度的分类，将取样方案分成二级法和三级法。

3.2 美国 FDA 取样方案

美国食品及药品管理局（FDA）的取样方案与 ICMSF 的取样基本一致，所不同的是，严重指标菌所取的 15、30、60 个样可以分别混合，混合的样品量最大不超过 375 g。也就是说，所取的样品每个为 100 g，从中取出 25 g，然后将 15 个 25 g 混合成一个 375 g 样品，混匀后再取 25 g 作为试样检测，剩余样品妥善保存备查。检验各类食品时的混合样品的最低数量如下：

食品危害度	混合样品的最低数
Ⅰ	4
Ⅱ	2
Ⅲ	1

3.3 联合国粮食与农业组织(FAO)规定的取样方案

1979年版的食品与营养报告中的食品质量控制的微生物分析列举了各种食品的微生物限量标准，是按ICMSF的取样方案判定的。

4 食品检样的预处理方法

由于食品检样种类繁多、成分复杂，须根据食品种类的不同性状和特点，采取相应的预处理方法，将检样制备成稀释液才能进行相关项目的检测。样品处理应在无菌室内进行，若是冷冻样品，必须先在原容器中解冻，解冻温度为：2～5℃不超过18 h或45℃不超过15 min。接种量为25 g(mL)，采用10倍稀释法进行样品稀释。

预处理方法中以均质法效果最好。其优点表现在：使微生物从食品颗粒上脱离，在液体中分布均匀；食品中营养物质可以更多地释放到液体中，有利于微生物的生长。在选择制备方法时应注意，黏度不超过牛乳的非黏性食品、黏性液体食品和不易混合的检样最好放在均质器中加入稀释液进行均质，以保证均匀性；而能与水混合的检样则可采用手摇振荡或机器振荡。

5 采样步骤和方法

5.1 采样准备

采样前必须审查待鉴定食品的相关证件，包括商标、运货单、质量检验证明书、兽医卫生检疫证明书、商品检验机构或卫生防疫机构的检验报告单等。还应了解该批食品的原料来源、加工方法、运输保藏条件、销售中各环节的卫生状况、生产日期、批号、规格等；明确采样目的，确定采样件数，准备采样用具，制定合理可行的采样方案。

5.2 现场调查

了解并记录待鉴定食品的一般情况，如种类、数量、批号、生产日期、加工方法、贮运条件(包括起运日期)、销售卫生情况。了解该批食品的整体情况，包括感官性状、品质、贮藏、包装情况等。进行现场感官检查的样品数量为总量的1%～5%。对于未经包装的食品，应检查食品的外观，有无发霉、变质、虫害、受污染等；对于有包装的食品，还应检查包装物有无破损、变形、受污染，并应按食品感官性质的不同及受污染程度的轻重分别采样。

5.3 采样方法

采样一般皆取可食部分。不同食品应采用不同的采样方法。

5.3.1 液体、半液体均匀食品

采样以一池、一缸、一桶为一个采样单位，搅拌均匀后采集一份样品。若采样单位容量过大，可按高度等距离分上、中、下三层，在四角和中央的不同部位每层各取等量样品，混合后再采样。对于流动液体，可定时定量从输出的管口取样，混合后再采样。对于大包装食品，如用铝桶、铁桶、塑料桶包装的液体、半液体食品，采样前须用采样管插入容器底部，将液体吸出，放入透明的玻璃容器内进行感官检查，然后将液体充分搅拌均匀，用长柄勺或采样管取样。

5.3.2 固体散装食品

大量的散装固体食品，如粮食、油料种子、豆类、花生，可采用几何法、分区分层法采样。几何法即把一堆物品视为一种几何立体(如立方体、圆锥体、圆柱体)，取样时，首先把整堆物品设定或想象为若干体积相等的部分，从这些部分中各取出体积相等的样品，混合为初级样品。对在粮堆、库房、船舱、车厢里堆积的食品进行采样，可采用分层采样法，即分上、中、下三层或等距离多层，在每层中心及四角分别取等量小样，混合为初级样品。对大面积平铺散装食品，可先分区，每区面积不超过 50 m^2，并各设中心、四角 5 个点，两区以上者，相邻两区的分界线上的两个点为共有点，例如两区共设 8 个点，三区共设 11 个点，依此类推，边缘上的点设在距边缘 50 cm 处，各点采样数量一致，混合为初级样品。对正在传送的散装食品，可从食品传送带上定时、定量取小样。对数量较多的颗粒或粉末状固体食品，须用“四分法”采样，即把拟取的样品(或初级样品)堆放在干净的平面瓷盘、塑料盘或塑料薄膜上，先混合均匀，然后将样品平铺成正方形，用分样板画两条对角线，去掉其中两对角的样品，剩余部分再按上述方法分取，直到剩下的两对角样品数量接近采样要求为止。也可将袋装初级样品事先在袋内混合均匀，再平铺成正方形分样。

5.3.3 完整包装食品

对大桶、箱、缸的大包装食品，于各部分按$\sqrt{总件数/2}$或$\sqrt{总件数}$取一定件数样品，然后打开包装，使用上述液体、半液体或固体样品的采样方法采样。对袋装、瓶装、罐装的定型小包装食品(每包质量不达 500 g)，可按生产日期、班次、包装、批号随机采样。对水果，可取一定的个数。

5.3.4 不均匀食品

对蔬菜、鱼、肉、蛋类等食品，应根据检测目的和要求，从同一部位采集小样，或从具有代表性的各个部位采取小样，然后经过充分混合得到初级样品。对肉类，应从整体各部位取样(不包括骨及毛发)；对鱼类，大鱼从头、体、尾各部位取样，小鱼可取 2～3 条；蔬菜，如葱、菠菜，可取整棵，白菜等可从中心剖开成二或四个对称部分，取其中一个或两个对称部分；蛋类，可按一定个数取样，也可根据检测目的将蛋黄、蛋清分开取样。

5.3.5 变质、污染的食品及食物中毒可疑食品

可根据检测目的，结合食品感官性状、受污染程度、特征等，分别采样，切忌与正常食品相混。

5.4 采样数量

采样数量应能反映该食品的卫生质量和满足检测项目对样品量的需要，一式 3 份，分别供检验、复验与备查或仲裁用，每份样品一般不应少于 0.5 kg。同一批号的完整小包装食品，250 g 以上的包装不得少于 6 个，250 g 以下的包装不得少于 10 个。

5.5 采样记录

做好现场采样记录，其内容包括检测项目、品名、生产日期或批号、产品数量、包装类型及规格、贮运条件及感官检查结果。还应写明采样单位和被采样单位的名称、地址、电话，采

样日期、容器、数量，采样时的气象条件，检测项目、标准依据及采样人等。无采样记录的样品，不应接受检测。采样后填写采样收据一式两份，由采样单位和采样人签名盖章并分别保存。还应填写送检单，内容包括样品名称、生产厂名、生产日期、检测项目、采样日期。对有些样品，还要求简要地说明现场及包装情况，采样时做过何种处理等。

6 样品的运送

采集的样品应放在干燥洁净的容器内，密封、避光存放，并在尽可能短的时间内送至实验室。运送途中须防止样品漏、散、损坏、挥发、潮解、氧化分解、受污染变质等。气温较高时，样品宜低温运送。送至实验室后必须在适宜条件下保存。

如果送检样品经感官检查已不符合食品卫生标准或已有明显的腐败变质，可不必再进行理化检验，直接判为不合格产品。

7 样品制备

用于检测的样品必须被制成平均样品，其目的是保证样品均匀，取任何部分都具有代表性。应根据待鉴定食品的性质和检测要求采用不同的制备方法。制备样品时，必须先去除果核、蛋壳、骨和鱼鳞等非可食部分，然后再进行样品的处理。一般固体食品，可用粉碎机将样品粉碎，过 20～40 目筛；高脂肪固体样品（如花生、大豆）须冷冻后立即粉碎，再过 20～40 目筛；高水分食品（如蔬菜、水果）多用匀浆法；肉类用绞碎或磨碎法；能溶于水或有机溶剂的样品成分，则用溶解法处理；蛋类去壳后用打蛋器打匀；液体或浆体食品（如牛奶、饮料、植物油及各种液体调味品），可用玻璃棒或电动搅拌器将样品充分搅拌均匀。

根据食品种类、理化性质和检测项目的不同，供测试的样品往往还需要做进一步的处理，如浓缩、灰化、湿法消化、蒸馏、溶剂提取、色谱分离和化学分离。

8 检测方法的选择

凡有国家标准检测方法的检测项目，应遵照国家标准进行检测。在国家标准测定方法中，同一检测项目如有两个或两个以上检测方法时，各实验室可根据不同条件选择使用。在无相应的国家标准检测方法的情况下，可使用其他来源的检测方法（如行业标准、地方标准、企业标准规定的方法；专业杂志和书籍中的方法；实验室自行建立的方法），但使用前应进行方法的确认或验证。

9 样品保留

检测结束后一般应保留样品至少一个月，以备需要时复查，保留期限从检测报告单签发之日算起。易变质的食品不予保留，保留样品应加封后存放在适当的地方，并尽可能保持其原状。留样方法可根据食品种类、性质、检测项目、保留条件及合同中的有关规定来确定。

模块二

2

食品微生物检测技术

项目六　食品微生物检测技术

第三编

[illegible]

[illegible]

项目六

食品微生物检测技术

知识目标

1. 了解食品微生物检测的方法和依据。
2. 掌握食品微生物检测的操作步骤及要点。
3. 掌握食品微生物检测结果的计算方法及检测报告的填写。

技能目标

1. 能够根据相关标准合理设计检测步骤。
2. 能够对样品进行真实有效的检测。
3. 能够对不同数据进行有效的分析处理。

德育目标

1. 培养学生严谨认真的工作作风。
2. 激发学生的责任感、使命感,引导学生严守职业道德。

任务一 食品中菌落总数检测

【任务要求】

1. 掌握食品中菌落总数的检测方法。

2. 能够对食品中菌落总数的检测结果做出准确、规范的报告。

【参考标准】

中华人民共和国国家标准 GB 4789.2—2016《食品微生物学检验　菌落总数测定》。

【检测流程】

样品前处理→取样→稀释→培养→菌落计数→结果计算→检测报告填写。

【任务实施】

1　用品准备

1.1　仪器和用具

(1)恒温培养箱:36℃±1℃,30℃±1℃;

(2)冰箱:2～5℃;

(3)恒温水浴箱:46℃±1℃;

(4)天平:感量为 0.1 g;

(5)均质器;

(6)振荡器;

(7)无菌吸管:1 mL(具 0.01 mL 刻度)、10 mL(具 0.1 mL 刻度);

(8)无菌锥形瓶:容量 250 mL、500 mL;

(9)无菌培养皿:直径 90 mm;

(10)微量移液器及吸头:1.0 mL;

(11)pH 计或 pH 比色管或精密 pH 试纸;

(12)菌落计数器、无菌剪刀、无菌镊子等。

1.2　培养基和试剂

(1)平板计数琼脂培养基:见附录 A.9;

(2)磷酸盐缓冲液:见附录 B.1;

(3)无菌生理盐水:见附录 B.2。

2 检测程序

食品中菌落总数的检测程序如图 6-1-1 所示。

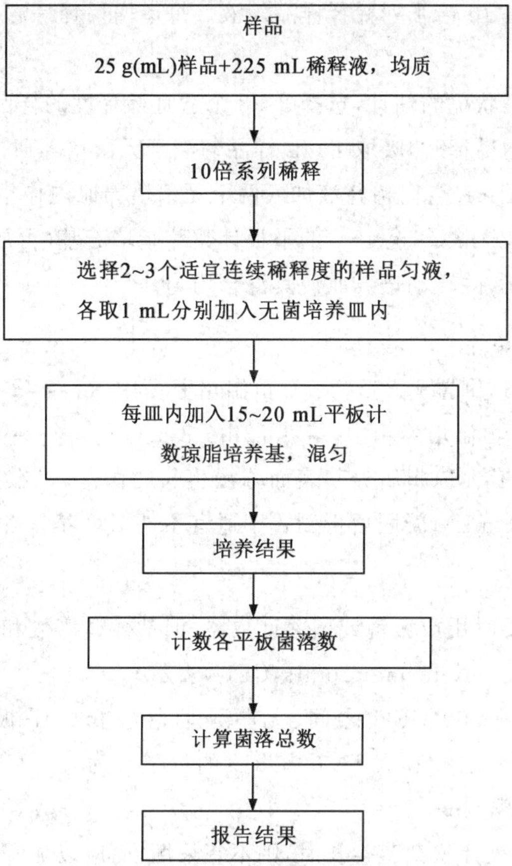

图 6-1-1 菌落总数的检测程序

3 操作步骤

3.1 样品的稀释

(1)固体和半固体样品：称取 25 g 样品并将其放入盛有 225 mL 磷酸盐缓冲液或生理盐水的无菌均质杯内，8 000～10 000 r/min 均质 1～2 min，或放入盛有 225 mL 稀释液的无菌均质袋中，用拍击式均质器拍打 1～2 min，制成 1∶10 的样品匀液。

液体样品：以无菌吸管吸取 25 mL 样品置于盛有 225 mL 磷酸盐缓冲液或生理盐水的无菌锥形瓶(瓶内预置适当数量的无菌玻璃珠)中，充分混匀，制成 1∶10 的样品匀液。

6-1-1 菌落总数检测操作步骤

(2)用 1 mL 无菌吸管或微量移液器吸取 1∶10 的样品匀液 1 mL，沿管壁缓慢注入盛有 9 mL 稀释液的无菌试管中(注意吸管或吸头尖端不要触及稀释液面)，振摇试管或换用一支无菌吸管反复吹打使其混合均匀，制成 1∶100 的样品匀液。

(3)按(2)操作，制备 10 倍系列稀释样品匀液。每递增稀释一次，换用一支 1 mL 无菌吸管或吸头。

(4)根据对样品污染状况的估计，选择 2～3 个适宜稀释度的样品匀液(液体样品可包括原液)，在进行 10 倍递增稀释时，吸取 1 mL 样品匀液于无菌培养皿内，每个稀释度做两个培养皿。同时，分别吸取 1 mL 空白稀释液加入两个无菌培养皿内作空白对照。

(5)及时将 15～20 mL 冷却至 46℃的平板计数琼脂培养基(可放置于 46℃±1℃恒温水浴箱中保温)倒入培养皿，并转动培养皿使其混合均匀。

3.2 培养

待琼脂凝固后，封口，倒置于 36℃±1℃恒温培养箱中，培养 48 h±2 h。对于水产品的样品，可置于 30℃±1℃恒温培养箱中，培养 72 h±3 h。

如果样品中可能含有在琼脂培养基表面弥漫生长的菌落，可在凝固后的琼脂表面覆盖一薄层琼脂培养基(约 4 mL)，凝固后再倒置于适宜条件下培养。

3.3 菌落计数

可用肉眼观察，必要时用放大镜或菌落计数器，记录稀释倍数和相应的菌落数量。菌落计数以菌落形成单位(colony-forming units，CFU)表示。

选取菌落数在 30～300 CFU 之间、无蔓延菌落生长的平板计数菌落总数。低于 30 CFU 的平板记录具体菌落数，大于 300 CFU 的可记录为多不可计。每个稀释度的菌落数应以两个平板的平均数计。

其中一个平板有较大片状菌落生长时，则不宜采用，而应以无片状菌落生长的平板计数该稀释度的菌落数；若片状菌落不到平板的一半，而其余一半中菌落分布均匀，则可计算半个平板后乘以 2，代表一个平板菌落数。

当平板上出现菌落间无明显界线的链状生长时，则将每条单链作为一个菌落计数。

4 菌落总数的计算方法

若只有一个稀释度平板上的菌落数在适宜计数范围内，计算两个平板菌落数的平均值，再将平均值乘以相应稀释倍数，作为每克或每毫升样品中菌落总数结果。

若有两个连续稀释度的平板菌落数在适宜计数范围内，按下列公式计算：

6-1-2 菌落总数检测结果计算

$$N=\frac{\sum C}{(n_1+0.1n_2)d}$$

式中：N——样品中菌落数；

$\sum C$ ——平板（含适宜范围菌落数的平板）菌落数之和；

n_1——第一稀释度（低稀释倍数）平板个数；

n_2——第二稀释度（高稀释倍数）平板个数；

d——稀释因子（第一稀释度）。

若所有稀释度的平板上菌落数均大于 300 CFU，则对稀释度最高的平板进行计数，其他平板可记录为多不可计，结果按平均菌落数乘以最高稀释倍数计算。

若所有稀释度的平板菌落数均小于 30 CFU，则应按稀释度最低的平均菌落数乘以稀释倍数计算。

若所有稀释度（包括液体样品原液）平板均无菌落生长，则以小于 1 乘以最低稀释倍数计算。

若所有稀释度的平板菌落数均不在 30～300 CFU 之间，其中一部分小于 30 CFU 或大于 300 CFU 时，则以最接近 30 CFU 或 300 CFU 的平均菌落数乘以稀释倍数计算。

5 菌落总数的报告

菌落数小于 100 CFU 时，按“四舍五入”原则修约，以整数报告。

菌落数大于或等于 100 CFU 时，第 3 位数字采用“四舍五入”原则修约后，取前 2 位数字，后面用 0 代替位数；也可用 10 的指数形式来表示，按“四舍五入”原则修约后，采用 2 位有效数字。

若所有平板上为蔓延菌落而无法计数，则报告菌落蔓延。

若空白对照上有菌落生长，则此次检测结果无效。

称重取样以 CFU/g 为单位报告，体积取样以 CFU/mL 为单位报告。

6-1-3 菌落总数检测报告填写

思政花园

《中华人民共和国食品安全法》是中国全国人民代表大会常务委员会批准的中国国家法律文件，现行的《中华人民共和国食品安全法》于 2018 年 12 月 29 日修正。

6 作业单

将检测记录与结果填入表 6-1-1。

表 6-1-1　食品中菌落总数检测记录表

样品名称		规格		样品编号	
检测依据		取样日期		检测日期	
稀释度	接种量 /mL	平板菌落数	平均数	空白对照	报告结果 /(CFU/mL)
国家卫生标准			检测结论		

【任务评价】

表 6-1-2　菌落总数检测任务考核参考标准

序号	考核项目	考核内容	考核标准	考核方法	标准分值
1	职业基本素质	学习工作态度	态度端正，积极主动，工作认真。参与意识强，不请假，不懈怠，全勤，否则将酌情扣分。任务领会到位。有敬业精神	单人考核	10
		团队协作	服从工作安排，协调意识强，与小组其他成员配合好，否则将酌情扣分	小组考核	10
2	岗位专业技能	用具准备	能够根据检测需求，自主准备好相关器具，确保无菌操作。保证操作过程完整连贯。否则将酌情扣分	单人考核	10
		样品处理	正确地称量、吸取、稀释样品，操作熟练，确保无菌操作，减少外界污染。否则将酌情扣分	单人考核	20
		结果计数与数据处理	能够根据检测结果选择不同的计数方法和数据计算方法，正确地进行数据修约。所填数据与实际不符的将酌情扣分	单人考核	20
		报告填写	报告填写真实、规范。否则将酌情扣分	单人考核	10
3	职业方法与能力	方法能力	善于思考，主动思考，勤于思考。独立分析和解决问题的能力强，能够主动、准确地表达自己的想法	单人考核	5
		工作过程	积极主动地参与任务工作过程，规范、认真。工作任务记录完整，语言简洁，字迹工整	小组考核	5
		训练与总结	积极准确地完成作业单，及时上交报告，有个人见解。能够自主利用网上平台开展学习与训练。善于反思，勤于反馈，积极总结经验教训	单人考核	10
	合计				100

【师徒共研】

1. 样品的制备和稀释倍数如何选择？

不同的食品，其菌落总数的检出限量不一致。酱油、奶制品、熟肉制品等的细菌含量一般偏高，稀释度可相应选择较大的，如 1∶100 和 1∶1 000；饮料、糕点类样品中细菌量偏低，稀释度应选择较小的，如液体样品可选原样，固体样品选 1∶10 等。选择的稀释度过大，则菌落生长稀少；稀释度过小，则菌落生长密度高，难以计数，导致实测结果或偏高或偏低。

2. 如何进行冰冻样品的前处理？

对于冰冻的样品，在接种前须置于 0～4℃的冰箱中解冻。固体样品须用灭菌刀或镊子从不同部位采取试验材料并混合，在无菌操作下充分研细，混匀，制成均匀稀释液。样品制备的整个过程都应在无菌条件下进行，以防污染。任何样品在打开包装前，都要对取样开口处的周围表面进行消毒。以上过程的错误操作是：冰冻样品的解冻时间过长，导致细菌增殖，使实测结果偏高；固体样品取样不均衡，稀释液未充分混匀，使所测结果的准确度降低；取样时未进行外包装消毒，引起样品污染。

3. 检测碳酸饮料中的菌落总数时，为什么数值偏低？

充气饮料应在无菌条件下进行排气；酸性样品用经过灭菌的 20%～30%碳酸钠溶液调节 pH 到中性；含盐量较高的样品应用灭菌蒸馏水进行稀释。错误的操作是：充气饮料未经排气，使样品接种量偏低；酸性样品未调 pH，使不适合酸性状态下生长的细菌受抑制；高盐样品仍用生理盐水进行稀释，使不适于高盐状态下生长的细菌受抑制，结果均使实测值偏低。

4. 用移液管吸取稀释液时可以用洗尔球吗？

接种时，用移液管吸取稀释液而不应用洗尔球，且须用管口上部塞有脱脂棉球的经过高温烘烤的移液管，并且用无菌胶帽吸取，以防产生交叉污染。

5. 倾倒琼脂时，为什么应保证琼脂温度在 45～50℃？

将稀释液加入培养皿后，应在尽可能短的时间内倒入琼脂。倾倒琼脂时，应保证琼脂的温度在 45～50℃。温度过高，易杀死细菌；温度过低，则琼脂提前凝固，导致检测失败。

6. 不同样品的培养温度和培养时间都一样吗？

在培养时，恒温培养箱内的温度不能过高，以免出现蔓延生菌的趋势，但也要防止因通风和空气循环而造成的培养基太干，而影响细菌的正常生长。

不同样品中的细菌都有一定的生理特性，培养时采用不同的营养条件及生理条件可能得出不同的结果，因而应根据检测标准的要求选择适当的培养温度和培养时间。

食品：36℃±1℃，48 h±2 h。

饮用水：36℃±1℃，48 h±2 h。

水产品（指原生态、未加工的水产品）：30℃±1℃，72 h±3 h。（36℃培养和30℃培养结果差别较大，培养48 h和72 h结果也有差别。）

7. 灭菌消毒过程中应注意哪些问题？

细菌检测过程中所用到的一切用具和培养基都须经过灭菌处理。接种室须经常用消毒液进行地面、墙面和桌面的消毒处理。实验进行前，接种室还须经紫外灯照射杀菌。检测人员的实验服也要经常用消毒液浸泡消毒。凡是能在高温下烘烤的玻璃器皿、金属器械等，都应用专用纸包好并在170℃烘烤3 h以上，以彻底灭菌。培养基和液体试剂，则要在高压蒸汽灭菌锅内进行灭菌。使用高压蒸汽灭菌锅时，应注意在升压前放尽锅内残存的空气，以保证所需的压力，达到灭菌效果。理想效果的好坏可通过空白试验确定。空白试验有空气空白、稀释用水空白、器皿空白等，空白试验平板上应该无细菌生长。

8. 如何进行菌落计数和报告菌数总数？

在完成培养后应立即进行菌落计数，以防细菌继续生长蔓延影响实测结果。不小心、视力疲劳或菌落没有辨认好，均可导致错误的结果。因此，检测人员在计数时应采取多人同时进行计数的方法，以避免上述情况造成的误差。

(1)如果所有稀释度的平板均无细菌生长，则检测报告应以最低稀释度报出，如最低稀释度为1，则报为＜1；若最低稀释度为1∶10，则报为＜10，而不能报为“未检出”。

(2)菌落数小于100 CFU时，按“四舍五入”原则修约，以整数报告。

(3)菌落数大于或等于100 CFU时，第3位数字采用“四舍五入”原则修约后，取前2位数字，后面用0代替位数；也可用10的指数形式来表示，按“四舍五入”原则修约后，采用2位有效数字。

(4)若所有平板上为蔓延菌落而无法计数，则报告菌落蔓延。

(5)若空白对照上有菌落生长，则此次检测结果无效。

(6)称重取样以CFU/g为单位报告，体积取样以CFU/mL为单位报告。

(7)如果高稀释度平板上的菌落数比低稀释度平板上的菌落数高，则说明检测过程中可能出现差错或样品中含抑菌物质，这样的结果不可用于结果报告。

(8)如果平板上菌落太多，不能计数时，可采用多不可计报告。

9. 检测过程中如何做空白对照？

检测过程中应该用稀释液做空白对照，以判定稀释液、培养基、培养皿或吸管可能存在的污染。同时，检测过程中应在工作台上打开一块空白的平板计数琼脂，其暴露时间应与检测时间相当，以了解检样在检测过程中有无受到来自空气的污染。

10. 检测样品有颗粒，如何去除其影响？

有时检样的稀释液中往往带有食品颗粒（如奶粉、坚果），在这种情况下，为避免与细菌菌落混淆，可做检样对照，即将稀释液与PCA混合，不经培养，而是置于4℃环境下，在计数时用于对照。另外，也可以在已熔化的保温在46℃±1℃水浴内的平板计数琼脂中，按100 mL加1 mL加入0.5%氯化三苯四氮唑(TTC)水溶液。培养后，食品颗粒不变色，细菌为红色。

【知识链接】

1 菌落总数的概念

食品中菌落总数的测定，目的在于了解食品生产环节(从原料加工到成品包装)受外界污染的情况；也可以应用这一方法观察细菌在食品中繁殖的动态，确定食品的保存期，为被检样品的卫生学评价提供依据。

食品有可能被多种类群的微生物污染，每种细菌都有它一定的生理特性，培养时应根据其特性选择营养条件，如此才能分别将各种细菌鉴别出来。但在实际工作中，一般都只用一种常规方法进行菌落总数测定，所得结果，只是一群能够在营养琼脂上生长的嗜中温性需氧菌的菌落数。

从食品卫生观点看，食品中菌落总数越多，说明食品质量越差，即被病原菌污染的可能性越大；当菌落仅少量存在时，被病原菌污染的可能性较低，或者几乎不存在污染。食品中菌落总数的多少，可以直接反映食品的卫生质量。当食品中菌落总数多于10万个，就足以引起细菌性食物中毒；当人的感官能察觉食品因细菌的繁殖而发生变质时，细菌数已达到10^6～10^7个/g(mL或cm^2)。但不能单凭菌落总数一项指标来评定食品卫生质量，必须结合大肠菌群和病原菌项目的检测，才能对食品卫生质量做出比较全面准确的评价。

细菌数量的表示方法由于所采用的计数方法不同而有两种：菌落总数和细菌总数。

1.1 菌落总数

菌落总数是指食品检样经过处理，在一定条件下培养后，所得1 g或1 mL检样中所含细菌菌落总数。即指一定数量或面积的食物样品，在一定条件下进行细菌培养，使每一个活菌只能形成一个肉眼可见的菌落，然后进行菌落计数所得的菌落数量。

在我国的食品卫生标准中，食品中细菌数量的测定，是在严格规定的培养方法和培养条件(样品处理、培养基种类及其pH、培养温度与时间、计数方法等)下进行的，使得适应这些条件的每一个活菌细胞能够形成一个肉眼可见的菌落，所形成的菌落总数即是该食品中的细菌总数。用此法测得的结果，常用CFU(colony forming unit，菌落形成单位)表示。

按照国家标准方法规定，菌落总数是指在需氧情况下，37℃培养48 h，能够在普通营养琼脂平板上生长的细菌菌落总数。所以厌氧或微需氧菌、有特殊营养要求的以及非嗜中温的细菌，由于现有条件不能满足其生理需求，故难以繁殖生长。因此菌落总数并不表示实际的所有细菌总数，菌落总数并不能区分其中细菌的种类，所以有时被称为杂菌数、需氧菌数等。

1.2 细菌总数

细菌总数指一定数量或面积的食物样品，经过适当处理后，在显微镜下对细菌进行直接计数所得的细菌数。其中包括各种活菌数和尚未消失的死菌数。细菌总数也称细菌直接显微镜数。通常以 1 g、1 mL 或 1 cm^2 被检样品中的细菌总数来表示。

2 菌落总数测定的意义

菌落总数是食品卫生指标中的重要项目，是判定食品被污染程度的标志之一，可通过测定细菌总数观察细菌在食品中繁殖的动态，进而为被检样品的卫生学评价提供依据。

检测食品中的菌落总数，可以了解食品在生产中，从原料加工到成品包装受外界污染的情况，从而反映食品的卫生质量。一般来说，菌落总数越多，说明食品的卫生质量越差，遭受病原菌污染的可能性越大。而菌落仅少量存在时，食品被病原菌污染的可能性就会降低或者几乎不存在。但也有例外，例如，虽然有些食品成品的菌落总数并不高，但可能已有细菌繁殖并已产生了毒素，且毒素性状稳定，仍存留于食品中；再有一些食品如酸泡菜和酸乳，本身就是通过微生物的作用而制成的，且是活菌制品。因此，菌落总数的测定对评价食品的新鲜度和卫生质量有着一定的卫生指标的作用，但不能单凭此一项指标来判定食品的卫生质量，还必须结合大肠菌群和致病菌等检测，才能做出比较全面、准确的评价。

菌落总数还可用来预测食品可存放的期限。食品中细菌数量越少，食品可存放的时间就越长，相反，保质期就短。

任务二 食品中大肠菌群检测

【任务要求】

1. 掌握食品中大肠菌群的检测方法。
2. 能够对食品中大肠菌群的检测结果做出准确、规范的报告。

【参考标准】

中华人民共和国国家标准 GB 4789.3—2016《食品微生物学检验　大肠菌群计数》。

【检测流程】

样品前处理→取样→稀释→培养→大肠菌群计数→结果计算→检测报告填写。

【任务实施】

1 用品准备

1.1 设备和材料

(1)恒温培养箱:36℃±1℃;
(2)冰箱:2~5℃;
(3)恒温水浴箱:46℃±1℃;
(4)天平:感量 0.1 g;
(5)均质器;
(6)振荡器;
(7)无菌吸管:1 mL(具 0.01 mL 刻度)、10 mL(具 0.1 mL 刻度);
(8)无菌锥形瓶:容量 500 mL;
(9)无菌培养皿:直径 90 mm;
(10)微量移液器及吸头:1.0 mL;
(11)pH 计或 pH 比色管或精密 pH 试纸;
(12)菌落计数器。

1.2 培养基和试剂

(1)月桂基硫酸盐胰蛋白胨(lauryl sulfate tryptose,LST)肉汤:见附录 A.10;
(2)煌绿乳糖胆盐(brilliant green lactose bile,BGLB)肉汤:见附录 A.11;
(3)结晶紫中性红胆盐琼脂(violet red bile agar,VRBA):见附录 A.12;
(4)磷酸盐缓冲液:见附录 B.1;
(5)无菌生理盐水:见附录 B.2;
(6)无菌 1 mol/L NaOH;
(7)无菌 1 mol/L HCl。

2 检测程序

2.1 大肠菌群 MPN 计数法

食品中大肠菌群 MPN 计数的检测程序见图 6-2-1。

2.2 大肠菌群平板计数法

大肠菌群平板计数法的检测程序如图 6-2-2 所示。

6-2-1 生活饮用水中大肠菌群及大肠埃希氏菌的检测步骤

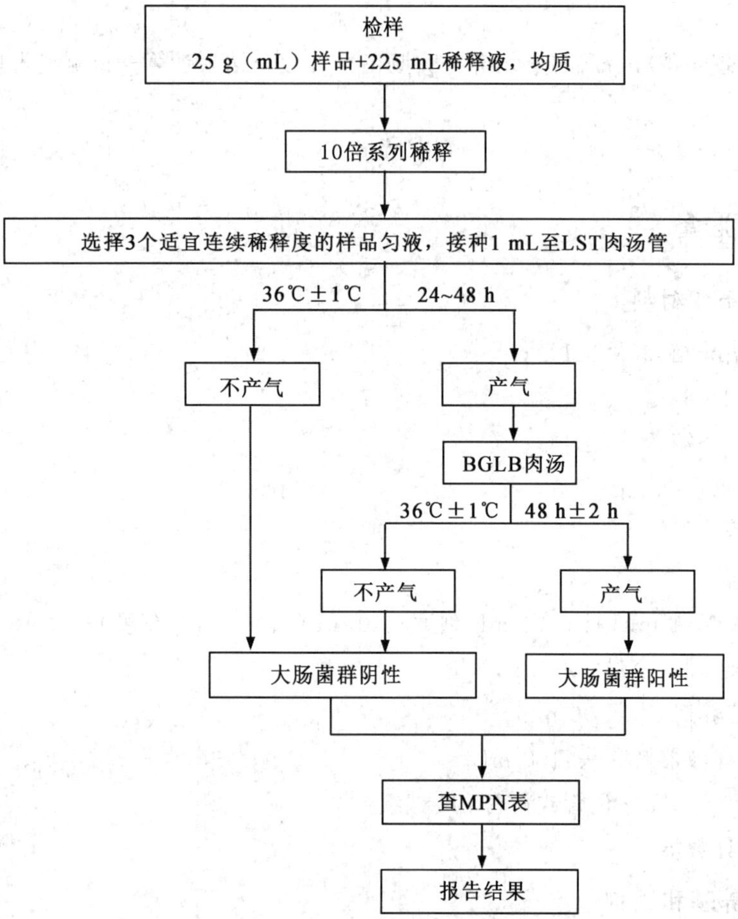

图 6-2-1　食品中大肠菌群 MPN 计数的检测程序

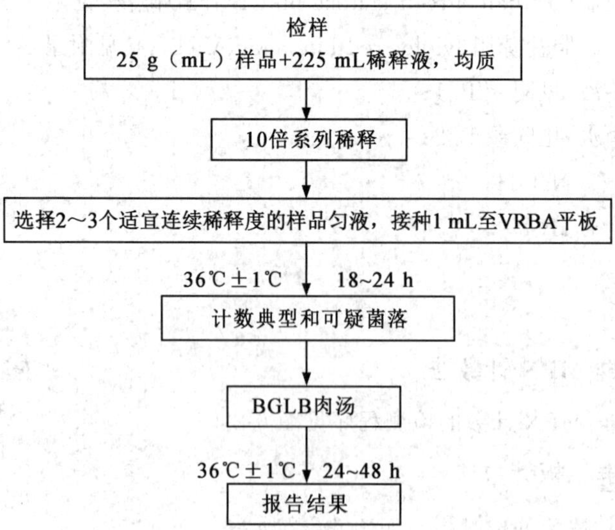

图 6-2-2　大肠菌群平板计数法的检测程序

3 操作步骤

3.1 大肠菌群 MPN 计数法操作步骤

3.1.1 样品的稀释

(1)固体和半固体样品：称取 25 g 样品，将其放入盛有 225 mL 磷酸盐缓冲液或生理盐水的无菌均质杯内，8 000～10 000 r/min 均质 1～2 min，或放入盛有 225 mL 磷酸盐缓冲液或生理盐水的无菌均质袋中，用拍击式均质器拍打 1～2 min，制成 1∶10 的样品匀液。

液体样品：以无菌吸管吸取 25 mL 样品置于盛有 225 mL 磷酸盐缓冲液或生理盐水的无菌锥形瓶(瓶内预置适当数量的无菌玻璃珠)中，充分混匀，制成 1∶10 的样品匀液。

(2)样品匀液的 pH 应在 6.5～7.5 之间，必要时分别用 1 mol/L NaOH 或 1 mol/L HCl 调节。

(3)用 1 mL 无菌吸管或微量移液器吸取 1∶10 样品匀液 1 mL，沿管壁缓缓注入 9 mL 磷酸盐缓冲液或生理盐水的无菌试管中(注意吸管或吸头尖端不要触及稀释液面)，振摇试管或换用一支 1 mL 无菌吸管反复吹打，使其混合均匀，制成 1∶100 的样品匀液。

(4)根据对样品污染状况的估计，按上述操作，依次制成 10 倍递增系列稀释样品匀液。每递增稀释一次，换用一支 1 mL 无菌吸管或吸头。从制备样品匀液至样品接种完毕，全过程不得超过 15 min。

3.1.2 初发酵试验

每个样品，选择 3 个适宜的连续稀释度的样品匀液(液体样品可以选择原液)，每个稀释度接种 3 管月桂基硫酸盐胰蛋白胨(LST)肉汤，每管接种 1 mL(如接种量超过 1 mL，则用双料 LST 肉汤)，36℃±1℃培养 24 h±2 h，观察倒置小管内是否有气泡产生，24 h±2 h 产气者进行复发酵试验，如未产气则继续培养至 48 h±2 h，产气者进行复发酵试验。未产气者为大肠菌群阴性。

3.1.3 复发酵试验

用接种环从产气的 LST 肉汤管中分别取培养物 1 环，移种于煌绿乳糖胆盐肉汤(BGLB)管中，36℃±1℃培养 48 h±2 h，观察产气情况。产气者，记为大肠菌群阳性管。

3.1.4 大肠菌群最可能数(MPN)的报告

按 3.1.3 确证的大肠菌群 LST 阳性管数，检索 MPN 表(表 6-2-1)，报告每克或每毫升样品中大肠菌群的 MPN 值。

表 6-2-1 大肠菌群最可能数(MPN)检索表

阳性管数			MPN	95%可信限		阳性管数			MPN	95%可信限	
0.1	0.01	0.001		下限	上限	0.1	0.01	0.001		下限	上限
0	0	0	<3.0	—	9.5	2	2	0	21	4.5	42
0	0	1	3.0	0.15	9.6	2	2	1	28	8.7	94
0	1	0	3.0	0.15	11	2	2	2	35	8.7	94
0	1	1	6.1	1.2	18	2	3	0	29	8.7	94
0	2	0	6.2	1.2	18	2	3	1	36	8.7	94
0	3	0	9.4	3.6	38	3	0	0	23	4.6	94
1	0	0	3.6	0.17	18	3	0	1	38	8.7	110
1	0	1	7.2	1.3	18	3	0	2	64	17	180
1	0	2	11	3.6	38	3	1	0	43	9	180
1	1	0	7.4	1.3	20	3	1	1	75	17	200
1	1	1	11	3.6	38	3	1	2	120	37	420
1	2	0	11	3.6	42	3	1	3	160	40	420
1	2	1	15	4.5	42	3	2	0	93	18	420
1	3	0	16	4.5	42	3	2	1	150	37	420
2	0	0	9.2	1.4	38	3	2	2	210	40	430
2	0	1	14	3.6	42	3	2	3	290	90	1 000
2	0	2	20	4.5	42	3	3	0	240	42	1 000
2	1	0	15	3.7	42	3	3	1	460	90	2 000
2	1	1	20	4.5	42	3	3	2	1 100	180	4 100
2	1	2	27	8.7	94	3	3	3	>1 100	420	—

注:1. 本表采用 3 个稀释度[0.1 g(mL)、0.01 g(mL)和 0.001 g(mL)],每个稀释度接种 3 管。

2. 表内所列检样量如改用 1 g(mL)、0.1 g(mL)和 0.01 g(mL)时,表内数字应相应降低 10 倍;如改成 0.01 g(mL)、0.001 g(mL)、0.000 1 g(mL)时,则表内数字应相应提高 10 倍,其余类推。

3.2 大肠菌群平板计数法操作步骤

3.2.1 样品的稀释

按 3.1.1 进行。

3.2.2 平板计数

(1)选取 2～3 个适宜的连续稀释度,每个稀释度接种 2 个无菌培养皿,每皿 1 mL。同时取 1 mL 生理盐水加入无菌培养皿中作为空白对照。

(2)及时将 15～20 mL 冷却至 46℃的结晶紫中性红胆盐琼脂(VRBA)倒入培养皿中。小心地旋转培养皿,使培养基与样液充分混匀,待琼脂凝固后,再加 3～4 mL VRBA 覆盖平板表层。翻转平板,置于 36℃±1℃恒温箱中培养 18～24 h。

3.2.3　平板菌落数的选择

选取菌落数在 15～150 CFU 之间的平板，分别计数平板上出现的典型和可疑大肠菌群菌落。典型菌落为紫红色，菌落周围有红色的胆盐沉淀环，菌落直径为 0.5 mm 或更大。

3.2.4　证实试验

从 VRBA 平板上挑取 10 个不同类型的典型和可疑菌落，分别移种于 BGLB 肉汤管内，36℃±1℃培养 24～48 h，观察产气情况。BGLB 肉汤管产气，即可报告为大肠菌群阳性。

3.2.5　大肠菌群平板计数的报告

经最后证实为大肠菌群阳性的试管比例乘以 3.2.3 中计数的平板菌落数，再乘以稀释倍数，即得每克或每毫升样品中大肠菌群数。例：10^{-4} 样品稀释液 1 mL，在 VRBA 平板上有 100 个典型和可疑菌落，挑取其中 10 个接种 BGLB 肉汤管，证实有 6 个阳性管，则该样品的大肠菌群数为 $100\times6/10\times10^{4}$/g(mL)＝$6.0\times10^{5}$ CFU/g(mL)。若所有稀释度(包括液体样品原液)平板均无菌落生长，则以小于 1 乘以最低稀释倍数计算。

思政花园

用最严谨的标准、最严格的监管、最严厉的处罚、最严肃的问责，确保广大人民群众“舌尖上的安全”。——2013 年 12 月 23 日习近平在中央农村工作会议上的讲话

4　作业单

将检测记录与结果填入表 6-2-2。

表 6-2-2　食品中大肠菌群检测记录表

<table>
<tr><td>样品名称</td><td></td><td>规格</td><td></td><td>样品编号</td><td></td></tr>
<tr><td>检测依据</td><td></td><td>取样日期</td><td></td><td>检测日期</td><td></td></tr>
<tr><td colspan="6">大肠菌群检测过程</td></tr>
<tr><td colspan="6"></td></tr>
<tr><td rowspan="4">初发酵(月桂基硫酸盐胰蛋白胨肉汤)</td><td>稀释度</td><td>接种量/mL</td><td>接种管数/支</td><td>产气管数/支</td><td>复发酵(煌绿乳糖胆盐肉汤，37℃，48 h产气管数/支</td></tr>
<tr><td></td><td></td><td></td><td></td><td></td></tr>
<tr><td></td><td></td><td></td><td></td><td></td></tr>
<tr><td></td><td></td><td></td><td></td><td></td></tr>
<tr><td>检测结果</td><td colspan="5"></td></tr>
<tr><td>国家卫生标准</td><td colspan="2"></td><td>检测结论</td><td colspan="2"></td></tr>
<tr><td>检验人</td><td colspan="2"></td><td>复核人</td><td colspan="2"></td></tr>
</table>

【任务评价】

表 6-2-3 大肠菌群检测任务考核参考标准

序号	考核项目	考核内容	考核标准	考核方法	标准分值
1	职业基本素质	学习工作态度	态度端正,积极主动,工作认真。参与意识强,不请假,不懈怠,全勤,否则将酌情扣分。任务领会到位。有敬业精神	单人考核	10
		团队协作	服从工作安排,协调意识强,与小组其他成员配合好,否则将酌情扣分	小组考核	10
2	岗位专业技能	用具准备	能够根据检测需求,自主准备好相关器具,确保无菌操作。保证操作过程完整连贯。否则将酌情扣分	单人考核	10
		样品处理	正确地称量、吸取、稀释样品,操作熟练,确保无菌操作,减少外界污染。否则将酌情扣分	单人考核	20
		结果计数与数据处理	能够根据检测结果选择不同的计数方法和数据计算方法,正确地进行数据修约。所填数据与实际不符的将酌情扣分	单人考核	20
		报告填写	报告填写真实、规范。否则将酌情扣分	单人考核	10
3	职业方法与能力	方法能力	善于思考,主动思考,勤于思考。独立分析和解决问题的能力强,能够主动、准确地表达自己的想法	单人考核	5
		工作过程	积极主动地参与任务工作过程,规范、认真。工作任务记录完整,语言简洁,字迹工整	小组考核	5
		训练与总结	积极准确地完成作业单,及时上交报告,有个人见解。能够自主利用网上平台开展学习与训练。善于反思,勤于反馈,积极总结经验教训	单人考核	10
	合计				100

【师徒共研】

1. LST、BGLB、EC 等培养基灭菌后仍有气泡的原因是什么?

可能原因有以下两个:

(1)高压灭菌锅工作压力不够,使气体不能完全排出。高压灭菌锅在灭菌过程中产生的最大压力不足以将小管内的气体挤出,导致灭菌后仍留有小气泡。此外,高压灭菌锅温度上升缓慢或者达不到灭菌温度,也会导致类似现象的发生。

(2)试管塞塞得太紧。灭菌时,试管塞塞得太紧(有些硅胶塞与试管不配套),导致试管内压力与灭菌锅内压力不一致。当灭菌锅升温升压时,锅内压力大于试管内压力,试管内压力不足以将小管内气体排尽,就留有气泡;当灭菌锅降温降压时,锅内压力小于管内压力,可能会使试管塞和培养基迸出。

2. VRBA、DC 平板上菌落特征不易辨认时，该如何操作？

熟悉大肠杆菌、大肠菌群在上述平板上的特征，必要时可做阳性对照。有些食物残渣会影响观察结果，培养前须仔细观察平板的状态，可给大的食物残渣做一些标记。

3. 采用平板法时如何判断是否需要覆盖第二层培养基？

一般情况下不需要覆盖第二层培养基。在实际操作过程中，若检验员初次接触该食品（或食品品类），则有必要在第一层培养基凝固后再覆盖一层（原因是不清楚该样品是否会发生蔓延）。而如此往复测试几次后，若该样品或食品品类不存在蔓延现象，则以后的实验中都不需要进行覆盖。若重复多次测试后都有蔓延现象，则以后的检测中最好都进行覆盖。

4. 同一批产品，检测的两份结果不一样，是不是哪里出了问题？

这属于正常现象，同一批产品的多次微生物检测结果不可能一模一样的，因此有必要做 5 份以验证产品是否合格然。但是，如果同一份样品（制成一份样品）的几次检测结果相差较远，此时就要分析哪里出了问题。

5. 采用 VRBA 培养时，所用器皿是否需要灭菌？

不需要。配制培养基所用到的锥形瓶、玻璃棒、药匙等均不需要灭菌，但一定要干净，表面无污渍、无残留。

6. 若 VRBA 培养基未用完，是否可以冷藏起来下次用？

不可以。GB 4789.28—2013 中规定，固体培养基最多允许熔融一次（指的是经过高压灭菌冷却后的培养基还可以熔融一次后使用）。且 VRBA 培养基冷却后，再次熔融时非常容易喷涌。若温度控制不当，底部培养基熔融后很快就会发生喷涌，即培养基未完全熔融就会发生喷涌现象。

7. 两个稀释度的平板上都长了菌，如何选取？

选取 15～150 CFU 之间的平板（指的是 VRBA 平板上所有菌落数在此范围），挑取可疑菌落进行证实试验。若有两个连续稀释度的 4 个平板上菌落数均在 15～150 CFU 之间，则 4 个平板上的菌落都要挑取进行证实试验，实际操作时，可灵活操作。例如：1∶10 的两个平板上的菌落数分别为 120 个、123 个，1∶100 的两个平板的菌落数分别为 16 个、18 个，从每个平板上分别挑取 5 个可疑菌落、5 个典型菌落进行证实试验，则需要 40 支 BGLB 肉汤管。

8. 采用平板法测得的结果如何计算？

首先，在 VRBA 平板上培养 24 h 后进行计数，分别计数可疑大肠菌群和典型大肠菌群的数量。假如在 1∶10 的平板上可疑大肠菌群有 10 个，典型大肠菌群有 6 个。其次，进行证实试验，挑取上述可疑和典型大肠菌群各 5 个（或者全部挑取），假如 10 个可疑大肠菌群中有 3 个证实为阳性，6 个典型大肠菌群中有 5 个证实为阳性，则计算方法如下：最终大肠菌群数＝经证实的大肠菌群数＝可疑大肠菌群经证实的数量＋典型大肠菌群经证实的数量＝ $10\times(6/10)\times10+6\times(5/6)\times10=110$，单位为 CFU/g(mL)。

【知识链接】

1 大肠菌群

1.1 定义

大肠菌群并非细菌学分类命名，而是卫生细菌领域的用语，它不代表某一个或某一属细菌，而指的是具有某些特性的一组与粪便污染有关的细菌。这些细菌在生化及血清学方面并非完全一致，其定义为：一群与粪便污染有关，需氧及兼性厌氧、在37℃能分解乳糖产酸产气的革兰氏阴性无芽孢杆菌。一般认为该菌群细菌可包括大肠埃希氏菌、柠檬酸杆菌、产气克雷伯菌和阴沟肠杆菌等。

大肠菌群是评价食品卫生质量的重要指标之一，目前已被国内外广泛应用于食品卫生工作中。

1.2 范围

大肠菌群主要由肠杆菌科中埃希氏菌属、柠檬酸杆菌属、肠杆菌属及克雷伯菌属的一部分及沙门氏菌属的Ⅲ亚属（能发酵乳糖）的细菌所组成。其主要生化特性分类如表6-2-4所示。

表6-2-4 大肠菌群生化特性分类表

项目	靛基质	甲基红	V-P	柠檬酸盐	H_2S	明胶	动力	44.5℃乳糖
大肠埃希氏菌Ⅰ	+	+	−	−	−	−	+/−	+
大肠埃希氏菌Ⅱ	−	+	−	−	−	−	+/−	−
大肠埃希氏菌Ⅲ	+	+	−	−	−	−	+/−	−
费劳地柠檬酸杆菌Ⅰ	−	+	−	+	+/−	−	+/−	−
费劳地柠檬酸杆菌Ⅱ	+	+	−	+	+/−	−	+/−	−
产气克雷伯菌Ⅰ	−	−	+	+	−	−	−	−
产气克雷伯菌Ⅱ	+	−	+	+	−	−	−	−
阴沟肠杆菌	+	−	+	+	−	+/−	+	−

由表6-2-4可以看出，大肠菌群中大肠埃希氏菌Ⅰ型和Ⅲ型的特点是：对靛基质、甲基红、V-P和柠檬酸盐利用四个项目的生化反应结果均为“+、+、−、−”，通常称它们为典型大肠杆菌，而其他类大肠杆菌则被称为非典型大肠杆菌。

1.3 分布

大肠菌群分布较广，在温血动物的粪便和自然界中广泛存在。调查研究表明，大肠菌群细菌多存在于温血动物的粪便中、人类经常活动的场所以及有粪便污染的地方，人、畜粪便对外界环境的污染是大肠菌群在自然界存在的主要原因。粪便中多以典型大肠杆菌为主，而外界环境中则以大肠菌群其他型别较多。

2 大肠菌群测定的意义

2.1 粪便污染的指标菌

早在1892年,沙尔丁格首先提出以大肠杆菌作为水源受病原菌污染的指标菌的意见,因为大肠杆菌是存在于人和动物肠道内的常见细菌。一年后,塞乌博耳德·史密斯指出,大肠杆菌普遍存在于肠道内,若粪便在肠道以外的环境中发现,可以认为是受到粪便污染造成的。从此大肠杆菌成为水源受粪便污染的指标菌。

大肠菌群可作为粪便污染指标菌,主要是指以该菌群的检出情况来表示食品中有否粪便污染。大肠菌群数的高低,反映了粪便污染程度的重轻,也反映了对人体健康危害性的大小。粪便是人类肠道排泄物,其中有健康人的粪便,也有肠道患者或带菌者的粪便,所以粪便内除了有一般正常细菌外,也会有一些肠道致病菌(如沙门氏菌、志贺氏菌)。因此,食品中有粪便污染,则可以推测该食品有被肠道致病菌污染的可能性,潜伏着食物中毒和流行病的威胁,对人体健康具有潜在的危险性。

据研究发现,成人粪便中含有大肠杆菌 $10^8\sim10^9$ 个/g。大肠菌群的存在可证实已被粪便污染,有粪便污染也就可能有肠道病原菌存在。据此,可认为含有大肠菌群的水或食品是不安全的。当然,有粪便污染,不一定就有肠道病原菌存在,但即使无病原菌,被粪便污染的水或食品,也是不卫生的。

2.2 粪便污染指标菌的选择

理想的粪便污染指标菌应具备以下几个特性,才能起到比较正确的指示作用。

(1)是存在于肠道中的特有菌。

(2)在肠道内有极高的数量,高度稀释后,也能被检出。

(3)在肠道以外的环境中,其抵抗力大于或相似于肠道致病菌,进入水中不再繁殖。

(4)检验方法简便,易于检出和计数。

另外,可以作为粪便污染指标菌的还有:分枝杆菌、拟杆菌、乳酸菌、肠杆菌科中的梭状芽孢杆菌、粪链球菌等。如厌氧性乳酸菌占人体肠道内细菌组分的1/2以上,一般粪便中该菌含量为 $10^9\sim10^{10}$ 个/g。拟杆菌是人体肠道内第二个较大的菌群。

除上述细菌外,克雷伯菌属、变形杆菌和副大肠杆菌等,也可以充当粪便污染指标菌。很多学者认为,在冷冻食品或冷冻处理过的食品中,大肠杆菌比其他多种病原菌更容易死亡。因此,这类食品用大肠菌群作为指标菌就不够理想,而粪链球菌对低温的抵抗力强,作为这类食品的粪便污染指标菌就比较适宜。

上述几种肠道细菌,虽与粪便有关,因均不具备大肠菌群所具备的指标特异性,所以目前还没有被列为公认的粪便污染指标菌。

当然,大肠菌群作为粪便污染指标菌也有一些不足之处。

(1)饮用水中含有较少量大肠菌群的情况下,有时仍能引起肠道传染病的流行。

(2)大肠菌群在一定条件下能在水中生长繁殖。

(3)在外界环境中,有的沙门氏菌比大肠菌群更具耐受力。

2.3 大肠菌群作为粪便污染指标菌的意义

粪便污染食品，往往是肠道传染病发生的主要原因，因此检查食品中有无肠道菌，对控制肠道传染病的发生和流行，具有十分重要的意义。大肠菌群的检出不仅能够反映检样受粪便污染的程度，而且可以反映食品在生产、加工、运输、贮存等过程中的卫生状况，具有广泛的卫生学意义。

3 大肠菌群的检测方法

3.1 MPN(most probable number)法

MPN(most probable number)法即最近似数法，也称为最可能数法，是食品微生物检测中常用的方法。1915 年，McCrady 首次发表了用 MPN 法来估算细菌浓度的方法，这是一种应用概率理论来估算细菌浓度的方法。MPN 法适用于具有特殊生理功能的微生物类群或者检测带有大量竞争菌的食品及其原料和未经处理的含少量金黄色葡萄球菌的食品(土壤、污水、牛奶等)。

3.1.1 MPN 法检测的原理

利用待测微生物的特殊生理功能的选择性来摆脱其他微生物类群的干扰，并通过该生理功能的表现来判断该类群微生物的存在和丰度。因为细菌在样本内的分布是随机的，所以检测细菌时，可应用概率理论计算菌数，实验结果以 MPN 值表示。但 MPN 值并不能表示实际菌落数，实际菌落数有可能落在置信区间内的任何一点，MPN 值是落在这个置信区间内概率最大的一点。

3.1.2 MPN 法的优缺点

优点：操作简便；灵敏度较高；耗时短，可通过观察试管得出结论；每个接种稀释度均有重复，重复次数越多，误差越小。

缺点：要求样品具有均一性；适合检验液体样品；只能用于检验在发酵培养基中产气的菌种。

注意事项：须选择合适的稀释度和接种量。

3.1.3 分类及应用

根据需要及检测的精度要求选用 9 管法或 15 管法，其中 9 管法通常用作食品的检测，而 15 管法用于饮用水的检测(15 管法的精度要高些)。

3.2 平板计数法

CFU 即菌落形成单位。样品经过处理、培养后在平板上长出菌落，通过计数平板上所生长出的菌落个数，计算出每毫升或每克待检样品中可以培养出多少个菌落，以 CFU/mL 或 CFU/g 报告。平板计数法应用广泛，是微生物检测、菌种分离和纯化等用得最多的方法(固体、液体样品均适用)。

3.2.1 平板计数法检测的原理

微生物在固体培养基上所形成的一个菌落是由一个单细胞繁殖而成的，即一个菌落代

表一个单细胞。计数时，先将待测样品稀释，样品经适当稀释后，其中的微生物充分分散为单个细胞，取一定量的稀释液接种到平板上，经过培养，一个单细胞生长、繁殖形成肉眼可见的一个菌落，即一个单菌落应代表原样品中的一个单细胞。统计菌落数，根据其稀释倍数和取样接种量换算出样品中的含菌数。

3.2.2 平板计数法的优缺点

平板计数法的优点有：

(1)能测出样品中的活菌数，检测结果直观，可以直接读数。

(2)通常做梯度稀释，所以计数的线性范围大。

(3)由于是用菌悬液涂布，比较均匀，所以能较好地反映菌落的疏密程度。

(4)灵敏度较高，平行性较好。

平板计数法的缺点有：

(1)操作步骤较多，测定值常受各种因素的影响。

(2)厌氧或微需氧菌、有特殊营养要求的以及非嗜中温的细菌，比较难被检测出。

(3)不能区分其中细菌的种类。

(4)长成的一个单菌落也可能来自样品中的2～3或更多个细胞，计数所得结果往往较真实值低。

(5)检测所需时间长。

注意事项：样品需要充分均匀以及选择合适稀释度和接种量，检测过程必须严格无菌，以防被杂菌污染。

3.2.3 分类及应用

平板倾注法是一般检验使用的方法。平板涂布法多用于细菌含量比较高的样品的检测，并且要求知道细菌菌落形态(只计数特定细菌)。平板倾注法是检测特定种类菌常用的方法，其应用越来越广泛。

3.3 滤膜法

将一定量水样注入已灭菌的微孔薄膜的滤器中，经过抽滤，细菌被截留在滤膜上。将滤膜贴于培养基上，经培养后计数和鉴定滤膜上生长的菌落，再依据过滤水样的体积计算每升或每100 mL水样中的菌落总数。滤膜法主要适用于洁净度较高的样品的检测，并且样品的流动性决定检测的可操作性。

3.3.1 滤膜法检测的原理

在压力差的作用下，悬浮液中的液体(或气体)透过可渗性介质(过滤介质)，直径大于网孔直径的菌体被介质截留在滤膜上，从而实现样品和菌体的分离。将滤膜置于适宜的培养基上进行培养，菌体可直接在膜上生长，从而可直接计数。

3.3.2 滤膜法的优缺点

滤膜法的优点有：

(1)可以检测大量的样品。

(2)浓缩效应使微生物检测的准确度提高。

(3)带有菌落的滤膜,可作为检测的永久记录存档。

(4)可见的菌落和样品量直接对应,易得出定量结果。

滤膜法的缺点有:

(1)成本高。

(2)操作要求高。

注意事项:对样品的流动性要求比较高,并且样品的含菌量不能太高。

3.3.3 操作流程

滤膜法检测的操作流程是:样品→过滤→贴滤膜→培养→计数报告。

任务三 食品中霉菌和酵母菌检测

【任务要求】

1. 掌握食品中霉菌和酵母菌的检测方法。

2. 能够对食品中霉菌和酵母菌的检测结果做出准确、规范的报告。

【参考标准】

中华人民共和国国家标准 GB 4789.15—2016《食品微生物学检验　霉菌和酵母计数》。

【检测流程】

平板计数法:样品前处理→取样→稀释→培养→计数→结果计算→检测报告填写。

直接镜检计数法:制样→显微镜校正→涂片→观测→报告结果。

【任务实施】

1 用品准备

1.1 设备和材料

(1)培养箱:28℃±1℃;

(2)拍击式均质器及均质袋;

(3)电子天平:感量 0.1 g;

(4)无菌锥形瓶:容量 500 mL;

(5)无菌吸管：1 mL(具 0.01 mL 刻度)、10 mL(具 0.1 mL 刻度)；

(6)无菌试管：18 mm×180 mm；

(7)旋涡混合器；

(8)无菌培养皿：直径 90 mm；

(9)恒温水浴箱：46℃±1℃；

(10)显微镜：10～100 倍；

(11)微量移液器及吸头：1.0 mL；

(12)折光仪；

(13)郝氏计测玻片：具有标准计测室的特制玻片；

(14)盖玻片；

(15)测微器：具标准刻度的玻片。

1.2　培养基和试剂

(1)磷酸盐缓冲液：见附录 B.1；

(2)无菌生理盐水：见附录 B.2；

(3)马铃薯葡萄糖琼脂培养基：见附录 A.3；

(4)孟加拉红琼脂培养基：见附录 A.13。

子任务一　霉菌和酵母平板计数法（第一法）

2　检测程序

霉菌和酵母平板计数法的检测程序如图 6-3-1 所示。

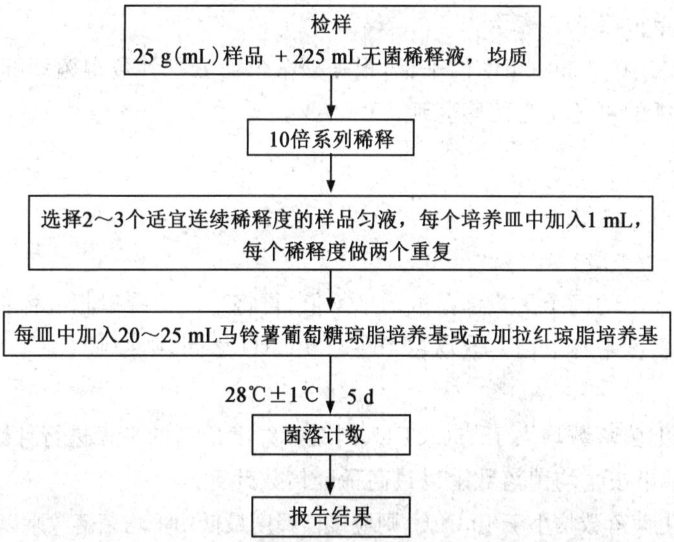

图 6-3-1　霉菌和酵母平板计数法的检测程序

3 操作步骤

3.1 样品的稀释

(1)固体和半固体样品:称取 25 g 样品,加入 225 mL 无菌稀释液(蒸馏水或生理盐水或磷酸盐缓冲液),充分振摇,或用拍击式均质器拍打 1～2 min,制成 1∶10 的样品匀液。

液体样品:以无菌吸管吸取 25 mL 样品至盛有 225 mL 无菌稀释液(蒸馏水或生理盐水或磷酸盐缓冲液)的适宜容器内(可在瓶内预置适当数量的无菌玻璃珠)或无菌均质袋中,充分振摇或用拍击式均质器拍打 1～2 min,制成 1∶10 的样品匀液。

(2)取 1 mL 1∶10 样品匀液注入含有 9 mL 无菌稀释液的试管中,另换一支 1 mL 无菌吸管反复吹吸,或在旋涡混合器上混匀,此液为 1∶100 的样品匀液。

(3)按(2)操作,制备 10 倍递增系列稀释样品匀液。每递增稀释一次,换用一支 1 mL 无菌吸管。

(4)根据对样品污染状况的估计,选择 2～3 个适宜稀释度的样品匀液(液体样品可包括原液),在进行 10 倍递增稀释的同时,每个稀释度分别吸取 1 mL 样品匀液至 2 个无菌培养皿内。同时分别取 1 mL 无菌稀释液加入 2 个无菌培养皿作空白对照。

(5)及时将 20～25 mL 冷却至 46℃的马铃薯葡萄糖琼脂培养基或孟加拉红琼脂培养基(可放置于 46℃±1℃恒温水浴箱中保温)倒入培养皿中,并转动培养皿使其混合均匀。

3.2 培养

琼脂凝固后,正置平板,置于 28℃±1℃培养箱中培养,观察并记录培养至第 5 d 的结果。

3.3 菌落计数

用肉眼观察,必要时可用放大镜或低倍镜,记录稀释倍数和相应的霉菌和酵母菌菌落数。以菌落形成单位(CFU)表示。

选取菌落数在 10～150 CFU 的平板,根据菌落形态分别计数霉菌和酵母菌。霉菌蔓延生长覆盖整个平板的可记录为菌落蔓延。

4 结果与报告

4.1 结果

计算同一稀释度的两个平板菌落数的平均值,再将平均值乘以相应稀释倍数。

若有两个稀释度平板上菌落数均在 10～150 CFU 之间,则按照 GB 4789.2—2016 的相关规定进行计算。

若所有平板上菌落数均大于 150 CFU,则对稀释度最高的平板进行计数,其他平板可记录为多不可计,结果按平均菌落数乘以最高稀释倍数计算。

若所有平板上菌落数均小于 10 CFU,则应接稀释度最低的平均菌落数乘以稀释倍数计算。

若所有稀释度(包括液体样品原液)平板均无菌落生长,则以小于 1 乘以最低稀释倍数计算。

若所有稀释度的平板菌落数均不在 10～150 CFU 之间,其中一部分小于 10 CFU 或大于 150 CFU 时，则以最接近 10 CFU 或 150 CFU 的平均菌落数乘以稀释倍数计算。

4.2　报告

菌落数按“四舍五入”原则修约。菌落数在 10 CFU 以内时，采用一位有效数字报告；菌落数在 10～100 CFU 之间时，采用两位有效数字报告。

菌落数大于或等于 100 CFU 时，前第 3 位数字采用“四舍五入”原则修约后，取前 2 位数字，后面用 0 代替位数来表示结果；也可用 10 的指数形式来表示，此时也按“四舍五人”原则修约，采用两位有效数字报告。

若空白对照平板上有菌落出现，则此次检测结果无效。

称重取样以 CFU/g 为单位报告，体积取样以 CFU/mL 为单位报告。

子任务二　霉菌直接镜检计数法（第二法）

5　操作步骤

5.1　检样的制备

取适量检样，加蒸馏水稀释至折光指数为 1.344 7～1.346 0（即浓度为 7.9%～8.8%），备用。

5.2　显微镜标准视野的校正

将显微镜按放大率 90～125 倍调节标准视野，使其直径为 1.382 mm。

5.3　涂片

洗净郝氏计测玻片，将制好的标准液用玻璃棒均匀地摊布于计测室，加盖玻片，以备观察。

5.4　观测

将制好的载玻片置于显微镜标准视野下进行观测。一般每一检样每人观察 50 个视野。同一检样应由两人观察。

思政花园

案例：2014 年 9 月 3 日北京市食品药品监督管理局公示“怡宝”“娃哈哈”等 8 个品牌的 18.9 L 桶装水，被检出霉菌、酵母及菌落总数超标等问题。

思考：超标的原因？属于检测方面的原因有哪些？

6　结果与计算

在标准视野下，发现霉菌菌丝的长度超过标准视野（1.382 mm）的 1/6 或 3 根菌丝总长度超过标准视野的 1/6（即测微器的一格）时，记录为阳性（＋），否则记录为阴性（－）。

7　报告

报告每 100 个视野中全部阳性视野数为霉菌的视野百分数（视野%）。

【任务评价】

表 6-3-1 霉菌和酵母菌检测任务考核参考标准

序号	考核项目	考核内容	考核标准	考核方法	标准分值
1	职业基本素质	学习工作态度	态度端正,积极主动,工作认真。参与意识强,不请假,不懈怠,全勤,否则将酌情扣分。任务领会到位。有敬业精神	单人考核	10
		团队协作	服从工作安排,协调意识强,与小组其他成员配合好,否则将酌情扣分	小组考核	10
2	岗位专业技能	用具准备	能够根据检测需求,自主准备好相关器具,确保无菌操作。保证操作过程完整连贯。否则将酌情扣分	单人考核	10
		样品处理	正确地称量、吸取、稀释样品,操作熟练,确保无菌操作,减少外界污染。否则将酌情扣分。	单人考核	20
		结果计数与数据处理	能够根据检测结果选择不同的计数方法和数据计算方法,正确地进行数据修约。所填数据与实际不符的将酌情扣分	单人考核	20
		报告填写	综合防治方案贴合实际,符合绿色无公害的原则,可操作性强。否则将酌情扣分	单人考核	10
3	职业方法与能力	方法能力	善于思考,主动思考,勤于思考。独立分析和解决问题的能力强,能够主动、准确地表达自己的想法	单人考核	5
		工作过程	积极主动地参与任务工作过程,规范、认真。工作任务记录完整,语言简洁,字迹工整	小组考核	5
		训练与总结	积极准确地完成作业单,及时上交报告,有个人见解。能够自主利用网上平台开展学习与训练。善于反思,勤于反馈,积极总结经验教训	单人考核	10
	合计				100

【师徒共研】

1. 平板中菌落成团或成线的原因是什么?

样品未经均质及充分振摇。因为有些孢子是连成串的,故应均质,并振摇使其充分散开。在做各梯度连续稀释时,还须用灭菌吸管反复吹吸几次,使孢子充分散开,以保证呈单个分散菌落生长,便于观察和计数。

2. 检测后,菌落不生长或生长缓慢的原因有哪些?

可能的原因有以下两个:

(1)培养基不适宜或 pH 低等,可使菌落生长较慢。霉菌检测中常用的培养基有孟加拉红琼脂、马铃薯葡萄糖琼脂、察氏琼脂、高盐察氏琼脂等,配制培养基时须严格按照培养基配制要求，调节好 pH，以利于霉菌的分离和计数。

(2)培养时间短，菌落生长不充分。真菌生长较慢，故需 25～28℃培养，3 d 后才能观察出结果。每天都要观察结果。

3. 涂布法和倾注接种法有何区别？

涂布法利于观察，但由于涂布棒上会带有少量的菌液，因此会影响计数的准确性。倾注法更为准确，但不利于观察菌落的状态。

4. 配制培养基时应注意哪些问题？

(1)要严格控制灭菌温度，按照要求灭菌，尤其含糖量较高的培养基的灭菌温度不应太高，过高会导致糖分焦化，影响质量；

(2)琼脂培养基不能反复熔化，反复熔化会破坏培养基中的营养成分；

(3)培养基不能反复灭菌，反复灭菌也会破坏营养成分；

(4)含琼脂的培养基灭菌后，须摇匀。

5. 不同稀释度计数结果相同的原因有哪些？

稀释时未经反复振摇、吹吸，导致孢子未充分散开，影响了计数的结果。

6. 霉菌和酵母菌检测结果不准确的原因是什么？

食品中常见的霉菌包括毛霉属、根霉属、曲霉属、青霉属等，空气中霉菌孢子的含量很高，所以易被携带。因此，检测时操作人员应尽量避免自身携带，导致检测结果不准确。

7. 霉菌检测中，PDA 和孟加拉红培养基的培养效果一样吗？有没有哪种更适合哪一类？

在 PDA 中添加氯霉素可以抑制细菌生长。孟加拉红培养基中的氯霉素不仅可以抑制细菌生长，而且能够抑制繁殖较快的霉菌菌落的大小和高度。此外，孟加拉红可作为着色剂，便于菌落观察。

8. 同一个样品，菌落总数约 50 CFU/mL，但霉菌酵母计数高达 500 CFU/mL，这样的数据可靠吗？

菌落总数是指一群在平板计数琼脂上生长发育的嗜中温需氧或兼性厌氧菌的菌落总数，可能包括在此条件下生长的霉菌和酵母。但是，检出的菌落总数比霉菌和酵母少得多也是可能的。可能样品中霉菌和酵母确实很多，而平板计数琼脂的 pH、营养成分及培养温度并不适合检测样品中的霉菌和酵母的生长。另外，这与培养条件也有一定的关系。

【知识链接】

霉菌的认知

霉菌是丝状真菌的统称。霉菌不是分类学的名词，在分类上属于真菌门的各个亚门。构成霉菌体的基本单位称为菌丝，呈长管状，宽度为 2～10 μm，无隔或有隔(图 6-3-2)。在固体基质上生长时，部分菌丝深入基质吸收养料，称为基质菌丝或营养菌丝；向空中伸展的称为气生菌丝，可进一步发育为繁殖菌丝，产生孢子。大量菌丝交织成绒毛状、絮状或网状等，称为菌丝体。菌丝体常呈白色、褐色、灰色，或呈鲜艳的颜色(菌落为白色毛状的是毛霉，绿色的为青霉，黄色的为黄曲霉)，有的可产生色素使基质着色。肉眼可见的绒毛状、絮状或网状的菌落，即是霉菌。霉菌繁殖迅速，常造成食品大面积霉腐变质，但许多有益种类已被广泛应用，是人类实践活动中最早利用和认识的一类微生物。

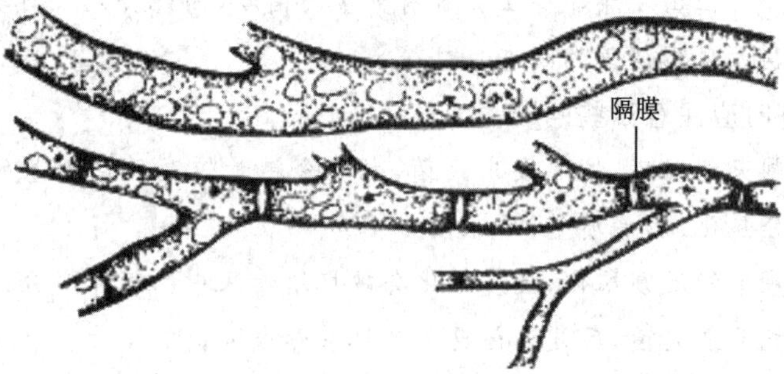

图 6-3-2　霉菌的菌丝

1　霉菌的生长特性

霉菌能在 pH 为 3.0～8.5 的环境中生长，但多数霉菌和酵母菌一样，喜欢酸性环境，最适 pH 为 6.0～6.5。霉菌的生长一般都需要氧气，分生孢子的形成和菌丝体的生长都需要氧。多数霉菌的最适生长温度是 20～30℃。霉菌对干燥的耐受性比细菌强，霉菌能从潮湿的空气中吸收水分，故能在含水量很低的物质上生长。有些霉菌还能耐受高渗透压的糖和盐溶液。

影响霉菌生长繁殖及其产毒力的因素很多，与食品关系密切的有水分、温度、基质、通风等条件。因此，控制这些条件，可以对食品中霉菌的分布及其产毒力造成很大的影响。

1.1　水分

霉菌的生长繁殖需要一定的水分。一般来说，米麦类含水量在 14%以下、大豆类在 11%以下、干菜和干果类在 30%以下时，微生物较难生长。食品的水分活度(water activity, A_w)越接近于 1，微生物越容易生长繁殖。食品的 A_w 为 0.98 时，微生物最易生长繁殖；当 A_w 降至 0.93 以下时，微生物的繁殖受到抑制，但霉菌仍能生长；当 A_w 在 0.7 以下时，霉菌的繁殖受到抑制，产毒霉菌难以繁殖。

1.2　温度

温度对霉菌的繁殖及产毒力均有重要的影响，不同种类的霉菌其最适温度不一样。大多数霉菌的最适宜繁殖温度为 25～30℃，在 0℃以下或 30℃以上，不能产毒或产毒能力减弱。如黄曲霉的最低繁殖温度范围是 6～8℃，最高繁殖温度为 44～46℃，最适生长温度为 37℃左右。但产毒温度则不一样，略低于生长最适温度，如黄曲霉的最适产毒温度为 28～32℃。

1.3 食品基质

与其他微生物生长繁殖所需的条件一样，霉菌在不同的食品基质上的生长情况是不同的。一般地，营养丰富的食品滋生霉菌的可能性大，天然基质比人工培养基更易产毒。实验证实，同一霉菌菌株在相同培养条件下，以富含糖类的小麦、米为基质的比以油料为基质的产黄曲霉毒素多。另外，缓慢通风较快速风干易使霉菌繁殖、产毒。

1.4 霉菌种类

不同种类的霉菌的生长繁殖速度和产毒能力不同。霉菌毒素中毒性较强的有黄曲霉毒素、赭曲霉毒素、黄绿青霉素、红色青霉毒素及青霉酸。已知有5种毒素可引起动物患癌，它们是黄曲霉毒素、黄天精、环氯素、杂色曲霉素和展青霉素。

2 霉菌的危害

有些霉菌可作为发酵菌剂供制作食品用，有些霉菌可引起食品变质败坏。一些酸性高的，含水分低的，或含有高盐或高糖的食品发生变质，往往是由霉菌引起的。即使这些食品贮藏于一般低温的环境中，霉变也会发生。有时，一些食品经照射处理后，已不利于细菌的繁殖，但这并不影响霉菌的生长繁殖。

有些霉菌的有毒代谢产物会引起各种急性和慢性中毒，有些霉菌毒素具有强烈的致癌、致畸、致突变作用，一次大量或长期少量摄入，均能诱发癌症。因此，对食品中的霉菌进行检测，在食品卫生学上具有重要的意义。

霉菌毒素可以使人和畜禽的神经和内分泌紊乱、抑制免疫、损伤肝肾、阻碍繁殖等。鸡天生对霉菌毒素敏感，饲料中含有较低的毒素就会造成鸡群大量死亡。霉菌毒素对蛋鸡的影响集中表现在：卵巢和输卵管萎缩，产蛋量下降，产畸形蛋；采食量减少，生产性能下降，饲料报酬降低；种蛋的孵化率降低。不同霉菌毒素对蛋鸡造成的危害不同。已知的对蛋鸡影响及毒害作用较大的霉菌毒素有麦角毒素、单端孢霉毒素、腐马素毒素、玉米赤霉烯酮、黄曲霉毒素、赭曲霉毒素等。

2.1 麦角毒素

麦角毒素是由谷物中的麦角属真菌分泌的，其化学本质是菌核内的众多生物碱组成的化学基团。在这些化学基团中，有的生物碱侵害神经系统，引起痉挛和感觉神经紊乱；有的侵害血管系统，引起血管收缩和肢体坏疽；有的侵害内分泌系统，影响垂体前叶神经内分泌的调控。因此，麦角中毒以血管、神经和内分泌紊乱为特征，产蛋鸡麦角中毒表现为饲料采食量减少、产蛋率下降、排稀粪等。

2.2 单端孢霉毒素

包括镰刀菌属在内的多属霉菌均可产生单端孢霉毒素。研究表明，在发现的100多种单端孢霉毒素中，近一半是由镰刀菌属产生的。该毒素的致毒机理是破坏结构性脂质，抑制蛋白质合成和DNA合成。蛋鸡采食该类毒素污染的饲料后，几天时间内，产蛋量迅速下降，蛋壳变薄，病鸡口腔黏膜溃烂形成黄色疥痂；剖检可见肝呈棕黄色、易碎，肾肿胀，输卵管内尿酸盐沉积，嗉囊有局部溃疡，肌胃壁增厚。

2.3 腐马素毒素

该毒素由串珠镰刀菌分泌，其致毒机理是破坏鞘脂类的合成。蛋鸡的中毒症状表现为拉稀、排黑色黏性粪便，采食减少，体重减轻，肢体残废，死亡率增加。体外实验证明，腐马素毒素对巨噬细胞和淋巴细胞有毒害作用，可降低免疫细胞的杀菌活性。

2.4 玉米赤霉烯酮

玉米赤霉烯酮主要由禾谷镰刀菌产生，粉红镰刀菌、三线镰刀菌等多种镰刀菌也能产生这种毒素。玉米赤霉烯酮是一种取代的2,4-二羟基苯甲酸内酯，有包括玉米赤霉醇在内的7种衍生物，是一种对鸡有很强毒性的植物性雌激素。蛋鸡中毒的临床表现为鸡冠肿大，卵巢萎缩，产蛋率下降，有的出现腹水症。

2.5 黄曲霉毒素

黄曲霉毒素是高毒性和高致癌性毒素，是黄曲霉和寄生曲霉的代谢产物。特曲霉也能产生黄曲霉毒素，但产量较少。黄曲霉毒素是一类基本结构含有二呋喃环和香豆素的化合物。它与细胞核和线粒体DNA结合，造成蛋白质合成受损，干扰肝肾功能，抑制免疫系统。蛋鸡中毒的临床表现为食欲不振，产蛋率下降，死亡率增加；剖检可见肝肾肿大苍白，皮下出血，心包积水，胆囊扩张，卡他性肠炎；镜检可见肝部脂肪变性，胆管增生。

2.6 赭曲霉毒素

赭曲霉毒素是由赭曲霉和纯绿青霉产生的一种肾毒素，是对家禽最毒的霉菌毒素。赭曲霉毒素中毒可以引起原发性肾病，也可影响免疫器官和造血功能。剖检可见肝、胰、肾苍白，肾肿胀，输尿管有白色尿酸盐沉积。被赭曲霉毒素污染的饲料适口性差，蛋鸡会因厌食而体重下降，产蛋量及品质下降。对种蛋，赭曲霉毒素中毒会造成畸形胚增加。

3 食品如何防霉

3.1 土法防霉

在100 kg的大米中放1 kg海带，可有效杀灭害虫、抑制霉菌。虽然防霉变的方法很多，但消除霉菌毒素的危害是有限的。因此，对一些已霉变的食品，不要吝惜，一定要及时丢掉，切忌持侥幸心理食用。

3.2 低氧保藏防霉

霉菌多属于需氧微生物，生长繁殖需要氧气，所以瓶（罐）装食品在灭菌后，充以氮气或二氧化碳，加入脱氧剂，将食物夯实，进行脱气处理或加入油封等，都可以形成缺氧环境，防止大多数霉菌繁殖。例如，在装酱油的瓶子里滴一层熟豆油或麻油，使酱油与空气隔绝，可防止霉菌繁殖生长；用棉签蘸取少许菜油或香油，均匀地涂抹在香肠、肉类腌制食品表面，即可防霉变；往醋瓶内加入少许芝麻油或熟花生油，使醋与空气隔绝，可防止长白膜；将干香菇、木耳、笋干、虾米等干货置于密封的容器内保存，可以有效地防止霉变。

3.3 低温防霉

肉类食品在0℃的低温下，可以保存20 d。将年糕完全浸泡在装有水的瓷缸内，水温保持在10℃以下，即可防霉变。

3.4 加热杀菌防霉

加热至80℃，持续20 min，即可杀灭大多数霉菌。霉菌的抗射线能力较弱，可用放射性同位素放出的射线杀灭霉菌。但黄曲霉毒素耐高温，巴氏消毒(80℃)不能破坏其毒性。

任务四 食品中沙门氏菌检测

【任务要求】

1. 掌握食品中沙门氏菌的检测方法。
2. 能够对食品中沙门氏菌的检测结果做出准确、规范的报告。

【参考标准】

中华人民共和国国家标准GB 4789.4—2016《食品微生物学检验　沙门氏菌检验》。

【检测流程】

样品前处理→取样→稀释→培养→菌落计数→结果计算→检测报告填写。

【任务实施】

1 用品准备

1.1 设备和材料

(1)冰箱：2～5℃；

(2)恒温培养箱：36℃±1℃，42℃±1℃；

(3)均质器；

(4)振荡器；

(5)电子天平：感量 0.1 g；

(6)无菌锥形瓶：容量 500 mL，250 mL；

(7)无菌吸管：1 mL(具 0.01 mL 刻度)、10 mL(具 0.1 mL 刻度)；

(8)无菌培养皿：直径 90 mm；

(9)无菌试管：3 mm×50 mm，10 mm×75 mm；

(10)无菌毛细管；

(11)微量移液器及吸头：1.0 mL；

(12)pH 计或 pH 比色管或精密 pH 试纸；

(13)全自动微生物生化鉴定系统。

1.2 培养基和试剂

(1)缓冲蛋白胨水(BPW)：见附录 A.14；

(2)四硫黄酸钠煌绿(TTB)增菌液：见附录 A.15；

(3)亚硒酸盐胱氨酸(SC)增菌液：见附录 A.16；

(4)亚硫酸铋(BS)琼脂：见附录 A.17；

(5)HE 琼脂：见附录 A.18；

(6)木糖赖氨酸脱氧胆盐(XLD)琼脂：见附录 A.19；

(7)沙门氏菌属显色培养基；

(8)三糖铁(TSI)琼脂：见附录 A.20；

(9)蛋白胨水、靛基质试剂：见附录 A.21；

(10)尿素琼脂(pH 7.2)：见附录 A.22；

(11)氰化钾(KCN)培养基：见附录 A.23；

(12)赖氨酸脱羧酶试验培养基：见附录 A.24；

(13)糖发酵管：见附录 A.25；

(14)邻硝基酚 *β-D* 半乳糖苷(ONPG)培养基：见附录 A.26；

(15)半固体琼脂：见附录 A.27；

(16)丙二酸钠培养基：见附录 A.28；

(17)沙门氏菌 O、H 和 Vi 诊断血清；

(18)生化鉴定试剂盒。

2 检测程序

沙门氏菌检测程序如图 6-4-1 所示。

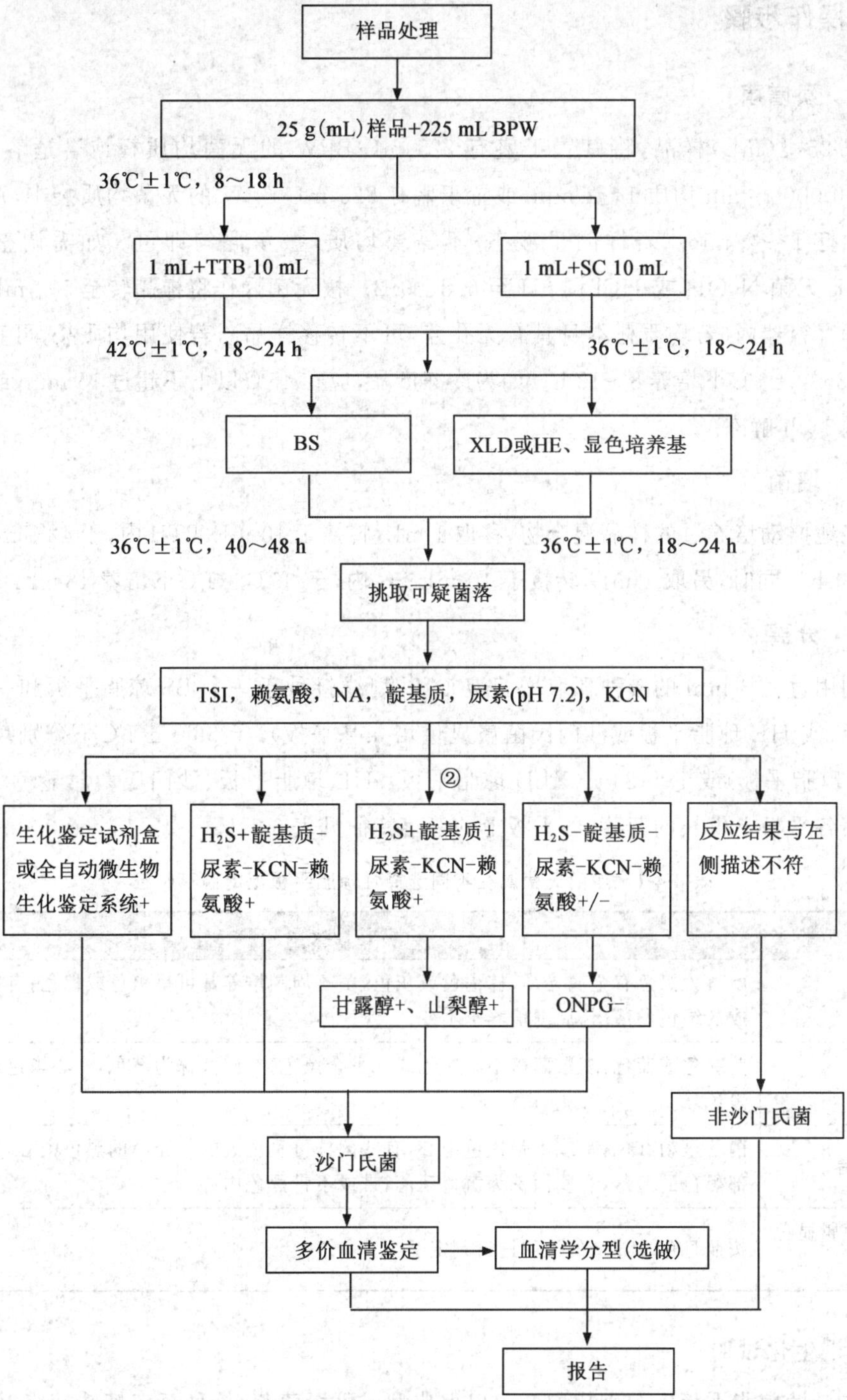

图 6-4-1 沙门氏菌检测程序

注：＋表示阳性；－表示阴性；＋/－表示阳性或阴性。

3 操作步骤

3.1 预增菌

称取 25 g(mL)样品，将其置于盛有 225 mL BPW 的无菌均质杯或合适容器内，以 8 000～10 000 r/min 均质 1～2 min，或置于盛有 225 mL BPW 的无菌均质袋中，用拍击式均质器拍打 1～2 min。若样品呈液态，不需要均质，振荡混匀即可。如需调整 pH，用 1 mol/mL 无菌 NaOH 或 HCl 调 pH 至 6.8±0.2。按无菌操作将样品转至 500 mL 锥形瓶或其他适宜容器内(若均质杯本身具有无孔盖，可不转移样品)，若使用均质袋，可直接进行培养，于 36℃±1℃下培养 8～18 h。如为冷冻产品，应在 45℃以下不超过 15 min，或 2～5℃下不超过 18 h 解冻。

3.2 增菌

轻轻地摇动培养过的样品混合物，移取 1 mL，转接于 10 mL TTB 内，于 42℃±1℃下培养 18～24 h。同时，另取 1 mL，转接于 10 mL SC 内，于 36℃±1℃下培养 18～24 h。

3.3 分离

分别用直径 3 mm 的接种环取增菌液 1 环，划线接种于一个 BS 琼脂平板和一个 XLD 琼脂平板(或 HE 琼脂平板或沙门氏菌属显色培养基平板)，于 36℃±1℃下分别培养 40～48 h(BS 琼脂平板)或 18～24 h(XLD 琼脂平板、HE 琼脂平板、沙门氏菌属显色培养基平板)，观察各平板上生长的菌落，各平板上的菌落特征见表 6-4-1。

表 6-4-1 沙门氏菌属在不同选择性琼脂平板上的菌落特征

选择性琼脂平板	沙门氏菌
BS 琼脂	菌落为黑色有金属光泽、棕褐色或灰色，菌落周围培养基可呈黑色或棕色；有些菌株形成灰绿色的菌落，周围培养基不变
HE 琼脂	蓝绿色或蓝色，多数菌落中心黑色或几乎全黑色；有些菌株为黄色，中心黑色或几乎全黑色
XLD 琼脂	菌落呈粉红色，带或不带黑色中心，有些菌株可呈现大的带光泽的黑色中心，或呈现全部黑色的菌落；有些菌株为黄色菌落，带或不带黑色中心
沙门氏菌属显色培养基	按照显色培养基的说明进行判定

3.4 生化试验

从选择性琼脂平板上分别挑取 2 个以上典型或可疑菌落，接种至三糖铁琼脂，先在斜面划线，再于底层穿刺；勿灼烧接种针，直接接种赖氨酸脱羧酶试验培养基和营养琼脂平板，于 36℃±1℃下培养 18～24 h，必要时可延长至 48 h。在三糖铁琼脂和赖氨酸脱羧酶试验培养基内，沙门氏菌属的反应结果见表 6-4-2。

表 6-4-2 沙门氏菌属在三糖铁琼脂和赖氨酸脱羧酶试验培养基内的反应结果

三糖铁琼脂				赖氨酸脱羧酶试验培养基	初步判断
斜面	底层	产气	硫化氢		
K	A	+(−)	+(−)	+	可疑沙门氏菌属
K	A	+(−)	+(−)	−	可疑沙门氏菌属
A	A	+(−)	+(−)	+	可疑沙门氏菌属
A	A	+/−	+/−	−	非沙门氏菌
K	K	+/−	+/−	+/−	非沙门氏菌

注：K 表示产碱，A 表示产酸；+表示阳性，−表示阴性；+(−)表示多数阳性，少数阴性；+/−表示阳性或阴性。

接种三糖铁琼脂和赖氨酸脱羧酶试验培养基的同时，可直接接种蛋白胨水(供做靛基质试验)、尿素琼脂(pH 7.2)、氰化钾(KCN)培养基，也可在初步判断结果后从营养琼脂平板上挑取可疑菌落接种。于 36℃±1℃下培养 18～24 h，必要时可延长至 48 h，按表 6-4-3 判定结果。将已挑菌落的平板存储于 2～5℃或室温下至少保留 24 h，以备必要时复查。

表 6-4-3 沙门氏菌属生化反应初步鉴别表

反应序号	硫化氢(H_2S)	靛基质	pH 7.2 尿素	氰化钾(KCN)	赖氨酸脱羧酶
A1	+	−	−	−	+
A2	+	+	−	−	+
A3	−	−	−	−	+/−

注：+表示阳性；−表示阴性；+/−表示阳性或阴性。

(1)反应序号 A1：典型反应判定为沙门氏菌属。如尿素、KCN 和赖氨酸脱羧酶 3 项中有 1 项异常，按表 6-4-4 可判定为沙门氏菌。如有 2 项异常为非沙门氏菌。

表 6-4-4 沙门氏菌属生化反应初步鉴别表

pH 7.2 尿素	氰化钾(KCN)	赖氨酸脱羧酶	判定结果
−	−	−	甲型副伤寒沙门氏菌(要求血清学鉴定结果)
−	+	+	沙门氏菌Ⅳ或Ⅴ(要求符合本群生化特性)
+	−	+	沙门氏菌个别变体(要求血清学鉴定结果)

注：+表示阳性；−表示阴性。

(2)反应序号 A2：补做甘露醇和山梨醇试验，沙门氏菌靛基质阳性变体两项试验结果均为阳性，但需要结合血清学鉴定结果进行判定。

(3)反应序号 A3：补做 ONPG 试验。ONPG 阴性为沙门氏菌，同时赖氨酸脱羧酶阳性，甲型副伤寒沙门氏菌为赖氨酸脱羧酶阴性。

必要时按表 6-4-5 进行沙门氏菌生化群的鉴别。

表 6-4-5 沙门氏菌属各生化群的鉴别

项目	Ⅰ	Ⅱ	Ⅲ	Ⅳ	Ⅴ	Ⅵ
卫矛醇	+	+	−	−	+	−
山梨醇	+	+	+	+	+	−
水杨苷	−	−	−	+	−	−
ONPG	−	−	+	−	+	−
丙二酸盐	−	+	+	−	−	−
KCN	−	−	−	+	+	−

注：+表示阳性；−表示阴性。

如选择生化鉴定试剂盒或全自动微生物生化鉴定系统，可根据初步判断结果，从营养琼脂平板上挑取可疑菌落，用生理盐水将其制备成浊度适当的菌悬液，使用生化鉴定试剂盒或全自动微生物生化鉴定系统进行鉴定。

3.5 血清学鉴定

3.5.1 检查培养物有无自凝性

一般采用1.2%～1.5%琼脂培养物作为玻片凝集试验用的抗原。首先排除自凝集反应，在洁净的玻片上滴加一滴生理盐水，将待查培养物混合于生理盐水滴内，使之成为均匀的浑浊悬液，轻轻地摇动玻片30～60 s，在黑色背景下观察反应（必要时用放大镜观察），若出现可见的菌体凝集，即认为该培养物有自凝性，反之无自凝性。无自凝性的培养物可参照以下方法进行血清学鉴定。

3.5.2 多价菌体抗原(O)鉴定

在玻片上划出2个约1 cm×2 cm的区域，挑取1环待测菌，分别放1/2环于玻片上的两个区域上部，在其中一个区域下部加1滴多价菌体(O)抗血清，在另一区域下部加1滴生理盐水，作为对照。再用无菌的接种环或接种针分别将两个区域内的菌苔研成乳状液。倾斜摇动玻片，混合1 min，然后对着黑暗背景进行观察，任何程度的凝集现象皆可视为阳性反应。O血清不凝集时，将菌株接种在琼脂量较高的（如2%～3%）培养基上再检查；如果是Vi抗原阻止了O凝集反应，可挑取菌苔于1 mL生理盐水中制成浓菌液，于酒精灯火焰上煮沸后再检查。

3.5.3 多价鞭毛抗原(H)鉴定

操作同3.5.2。H抗原发育不良时，将菌株接种在0.55%～0.65%半固体琼脂平板的中央，待菌落蔓延生长时，在其边缘部分取菌检查，或将菌株接种至装有0.3%～0.4%半固体琼脂的小玻管中1～2次，自远端取菌培养后再检查。

3.6 血清学分型(选做项目)

3.6.1 O抗原的鉴定

用A～F多价O血清做玻片凝集试验，同时用生理盐水做对照。在生理盐水中自凝者为粗糙型菌株，不能分型。

被A～F多价O血清凝集者，依次用O4、O3、O10、O7、O8、O9、O2和O11因子血清做凝集试验。根据试验结果，判定O群。被O3、O10血清凝集的菌株，再用O10、O15、O34、O19单因子血清做凝集试验，判定E1、E4各亚群，每一个O抗原成分的最后确定均应根据O单因子血清的检查结果，没有O单因子血清的须用两个O复合因子血清进行核对。

不被A～F多价O血清凝集者，先用9种多价O血清检查，如有其中一种血清凝集，则用这种血清所包括的O群血清逐一检查，以确定O群。每种多价O血清所包括的O因子如下：

O多价1　A，B，C，D，E，F群（并包括6，14群）

O多价2　13，16，17，18，21群

O多价3　28，30，35，38，39群

O多价4　40，41，42，43群

O多价5　44，45，47，48群

O多价6　50，51，52，53群

O多价7　55，56，57，58群

O多价8　59，60，61，62群

O多价9　63，65，66，67群

3.6.2 H抗原的鉴定

属于A～F各O群的常见菌型，依次用表6-4-6所述H因子血清检查第1相和第2相的H抗原。

表6-4-6 A～F群常见菌型H抗原表

O群	第1相	第2相
A	a	无
B	g,f,s	无
B	i,b,d	2
C1	k,v,r,c	5,z15
C2	b,d,r	2,5
D(不产气的)	d	无
D(产气的)	g,m,p,q	无
E1	h,v	6,w,x
E4	g,s,t	无
E4	i	

不常见的菌型，先用8种多价H血清检查，如有其中一种或两种血清凝集，再用这一种或两种血清所包括的各种H因子血清逐一检查。8种多价H血清所包括的H因子如下：

H多价1　a,b,c,d,i

H多价2　eh,enx,enz_{15},fg,gms,gpu,gp,gq,mt,gz_{51}

H 多价 3　k,r,y,z,z_{10},lv,lw,lz_{13},lz_{28},lz_{40}

H 多价 4　1,2;1,5;1,6;1,7;z_6

H 多价 5　z_4z_{23},z_4z_{24},z_4z_{32},z_{29},z_{35},z_{36},z_{38}

H 多价 6　z_{39},z_{41},z_{42},z_{44}

H 多价 7　z_{52},z_{53},z_{54},z_{55}

H 多价 8　z_{56},z_{57},z_{60},z_{61},z_{62}

每一个 H 抗原成分的最后确定均应根据 H 单因子血清的检查结果，没有 H 单因子血清的须用两个 H 复合因子血清进行核对。检出第 1 相 H 抗原而未检出第 2 相 H 抗原的或检出第 2 相 H 抗原而未检出第 1 相 H 抗原的，可在琼脂斜面上移种 1～2 代后再检查。如仍只检出一个相的 H 抗原，须用位相变异的方法检查其另一个相。单相菌不必做位相变异检查。位相变异试验方法如下。

(1)简易平板法：将 0.35%～0.40%半固体琼脂平板表面水分烘干，挑取因子血清 1 环，滴在半固体平板表面，放置片刻，待血清渗入琼脂内，在血清部位的中央点种待检菌株，培养后，在蔓延生长的菌苔的边缘取菌检查。

(2)小玻管法：将半固体琼脂(每管 1～2 mL)在酒精灯上熔化并冷却至 50℃，取已知相的 H 因子血清 0.05～0.10 mL，加入已冷却的半固体琼脂内，混匀后，用毛细吸管吸取、分装于供位相变异试验的小玻管内，待凝固后，用接种针挑取待检菌，接种于一端。将小玻管平放在培养皿内，并在其旁放一团湿棉花，以防琼脂中水分蒸发而干缩，每天检查结果，待另一相细菌解离后，方可从另一端挑取细菌进行检查。培养基内血清的浓度应适当，过高时细菌不能生长，过低时同一相细菌的动力不能抑制。一般按原血清(1∶200)～(1∶800)的量加入。

(3)小倒管法：将两端开口的小玻管(下端开口不平齐)放在半固体管内，小玻管的上端应高出培养基的表面，灭菌后备用。临用时在酒精灯上加热熔化，冷却至 50℃，挑取因子血清 1 环，加入小套管中的半固体琼脂内，略加搅动，使其混匀，待凝固后，将待检菌株接种于小套管中的半固体琼脂表层内，每天检查结果，待另一相细菌解离后，可从套管外的半固体琼脂表面取菌检查，或转种 1%软琼脂斜面，于 36℃下培养后再做凝集试验。

3.6.3　Vi 抗原的鉴定

用 Vi 因子血清检查。已知具有 Vi 抗原的菌型有：伤寒沙门氏菌、丙型副伤寒沙门氏菌、都柏林沙门氏菌。

3.6.4　菌型的判定

根据血清学分型鉴定的结果，按照有关沙门氏菌属抗原表判定菌型。

4　结果与报告

综合以上生化试验和血清学鉴定的结果，报告 25 g(mL)样品中检出或未检出沙门氏菌。

【任务评价】

表 6-4-7 沙门氏菌检测任务考核参考标准

序号	考核项目	考核内容	考核标准	考核方法	标准分值
1	职业基本素质	学习工作态度	态度端正,积极主动,工作认真。参与意识强,不请假,不懈怠,全勤,否则将酌情扣分。任务领会到位。有敬业精神	单人考核	10
		团队协作	服从工作安排,协调意识强,与小组其他成员配合好,否则将酌情扣分	小组考核	10
2	岗位专业技能	用具准备	能够根据检测需求,自主准备好相关器具,确保无菌操作。保证操作过程完整连贯。否则将酌情扣分	单人考核	10
		样品处理	正确地称量、吸取、稀释样品,操作熟练,确保无菌操作,减少外界污染。否则将酌情扣分	单人考核	10
		增菌、分离、生化试验、血清学鉴定	正确地进行增菌、分离,生化鉴定操作准确,血清学鉴定正确无误。操作有误的将酌情扣分	单人考核	30
		报告填写	能够根据检测过程正确地填写实验相关数据,数据处理正确。否则将酌情扣分	单人考核	10
3	职业方法与能力	方法能力	善于思考,主动思考,勤于思考。独立分析和解决问题的能力强,能够主动、准确地表达自己的想法	单人考核	5
		工作过程	积极主动地参与任务工作过程,规范、认真。工作任务记录完整,语言简洁,字迹工整	小组考核	5
		训练与总结	积极准确地完成作业单,及时上交报告,有个人见解。能够自主利用网上平台开展学习与训练。善于反思,勤于反馈,积极总结经验教训	单人考核	10
	合计				100

【师徒共研】

1. 沙门氏菌判定时,以生化试验结果为主还是以血清学试验结果为主?

判定时应该以生化试验结果为主,在生化试验的基础上进行血清学判定。有的试验人员会直接用多价血清进行试验,不进行生化试验,这是绝对不可取的。因为血清学的原理是抗原抗体结合,非沙门氏菌的微生物也可能带有类似抗原。所以做沙门氏菌鉴定时,必须先进行生化试验,在生化试验的基础上进行血清学鉴定。

2. 血清学试验须做到什么程度?

如果只需要鉴定某个菌株是否属于沙门氏菌,做 O 多价和 H 多价血清即可。如果需要鉴定某个菌株具体是什么沙门氏菌,比如是否为鼠伤寒沙门氏菌或是否为肠炎沙门氏菌,则需要进行血清学分型试验,从多价血清一直做到O抗原和H抗原的单因子,然后参照GB 4789.4—2016沙门氏菌检验标准中附录B的表格查找对应的沙门氏菌名。

3.O多价血清不凝集,就一定是O抗原阴性吗?

在做O多价血清时,如果没有凝集则不能直接判定为阴性,因为还须考虑Vi抗原的影响。Vi抗原属于K抗原群,会阻隔O抗原和相应抗体的结合,所以有Vi抗原时,O多价血清是不会凝集的。GB 4789.4—2016沙门氏菌检验标准中提到已知具有Vi抗原的菌型有伤寒沙门氏菌、丙型副伤寒沙门氏菌和都柏林沙门氏菌。因此,必须排除Vi抗原的影响。具体方法是:将待检菌制成浓菌液,放入100℃沸水中煮沸15～60 min(目的是破坏Vi抗原),然后再挑取菌液做O多价血清鉴定。如果仍不凝集,才能判定为阴性。

4.检测时必须做前增菌和二次增菌吗?

前增菌和二次增菌都是必不可少的过程。食品中的沙门氏菌含量一般都很少并且会有多种细菌同时存在的情况,前增菌可以使受伤菌得到修复而二次增菌可以抑制一些杂菌的生长,所以用前增菌和二次增菌分别进行筛选和培养,可以增加后期分离培养的检出率。

5.分离培养时,如何检验非典型的沙门氏菌菌落?

分离培养中应注意,当不存在典型的或可疑的沙门氏菌菌落时,按如下步骤检验非典型的沙门氏菌菌落。

HE和XLD:非典型的沙门氏菌在HE和XLD琼脂平板上长成黄色菌落,带或不带黑色中心。HE和XLD平板经24 h±2 h培养后,没有典型的沙门氏菌菌落,则挑取2个或多个非典型的沙门氏菌菌落。

BS琼脂:某些非典型菌株在BS琼脂平板上产生绿色菌落,菌落周围培养基稍呈或不呈暗色。如果BS平板培养24 h±2 h后,没有出现典型菌落,则继续培养24 h±2 h。如果经48 h±2 h培养后,仍没有典型或可疑菌落出现,则挑取2个或多个非典型的菌落。

6.可以只用一种培养基筛选沙门氏菌吗?

目前没有任何一种培养基能准确无误的筛选出沙门氏菌,因此必须选择多种选择性培养基同时进行筛选。

显色培养基只是综合选择性更强,实验人员不能只在选择性培养基和TSI特征符合而没有进行关键的生化反应和血清学鉴定的情况下报告结果,这种做法很可能导致结果假阳性。

7.是否所有沙门氏菌均有致病力?

目前,所有已知沙门氏菌对人、动物均有致病力。

8.是否所有沙门氏菌均能产生硫化氢?

绝大多数沙门氏菌是硫化氢阳性,但也有例外,如甲型副伤寒、猪伤寒等沙门氏菌为硫化氢阴性。

9.为什么在没有典型菌落时仍要挑取非典型菌落进行鉴定?

根据经验,有3%～5%的沙门氏菌在选择性分离平板上长成非典型性菌落。

10. 是否所有沙门氏菌都有动力？

不是所有的沙门氏菌都有动力，有少量的沙门氏菌缺失鞭毛，在半固体琼脂上不能蔓延生长。

11. 用于菌种保藏的 50%甘油-BHI 肉汤应如何配制和使用？

取 BHI 肉汤干粉，按说明书加入 1/2 体积的水，彻底溶解后，再加入等体积的甘油，混匀，分装于 2 mL 菌种冻存管中(1.5 mL/管)，121℃高压灭菌 15 min，冷却后于－20℃下储存备用。使用时，从－20℃冰箱中取出 BHI 肉汤冻存管，恢复至室温，用无菌棉签从营养琼脂平板上刮取已鉴定完成的沙门氏菌，放入 50%甘油-BHI 肉汤中，混匀，用防冻记号笔标识清晰，于－80℃下长期保存备查。

12. 如果在前增液中或选择增菌结束后，肉汤中未见微生物生长，是否可以终止实验？

不可以。因为肉眼可见的细菌浓度为 10^7 CFU/mL，此浓度以下的菌生长，仅用肉眼难以发现。

【知识链接】

沙门氏菌的认知

沙门氏菌属是一群形态和培养特性都类似的肠杆菌科中的一个大属，也是肠杆菌科中最重要的病原菌属，它包括近 2 000 个血清型。沙门氏菌病是指由各种类型沙门氏菌所引起的对人类、家畜以及野生禽兽不同形式的疾病的总称。感染沙门氏菌的人和带菌者的粪便可污染食品。沙门氏菌病常在动物中广泛传播，人感染沙门氏菌和带菌也非常普遍。动物的生前感染和食品受到污染，均可使人发生食物中毒。在世界各地的食物中毒中，沙门氏菌食物中毒居前列。沙门氏菌常作为进出口食品和其他食品的致病菌指标。因此，检查食品中的沙门氏菌极为重要。

1　生物学特性

1.1　形态特征

沙门氏菌是一种革兰氏染色阴性直杆菌，两端钝圆较为细长，大小为(1～3)μm×(0.4～0.9)μm，不产芽孢，一般无荚膜，黏液状变异时可见菌体黏液层增厚。除鸡白痢和鸡伤寒沙门氏菌外，都具有周身鞭毛，能运动，偶尔也出现无鞭毛不运动的变异株。

1.2　培养特性

为需氧或兼性厌氧菌。最适繁殖温度为 37℃。适宜 pH 为 6.8～7.8。对营养要求不高，在普通培养基上能生长良好。

普通琼脂：培养 24 h 后，形成中等大小、圆形或近似圆形、表面光滑、无色半透明、边缘整齐的菌落。

远藤氏琼脂：由于不分解乳糖，生长的菌落为淡红色或无色。

鉴别培养基(麦康凯、SS、伊红美蓝)：生长的菌落一般无色。

三糖铁琼脂斜面：斜面为红色，底部变黑并产气。

1.3 生化特性

沙门氏菌属有 2 000 个型，多数生化特性一致，生化特性对沙门氏菌属细菌的鉴别具有重要意义。

①发酵葡萄糖、麦芽糖、甘露醇、山梨酸产酸产气。

②不发酵乳糖、蔗糖、侧金盏花醇(大肠杆菌有的为阳性)。

③不产生吲哚，V-P 阴性。

④不水解尿素，对苯丙氨酸不脱氨。

伤寒沙门氏菌、鸡伤寒沙门氏菌及一部分鸡白痢沙门氏菌发酵糖不产气，大多数鸡白痢沙门氏菌不发酵麦芽糖；除鸡白痢沙门氏菌、猪伤寒沙门氏菌、甲型副伤寒沙门氏菌、伤寒沙门氏菌和仙台沙门氏菌等外，均能利用柠檬酸盐。

1.4 血清学特性

沙门氏菌具有复杂的抗原结构，一般沙门氏菌具有菌体(O)抗原、鞭毛(H)抗原和表面(Vi)抗原(荚膜或包膜抗原)3 种抗原。

1.4.1 O 抗原

O 抗原为脂多糖，性质稳定，能耐 100℃达数小时，不被乙醇或 0.1%石炭酸破坏。决定 O 抗原特异性的是脂多糖中的多糖侧链部分，以 1、2、3 等阿拉伯数字表示。例如，乙型副伤寒杆菌有 4、5、12 三个，鼠伤寒杆菌有 1、4、5、12 四个，猪霍乱杆菌有 6、7 两个。其中有些 O 抗原是几种菌所共有的，如 4、5 为乙型副伤寒杆菌和鼠伤寒杆菌共有。将具有共同 O 抗原的沙门氏菌归为一组，这样可将沙门氏菌属分为 a～z、O51～O63、O65～O67 共 42 组。我国已发现 26 个菌组、161 个血清型。使人类致病的沙门氏杆菌大多属于 a～e 组。O 抗原刺激机体主要产生 IgM 抗体。

1.4.2 H 抗原

H 抗原为蛋白质，对热不稳定，60℃处理 15 min 或乙醇处理可破坏它。具有鞭毛的细菌经甲醇固定后，其 O 抗原全部被 H 抗原遮盖，而不能与相应抗 O 抗体反应。H 抗原的特异性取决于多肽链上氨基酸的排列顺序和空间构型。

沙门氏菌的 H 抗原有两种，称为第 1 相和第 2 相。第 1 相特异性高，又称特异相，用 a、b、c 等表示，第 2 相特异性低，为数种沙门氏菌所共有，也称非特异相，用 1、2、3 等表示。具有第 1 相和第 2 相 H 抗原的细菌称为双相菌，仅有一相者称单相菌。每一组沙门氏菌根据 H 抗原不同，可进一步分种或型。H 抗原刺激机体主要产生 IgG 抗体。

1.4.3 Vi 抗原

表面抗原因与毒力有关而被命名为 Vi 抗原，由聚-N-乙酰-*D*-半乳糖胺糖醛酸组成，不稳定，经 60℃加热、石炭酸处理或人工传代培养后易被破坏或丢失。刚从患者标本中分离出的伤寒杆菌、丙型副伤寒杆菌等中有此抗原。Vi 抗原存在于细菌表面，可阻止 O 抗原与其相应抗体的反应。Vi 抗原的抗原性弱，当体内存在菌时可产生一定量抗体；当细菌被清除后，抗体随之消失。故测定 Vi 抗体有助于检出伤寒带菌者。

2 沙门氏菌的寄生环境及危害

2.1 沙门氏菌的寄生环境

沙门氏菌属的种类很多，其中最常见的引起食物中毒的沙门氏菌有鼠伤寒沙门氏菌、猪霍乱沙门氏菌、肠炎沙门氏菌等。这几种细菌在外环境中的生存能力较强，在水、牛乳及肉类食品中能生存几个月，其繁殖的最适温度为37℃。乳和乳制品中的沙门氏菌经巴氏消毒或煮沸后会迅速死亡。

沙门氏菌引起的人体食物中毒可由动物性食品特别是肉类(如病死牲畜肉、熟肉制品)引起，也可以由家禽、蛋类、奶类食品引起。

2.2 沙门氏菌的危害

感染沙门氏菌的人或带菌者的粪便污染食品，可使人发生食物中毒。沙门氏菌中毒的症状主要以急性肠胃炎为主，前期症状有恶心、头疼、全身乏力和发冷等，主要症状有呕吐、腹泻、腹疼，一般发热的温度在38～40℃之间，重病患者出现打寒战、惊厥、抽搐和昏迷的症状。老人、儿童和体弱者感染沙门氏菌中毒后如不及时进行急救处理，可能导致死亡。

我国的细菌性食物中毒有70%～80%是沙门氏菌引起的。全球每年有超过1亿人感染沙门氏菌，其中大多数人会在短期内自行恢复，但也有大约15.5万人死于沙门氏菌感染。

2.2.1 肠热型

感染初期患者自觉发热不适、全身疼痛，此后患者出现持续高热、相对脉缓、肝脾肿大现象，外周白细胞下降，皮肤出现玫瑰疹。严重者肠局部坏死和溃疡，有出血、穿孔等并发症。

2.2.2 急性胃肠炎型

潜伏期为12～24 h，患者突然恶心、呕吐、腹痛、腹泻、发热。如果细菌已产生毒素，可引起中枢神经系统症状，轻者出现体温升高、痉挛等现象，重者引起寒战、惊厥、抽搐与昏迷等不良反应。病程为3～7 d，愈后良好。

2.2.3 其他类型

其他类型包括霍乱型、类伤寒型、类感冒型、败血症型。

3 沙门氏菌的传播

3.1 食物传播

食物传播为引起人类沙门氏菌感染的主要途径。沙门氏菌在食物内可以大量繁殖，因此进食被病菌污染而未煮透的食品即可被感染。我国蛋及其制品沙门氏菌检出率为3.9%～43.7%，由于吃蛋引起的鼠伤寒病的病例报告有逐渐增加的趋势。食品在加工、运输、出售过程中往往被沙门氏菌污染。

3.2 水源传播

沙门氏菌通过动物和人的粪便污染水源，饮用此种污水可发生感染。供水系统被污染，也可引起流行。

3.3 接触传播

沙门氏菌可因与病人直接接触或通过染菌用具传播，也可以因老鼠、蟑螂等偷吃食品而污染环境造成感染。沙门氏菌在粪便、土壤、食品、水中可生存5个月至2年之久。

3.4 野生禽类传播

沙门氏菌的携带者野生禽类，如麻雀、喜鹊、斑鸠等，可传播病原体。新引进的种鸽也可携带病原体，从其粪便中可分离出病原体，饮水器皿、食槽、用具、鸽舍地面的污染等，均能将病原体传染给信鸽。

4 沙门氏菌的检测方法

4.1 传统检测法

用于沙门氏菌分析的传统方法通过对食物样品分步增菌，增加病原的可检出率，这种培养方法总体上可分为4个不同阶段或步骤。第一步(预增菌)，将样品接种到一种高营养、无选择性的培养基中，培养温度为37℃，使那些“致伤”的细菌复苏及使所有微生物生长。虽然缓冲蛋白胨水被建议常规使用(由于其可保持溶液pH稳定)，但研究人员对培养基的选择仍存有争论。第二步是选择性增菌步骤，它使沙门氏菌生长而使肉汤中同时存在的微生物数量减少，与预增菌培养基相似，研究人员对选择性培养基的选择，也存在许多不同的观点。目前使用的主要有如下3种类型：连四硫基盐肉汤、硒酸盐胱氨酸肉汤和RV肉汤。由于没有任何一种培养基可以全面地保持所有食品基质或各种沙门氏菌血清型，所以，较适当的做法是使用两种培养基平行地进行试验。第三步是分离步骤，即选择性培养物在含一种或多种抑制非沙门氏菌生长制剂的琼脂平板上划线培养，然后对平板上肉眼可见的特征性菌落进行确认，并对该菌落分离物进行一系列生化和血清学检测，以做出鉴定。传统沙门氏菌检测法全过程需4～7 d，才能得出明确的诊断结果。

4.2 抗体检测法

利用抗原-抗体反应的显著特异性，来进行细菌的鉴别和血清学定型，已有半个多世纪的历史。细菌菌体或鞭毛抗原的特异性抗体的存在，使人们可以建立一些快速方法来检测以食品为载体的病原。已经建立的沙门氏菌免疫学检测方法有许多种，大致可分为以酶标抗体(ELISA)、荧光抗体染色(免疫荧光法)、同位素标记抗体(放射免疫试验)为基础的方法及其他多种以抗体为基础，利用乳胶凝集、免疫传感器、免疫扩散及免疫色谱技术的方法，但最广泛采用的是以双位点ELISA技术即夹心ELISA为基础的方法。此法改进后用有放射性的同位素替代标记抗体，概括地说，以固定在固体基质上的“捕捉”抗体来捕捉目标抗原，经洗涤除去未结合的成分，加入第2种酶标抗体结合捕捉到的抗原，第2次洗涤后加入酶使之作用于基质，并令其与颜色成分反应，最后用分光光度法检测目标抗原。可采用微量滴定板作为固态基质使反应形式标准化，并促成其自动化。食物样品经适当的增菌处理，也可用此法进行沙门氏菌检测。ELISA法检出沙门氏菌的极限范围在10^5～10^6个细菌/mL，因此要得出可靠的结果，食物样品必须进行预增菌、选择性增菌，通常还要在含有*D*-甘露糖的肉汤(M 肉汤)中进行后增菌,以促进鞭毛发育。总的来说,标准的 ELISA 法样品的制备,须经过 40～48 h 的孵育才能完成。微量板 ELISA 法样品制备过程分三步,共耗时 24 h:①用营养肉汤进行预增菌(6 h),使"致伤"、冷冻的沙门氏菌复苏;②用选择性培养基(RV 肉汤)进行增菌(14 h),使沙门氏菌大量繁殖,同时抑制其他杂菌生长;③用营养肉汤(蛋白胨水)进行后增菌(4 h),使沙门氏菌的数量大大增加。此法的样品制备过程比上述标准的 ELISA 法样品制备过程缩短了一半的时间。

4.3 以核酸为基础的方法

DNA 和 RNA 是一类可以携带信息的大分子。由于所有的细胞都含有这种分子,因此可以利用它作为检测的标靶。标靶通常是一个特异性核酸序列,它可通过以补体核酸分子作为探针来检出。与免疫学方法相似,探针也需要加附适当的标记,如放射性同位素、酶或发光的标识物。在食品沙门氏菌检测中引入第一代 DNA-RNA 杂交技术,此法应用的探针含有用放射性同位素标记的伤寒沙门氏菌 DNA 片段,其敏感性高,经大约 48 h 的增菌步骤后,检测极限可达 108 个细菌/mL,但由于要使用放射性同位素,因此只能在专门的实验室应用。为此,以核酸杂交为基础的第二代技术——比色计目前已发展起来。这种方法依赖于沙门氏菌核糖体 RNA(rRNA)——核糖体发育过程中储存的核酸成分的检测。核糖体是细胞蛋白质合成器的一部分,每个细菌细胞中存在 5 000～20 000 个复制体,相比之下,染色体 DNA 复制体仅为 2～10 个。这种天然富含 rRNA 标靶序列的情况使无辐射计检测成为可能,同时保持了与放射性同位素方法相当或更高的敏感性。其另一优点是 rRNA 为单链(而 DNA 为双链),杂交前无须经过变性步骤。要得到阳性结果,此法需要 10^5 个靶细胞/mL,因此对沙门氏菌检测来说,需要进行预增菌和选择性增菌,总共约 50 h。rRNA 探针法比沙门氏菌 ELISA 法(酶联免疫检测法)更耗时,但二者成本相近。食品细菌检测法的新进展是在化学扩增体系方面的发展,即聚合酶链式反应(PCR)的应用,用该体系可对制备好的样品进行细菌 DNA 扩增,以便用诸如凝胶电泳法或比色型 ELISA 法检测。用于检测沙门氏菌和其他以食物为载体的病原的 PCR 方法业已建立,其中一些方法显示出极高的敏感性。但该法较难自动化,且必须经选择性增菌以稀释可能干扰检测反应的某些成分。一个完整的以 PCR 为基础的方法,需要 2 d,很大程度上抵消了其高敏感性的优点,但这种方法对那些含沙门氏菌较少或沙门氏菌"致伤"严重难以复苏而仍保有沙门氏菌 rRNA 的样品尤其有效。

5 沙门氏菌感染的预防方法

不喝未经处理的水(例如池塘水、溪水、湖水、被污染的海水),不喝未经巴氏消毒法消毒的牛奶(即生牛奶)。

不吃生肉或未经加热煮熟的肉,不吃生鸡蛋。

便后、换尿布后、接触宠物后,应仔细洗净双手,在准备食物或就餐前更应仔细洗手。

生家禽肉、牛肉、猪肉均应视为可能受污染的食物,情况允许时,新鲜肉应该放在干净的塑料袋内,以免渗出血水污染其他食物。处理生肉后,未洗手前勿舔手指,勿接触其他食物。

每处理一种食物后，务必将砧板仔细洗净，以免污染其他食物。

任务五 食品中金黄色葡萄球菌检测

【任务要求】

1. 掌握食品中金黄色葡萄球菌的检测方法。

2. 能够对食品中金黄色葡萄球菌的检测结果做出准确、规范的报告。

【参考标准】

中华人民共和国国家标准 GB 4789.10—2016《食品微生物学检验 金黄色葡萄球菌检验》。

【检测流程】

定性检验：取样→稀释、均质→血平板培养→涂片染色、观察溶血、血浆凝固酶试验→观察结果→填写报告。

平板计数法：取样→稀释、均质→Baird-Parker 平板培养→计数及鉴定→填写报告。

MPN 计数法：取样→稀释、均质→接种氯化钠肉汤→Baird-Parker 平板培养→鉴定→查 MPN 表→填写报告。

【任务实施】

1 用品准备

1.1 设备和材料

除微生物实验室常规灭菌及培养设备外，其他设备和材料如下。

(1)恒温培养箱：36℃±1℃；

(2)冰箱：2～5℃；

(3)恒温水浴箱：36～56℃；

(4)天平：感量 0.1 g；

(5)均质器；

(6)振荡器；

(7)无菌吸管：1 mL(具 0.01 mL 刻度)、10 mL(具 0.1 mL 刻度)；

(8)无菌锥形瓶：容量 100 mL 和 500 mL；
(9)无菌培养皿：直径 90 mm；
(10)微量移液器及吸头：1.0 mL；
(11)涂布棒。
(12)pH 计或 pH 比色管或精密 pH 试纸。

1.2　培养基和试剂

(1)7.5%氯化钠肉汤：见附录 A.29；
(2)血琼脂平板：见附录 A.30；
(3)Baird-Parker 琼脂平板：见附录 A.31；
(4)脑心浸出液肉汤(BHI)：见附录 A.32；
(5)兔血浆：见附录 A.33；
(6)磷酸盐缓冲液：见附录 B.1；
(7)营养琼脂斜面：见附录 A.34；
(8)革兰氏染色液：见附录 C.10；
(9)无菌生理盐水：见附录 B.2。

子任务一　金黄色葡萄球菌定性检验

2　检验程序

金黄色葡萄球菌定性检验程序如图 6-5-1 所示。

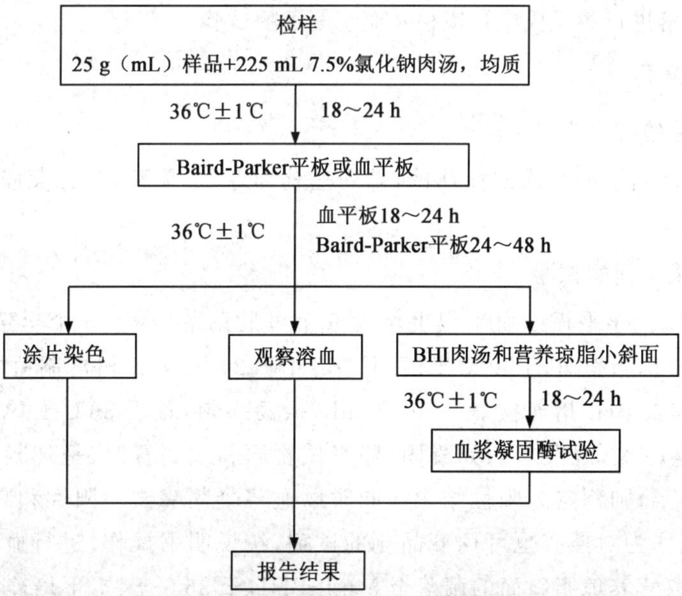

图 6-5-1　金黄色葡萄球菌定性检验程序

3 操作步骤

3.1 样品处理

称取 25 g 样品至盛有 225 mL 7.5%氯化钠肉汤的无菌均质杯内，8 000～10 000 r/min 均质 1～2 min，或放入盛有 225 mL 7.5%氯化钠肉汤的无菌均质袋中，用拍击式均质器拍打 1～2 min。若样品为液态，吸取 25 mL 样品至盛有 225 mL 7.5%氯化钠肉汤的无菌锥形瓶(瓶内可预置适当数量的无菌玻璃珠)中，振荡混匀。

3.2 增菌

将上述样品匀液置于 36℃±1℃下培养 18～24 h。金黄色葡萄球菌在 7.5%氯化钠肉汤中呈浑浊生长。

3.3 分离

将增菌后的培养物，分别划线接种至 Baird-Parker 平板和血平板，血平板置于 36℃±1℃下培养 18～24 h，Baird-Parker 平板置于 36℃±1℃下培养 24～48 h。

3.4 初步鉴定

金黄色葡萄球菌在 Baird-Parker 平板上呈圆形，表面光滑、凸起、湿润，菌落直径为 2～3 mm，颜色呈灰黑色至黑色，有光泽，常有浅色(非白色)的边缘，周围绕以不透明圈(沉淀)，其外常有一清晰带。当用接种针触及菌落时有黄油样黏稠感。有时可见到不分解脂肪的菌株，除没有不透明圈和清晰带外，其他外观基本相同。从长期贮存的冷冻或脱水食品中分离的菌落，其黑色常较典型菌落浅些，且外观可能较粗糙，质地较干燥。在血平板上，形成菌落较大，圆形、光滑凸起、湿润、金黄色(有时为白色)，菌落周围可见完全透明溶血圈。挑取上述可疑菌落进行革兰氏染色镜检及血浆凝固酶试验。

3.5 确证鉴定

3.5.1 染色镜检

金黄色葡萄球菌为革兰氏阳性球菌，排列呈葡萄球状，无芽孢，无荚膜，直径为 0.5～1 μm。

3.5.2 血浆凝固酶试验

挑取 Baird-Parker 平板或血平板上至少 5 个可疑菌落(小于 5 个全选)，分别接种至 5 mL BHI 和营养琼脂斜面，于 36℃±1℃下培养 18～24 h。取新鲜配制兔血浆 0.5 mL，放入小试管中，再加入 BHI 培养物 0.2～0.3 mL，振荡摇匀，置于 36℃±1℃温箱或水浴箱内，每 0.5 h 观察一次，观察 6 h，如凝固(即将试管倾斜或倒置时，呈现凝块)或凝固体积大于原体积的一半，则判定为阳性结果。同时以血浆凝固酶试验阳性和阴性葡萄球菌菌株的肉汤培养物作为对照。也可用商品化的试剂，按说明书操作，进行血浆凝固酶试验。结果如可疑，挑取营养琼脂斜面的菌落至 5 mL BHI，于 36℃±1℃下培养 18～48 h，重复试验。

3.6　葡萄球菌肠毒素的检验(选做)

可疑食物中毒样品或产生葡萄球菌肠毒素的金黄色葡萄球菌菌株的鉴定,应按葡萄球菌肠毒素检验方法(GB 4789.10—2016 附录 B)检测葡萄球菌肠毒素。

4　结果与报告

4.1　结果判定

符合 3.4、3.5,可判定为金黄色葡萄球菌。

4.2　结果报告

报告在 25 g(mL)样品中检出或未检出金黄色葡萄球菌。

5　作业单

将检验记录与结果填入表 6-5-1。

表 6-5-1　金黄色葡萄球菌定性检验报告单

<table>
<tr><td>样品名称</td><td></td><td>取样量</td><td></td></tr>
<tr><td>检验步骤</td><td colspan="3"></td></tr>
<tr><td>样品处理方法</td><td colspan="3"></td></tr>
<tr><td>初步鉴定结果
(可附照片)</td><td colspan="3"></td></tr>
<tr><td rowspan="2">确证鉴定结果
(可附照片)</td><td>染色镜检结果</td><td colspan="2"></td></tr>
<tr><td>血浆凝固酶试验结果</td><td colspan="2"></td></tr>
<tr><td>结果判定</td><td colspan="3"></td></tr>
<tr><td>结果报告</td><td colspan="3"></td></tr>
</table>

子任务二　金黄色葡萄球菌平板计数法

6　检测程序

金黄色葡萄球菌平板计数法检测程序如图 6-5-2 所示。

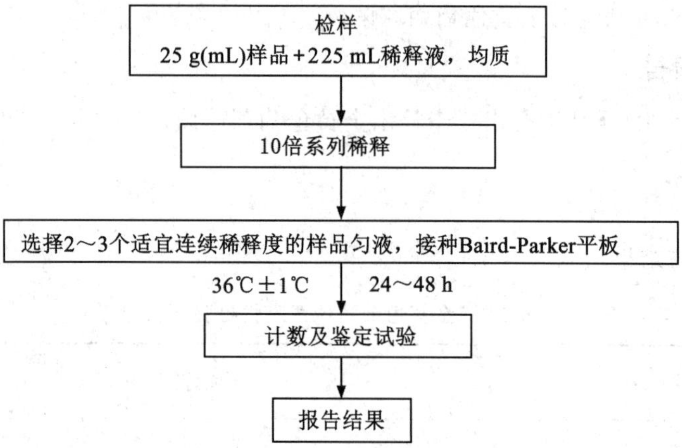

图 6-5-2　金黄色葡萄球菌平板计数法检测程序

7　操作步骤

7.1　样品的稀释

(1)固体和半固体样品：称取 25 g 样品置于盛有 225 mL 磷酸盐缓冲液或生理盐水的无菌均质杯内，8 000～10 000 r/min 均质 1～2 min，或置于盛有 225 mL 稀释液的无菌均质袋中，用拍击式均质器拍打 1～2 min，制成 1∶10 的样品匀液。

液体样品：以无菌吸管吸取 25 mL 样品置于盛有 225 mL 磷酸盐缓冲液或生理盐水的无菌锥形瓶(瓶内预置适当数量的无菌玻璃珠)中，充分混匀，制成 1∶10 的样品匀液。

(2)用 1 mL 无菌吸管或微量移液器吸取 1∶10 样品匀液 1 mL，沿管壁缓慢注于盛有 9 mL 磷酸盐缓冲液或生理盐水的无菌试管中(注意吸管或吸头尖端不要触及稀释液面)，振摇试管或换用一支 1 mL 无菌吸管反复吹打使其混合均匀，制成 1∶100 的样品匀液。

(3)按(2)操作程序，制备 10 倍系列稀释样品匀液。每递增稀释一次，换用一支 1 mL 无菌吸管或吸头。

7.2 接种

根据对样品污染状况的估计，选择2～3个适宜稀释度的样品匀液（液体样品可包括原液），在进行10倍递增稀释的同时，每个稀释度分别吸取1 mL样品匀液以0.3 mL、0.3 mL、0.4 mL接种量分别接种至3块Baird-Parker平板，然后用无菌涂布棒涂布整个平板，注意不要触及平板边缘。使用前，如Baird-Parker平板表面有水珠，可将其放入25～50℃的培养箱中烘干。

7.3 培养

在通常情况下，涂布后，将平板静置10 min，如样液不易吸收，可将平板正置于36℃±1℃培养箱中预培养1 h，待样品匀液吸收后翻转平板，倒置培养24～48 h。

7.4 典型菌落计数和确认

金黄色葡萄球菌在Baird-Parker平板上呈圆形，表面光滑、凸起、湿润，菌落直径为2～3 mm，颜色呈灰黑色至黑色，有光泽，常有浅色（非白色）的边缘，周围绕以不透明圈（沉淀），其外常有一个清晰带。当用接种针触及菌落时具有黄油样黏稠感。有时可见到不分解脂肪的菌株，除没有不透明圈和清晰带外，其他外观基本相同。从长期贮存的冷冻或脱水食品中分离的菌落，其黑色常较典型菌落浅些，且外观可能较粗糙，质地较干燥。

选择有典型的金黄色葡萄球菌菌落的平板，且同一稀释度3个平板所有菌落数合计在20～200 CFU之间的平板，计数典型菌落数。

从典型菌落中至少选5个可疑菌落（小于5个全选）进行鉴定试验。分别做染色镜检和血浆凝固酶试验，同时划线接种至血平板，于36℃±1℃下培养18～24 h后观察菌落形态。金黄色葡萄球菌菌落较大，圆形、光滑凸起、湿润、金黄色（有时为白色），菌落周围可见完全透明溶血圈。

8 结果计算

若只有一个稀释度平板的典型菌落数在20～200 CFU之间，计数该稀释度平板上的典型菌落，按公式（1）计算。

若最低稀释度平板的典型菌落数小于20 CFU，计数该稀释度平板上的典型菌落，按公式（1）计算。

若某一稀释度平板的典型菌落数大于200 CFU，但下一稀释度平板上没有典型菌落，计数该稀释度平板上的典型菌落，按公式（1）计算。

若某一稀释度平板的典型菌落数大于200 CFU，而下一稀释度平板上虽有典型菌落但不在20～200 CFU范围内，计数该稀释度平板上的典型菌落，按公式（1）计算。

$$T=\frac{AB}{Cd} \tag{1}$$

式中：T——样品中金黄色葡萄球菌菌落数；

A——某一稀释度典型菌落的总数；

B——某一稀释度鉴定为阳性的菌落数；

C——某一稀释度用于鉴定试验的菌落数；

d——稀释因子。

若2个连续稀释度的平板典型菌落数均在20～200 CFU之间，按公式(2)计算。

$$T=\frac{A_1B_1/C_1+A_2B_2/C_2}{1.1d} \tag{2}$$

式中：T——样品中金黄色葡萄球菌菌落数；

A_1——第一稀释度(低稀释倍数)典型菌落的总数；

B_1——第一稀释度(低稀释倍数)鉴定为阳性的菌落数；

C_1——第一稀释度(低稀释倍数)用于鉴定试验的菌落数；

A_2——第二稀释度(高稀释倍数)典型菌落的总数；

B_2——第二稀释度(高稀释倍数)鉴定为阳性的菌落数；

C_2——第二稀释度(高稀释倍数)用于鉴定试验的菌落数；

1.1——计算系数；

d——稀释因子(第一稀释度)。

9 报告

根据计算结果，报告样品中金黄色葡萄球菌数，以CFU/g(mL)表示；如 T 值为0，则以小于1乘以最低稀释倍数报告。

10 作业单

将检测记录与结果填入表6-5-2。

表 6-5-2　金黄色葡萄球菌平板计数法检测报告单

样品名称			取样量	
检测步骤				
取样梯度				
菌落数	平板 1			
	平板 2			
	平板 3			
选用计算公式				
计算结果				
结果报告				

子任务三　金黄色葡萄球菌 MPN 计数

11　检测程序

金黄色葡萄球菌 MPN 计数检测程序如图 6-5-3 所示。

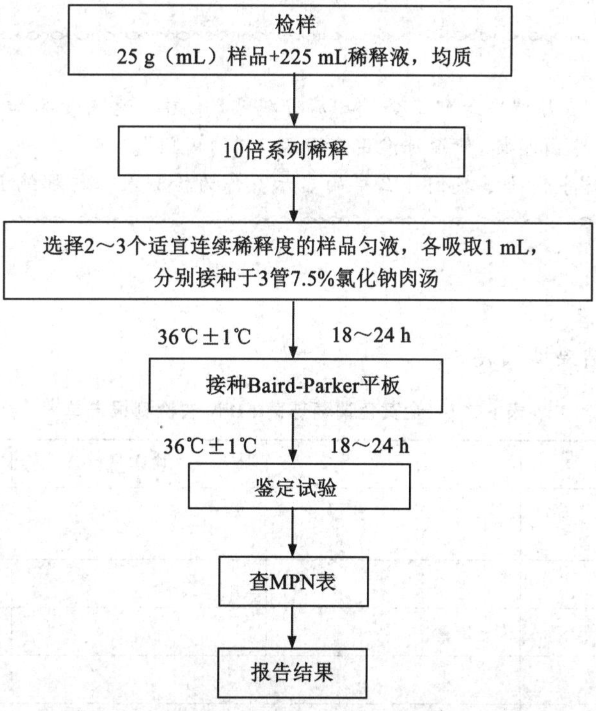

图 6-5-3　金黄色葡萄球菌 MPN 法检测程序

12 操作步骤

12.1 样品的稀释

按 7.1 进行。

12.2 接种和培养

根据对样品污染状况的估计，选择 3 个适宜稀释度的样品匀液（液体样品可包括原液），在进行 10 倍递增稀释的同时，每个稀释度分别接种 1 mL 样品匀液至 7.5%氯化钠肉汤管中（如接种量超过 1 mL，则用双料 7.5%氯化钠肉汤），每个稀释度接种 3 管，将上述接种物置于 36℃±1℃下培养，18～24 h。

用接种环从培养后的 7.5%氯化钠肉汤管中分别取培养物 1 环，移种于 Baird-Parker 平板，于 36℃±1℃下培养 24～48 h。

12.3 典型菌落确认

按 7.4 进行。

13 结果与报告

根据证实为金黄色葡萄球菌阳性的试管管数，查 MPN 检索表（表 6-2-1），报告样品中金黄色葡萄球菌的最可能数，以 MPN/g(mL)表示。

思政花园

案例：2011 年 11 月，“思念”“三全”和“湾仔码头”等国内速冻食品知名品牌的产品相继被检出金黄色葡萄球菌超标，使速冻食品行业陷入“细菌门”。

反思：“细菌门”事件给了我们什么样的启示？作为检测人如何杜绝上述事件的发生？

14 作业单

将检测记录与结果填入表 6-5-3。

表 6-5-3 金黄色葡萄球菌 MPN 法检测报告单

样品名称		取样量	
检测步骤			
取样梯度			
阳性管管数			
查 MPN 表结果			
结果报告			

【任务评价】

表 6-5-4　食品中金黄色葡萄球菌检测任务考核参考标准

序号	考核项目	考核内容	考核标准	考核方法	标准分值
1	职业基本素质	学习工作态度	态度端正，积极主动，工作认真。参与意识强，不请假，不懈怠，全勤，否则将酌情扣分。任务领会到位。有敬业精神	单人考核	10
		团队协作	服从工作安排，协调意识强，与小组其他成员配合好，否则将酌情扣分	小组考核	10
2	岗位专业技能	用具准备	能够根据检测需求，自主准备好相关器具，确保无菌操作。保证操作过程完整连贯。否则将酌情扣分	单人考核	10
		样品处理	正确地称量、吸取、稀释样品，操作熟练，确保无菌操作，减少外界污染。否则将酌情扣分	单人考核	20
		结果计数与数据处理	能够根据检测结果选择不同的计数方法和数据计算方法，正确地进行数据修约。所填数据与实际不符的将酌情扣分	单人考核	20
		报告填写	报告填写准确，真实反映检测样品卫生情况。否则将酌情扣分	单人考核	10
3	职业方法与能力	方法能力	善于思考，主动思考，勤于思考。独立分析和解决问题的能力强，能够主动、准确地表达自己的想法	单人考核	5
		工作过程	积极主动地参与任务工作过程，规范、认真。工作任务记录完整，语言简洁，字迹工整	小组考核	5
		训练与总结	积极准确地完成作业单，及时上交报告，有个人见解。能够自主利用网上平台开展学习与训练。善于反思，勤于反馈，积极总结经验教训	单人考核	10
	合计				100

【师徒共研】

1. Baird-Parker 平板不透明或有絮状物的原因有哪些？

不同厂家的 Baird-Parker 平板制好后的状态有所不同，主要取决于亚碲酸钾卵黄增菌液。制备好的平板一般应透明度好，接种金黄色葡萄球菌后，菌落特征才较易观察。此外，在添加亚碲酸钾卵黄增菌液时，温度的掌握也很重要。温度不宜太高，过高易使卵黄变性；也不应太低，太低琼脂易凝固。

2. 凝固酶试验结果如何观察？

将金黄色葡萄球菌接种至兔血浆后，每 0.5 h 观察一次。观察凝固时，将血浆轻轻倒置，如有流动即证明没有凝固；如若不明显，可补做 DNA 酶试验。

3. 金黄色葡萄球菌在不同培养基上的特征有何区别？

在 Baird-Parker 平板上，金黄色葡萄球菌有黑色的菌落中心，周围有半透明的卵磷脂沉淀环。在甘露醇卵黄琼脂上的特征是菌落呈黄色，周围有卵磷脂沉淀环。在甘露醇高盐琼脂上的菌落特征与在甘露醇卵黄琼脂上的菌落特征相同，但是，菌落周围没有卵磷脂沉淀环。

【知识链接】

金黄色葡萄球菌的认知

金黄色葡萄球菌（*Staphylococcus aureus*，*S. aureus*）也称"金葡菌"，隶属于葡萄球菌属，是革兰氏阳性菌的代表。金黄色葡萄球菌是常见的食源性致病菌，广泛存在于自然环境中。金黄色葡萄球菌在适当的条件下能够产生肠毒素，引起食物中毒。近几年，金黄色葡萄球菌引发的食物中毒报道层出不穷，由金黄色葡萄球菌引起的食物中毒事件数占食源性微生物食物中毒事件总数的 25%左右，金黄色葡萄球菌已成为仅次于沙门氏菌和副溶血杆菌的第三大微生物致病菌。

1　生物学特性

1.1　形态特征

金黄色葡萄球菌是一种革兰氏阳性球菌，呈葡萄串状排列，直径为 0.5～1.0 μm，无芽孢、无鞭毛、无荚膜。

1.2　培养特征

在普通肉汤培养基上，形成圆形、凸起、边缘整齐、表面光滑的菌落，菌落色素不稳定，但多数为金黄色，无扩展生长特点。需氧或兼性厌氧，最适生长温度为 30～37℃，最适生长 pH 为 6～7。耐盐性强，能在含 7%～15%氯化钠的培养基中生长。对氯化汞、新霉素、多黏菌素具有很强的抗性。多数产肠毒素的菌株在血琼脂平板上能形成溶血圈，并能产生血浆凝固酶，这些是鉴定致病性金黄色葡萄球菌的重要指标。

金黄色葡萄球菌可分解葡萄糖、麦芽糖、乳糖、蔗糖，产酸不产气。甲基红反应阳性，V-P 反应弱阳性。许多菌株可分解精氨酸，水解尿素，还原硝酸盐，液化明胶。在干燥环境中可存活数月，在空气中可存活，但不繁殖。耐热性强，加热 70℃ 1 h 或 80℃ 30 min 不被杀死；耐低温，在冷冻食品中不易死亡；耐高渗，在含有 50%～66%蔗糖或 15%以上食盐食品中才可被抑制，能在 15%（质量分数）NaCl 溶液和 40%（体积分数）胆汁溶液中生长。金黄色葡萄球菌具有较强的抵抗力，对磺胺类药物敏感性低，但对青霉素、红霉素等高度敏感。

2　流行病学特点

金黄色葡萄球菌在自然界中无处不在，在空气、水、灰尘及人和动物的排泄物中都可找到它们。因此，食品受其污染的机会很多。金黄色葡萄球菌肠毒素引起的食物中毒是一个世界性卫生问题，在美国由金黄色葡萄球菌肠毒素引起的食物中毒占整个细菌性食物中毒的33%，在加拿大则更多，占45%，我国每年发生的此类中毒事件也非常多。

金黄色葡萄球菌的流行病学一般有如下特点：季节分布，多见于春夏季；中毒食品种类多，如奶、肉、蛋、鱼及其制品。此外，由剩饭、油煎蛋、糯米糕及凉粉等引起的中毒事件也有报道。上呼吸道感染患者的鼻腔带菌率高达83%，所以人畜化脓性感染部位常成为污染源。

3 传播途径

一般来说，金黄色葡萄球菌可通过以下途径污染食品：

(1)食品加工人员、炊事员或销售人员带菌，造成食品污染；

(2)加工前食品本身带菌，或在加工过程中受到污染，产生肠毒素，引起食物中毒；

(3)熟食制品由于包装不严实，在运输过程中受到污染；

(4)奶牛患化脓性乳腺炎或禽畜局部化脓，对肉体其他部位造成污染。

4 致病性

金黄色葡萄球菌是人类化脓感染中最常见的病原菌，可引起局部化脓感染，也可引起肺炎、伪膜性肠炎、心包炎等，甚至造成败血症、脓毒症等全身感染。

金黄色葡萄球菌的致病力主要取决于其产生的毒素和侵袭性酶。

4.1 溶血毒素

溶血毒素是外毒素，分α、β、γ、δ 4种，能损伤血小板，破坏溶酶体，引起肌体局部缺血和坏死。

4.2 杀白细胞素

杀白细胞素可破坏人的白细胞和巨噬细胞。

4.3 血浆凝固酶

当金黄色葡萄球菌侵入人体时，血浆凝固酶使血液或血浆中的纤维蛋白沉积于菌体表面或凝固，阻碍吞噬细胞的吞噬作用。葡萄球菌形成的感染易局部化与此酶有关。

4.4 脱氧核糖核酸酶

金黄色葡萄球菌产生的脱氧核糖核酸酶耐受高温能力强，可用此作为依据鉴定金黄色葡萄球菌。

4.5 肠毒素

金黄色葡萄球菌能产生数种引起急性胃肠炎的蛋白质性肠毒素，分为A、B、C、D、E及F 5种血清型。肠毒素可耐受100℃ 30 min而不被破坏。它引起的食物中毒症状是呕吐和腹泻。此外，金黄色葡萄球菌还产生溶表皮素、明胶酶、蛋白酶、脂肪酶、肽酶等。

5 检测方法

5.1 传统分离鉴定方法

世界上对食品中金黄色葡萄球菌的检测通常采用生化鉴定的手段，并在初期采用平板划线分离。当前我国检测食品中金黄色葡萄球菌依据国家标准《食品微生物学检验 金黄色葡萄球菌检验》(GB 4789.10—2016)中的方法进行。国家标准执行内容包括定性检测和定量检测两部分。在无菌条件下接种到肉汤中进行前增菌，最后将培养物接种划线，根据生化鉴定方法进行血清学鉴定。传统生化鉴定方法操作简单，稳定性强，成本低，是目前最常用的鉴定方法。

5.2 免疫学检测法

免疫学检测法是基于免疫学理论研究，通过检测抗原和抗体的结合以及免疫细胞分泌的细胞因子，从而达到检测目的一种实验方法。主要包括酶联免疫法、免疫荧光法、免疫胶体金法等。

5.2.1 酶联免疫法

酶联免疫技术的原理是：利用抗体与抗原在载体表面的特异性结合，加入某种酶，酶与抗体或抗原结合，形成可以跟踪抗体或抗原的标记物，抗原或抗体与受检样品反应形成抗原或抗体的复合物，此时加入酶反应显色底物，产物的量与检测物质的量呈正相关，分析显色情况即可确定样品中待检测物的含量。目前已经开发了几种(如 ELISA)技术用于检测培养上清液和食物样品（如干酪、土豆沙拉、火腿和牛奶)中的金黄色葡萄球菌。

5.2.2 免疫荧光法

免疫荧光技术利用荧光色素对抗体或抗原进行标记，然后检测目标抗原或抗体。抗原和抗体特异结合后，检测人员通过检测荧光信号的强弱进行定性定量检测。与酶介导的免疫测定相比，基于荧光的免疫测定具有提供高通量分析和高灵敏度的更大潜力。

5.2.3 免疫胶体金法

该方法以硝酸纤维膜为固定相载体，样品溶液通过毛细作用在试纸条中移动，试纸条中含有针对待检测物质特异性的抗原或抗体。与 ELISA 技术相比，免疫胶体金技术操作更为简单，对实验人员没有特别的技术要求，适合基层单位和现场诊断。但是免疫胶体金法相比较 ELISA 法而言，灵敏度更低，且使用范围不广，需要进一步研究。

5.3 分子生物学检测方法

该技术主要包括聚合酶链式反应（polymerase chain reaction，PCR）技术、核酸探针技术、环介导等温扩增技术等。

5.3.1 聚合酶链式反应技术

聚合酶链式反应是指在 DNA 聚合酶的作用下，游离的脱氧核糖核酸参照碱基互补配对的原则，以模板DNA为主链，迅速地扩增DNA的双螺旋结构。PCR技术特异性强、敏感性高，已广泛应用于医学、生物学等领域。PCR技术作为致病微生物的检测方法，稳定性强，是目前主流的检测方法。在微生物检测应用中，引物的设计以及靶序列的选择是PCR方法的核心。PCR法也有一定的局限性，采用该方法需要对样品进行增菌，食品成分复杂，易对实验造成干扰。与其他方法相比，PCR技术所需仪器设备价格高，需要花费的成本较高，推广普及PCR技术需要一定的时间和资金支持。

5.3.2　核酸探针技术

核酸探针技术是使用基因特异性核苷酸序列探针与目的DNA杂交的一种核酸杂交技术，通过检测特异性标记物，判断检测样品中是否含有目标微生物。核酸探针具有分子生物学检测技术的灵敏度高、特异性强的优点，但是实验周期长，操作烦琐，如果样品中目标微生物含量过低，极易造成样品目标微生物未检出而出现假阴性的结果。

5.3.3　环介导等温扩增技术

基于DNA扩增技术，该技术在恒温条件下，根据设计的多对引物，利用链置换型DNA聚合酶快速地进行核酸的扩增。与PCR方法比较，环介导等温扩增法操作更加简单，花费成本较低，且对仪器要求低，现已广泛应用于食源性致病微生物的检测。

5.4　其他方法

5.4.1　试剂盒法

试剂盒法通常将十多种，甚至几十种培养基或成分集中在特定微型装置内，通过观察微生物的生长和代谢过程中的某些产物或现象，对试验现象进行分析，一次性完成传统试验中需要多次试验确证的步骤，缩短了检测时间。此法可大大缩短测试时间，在24 h内得出结果，甚至可缩短至4 h内。目前，用于检测金黄色葡萄球菌的成品试剂盒有API、MIS等。

5.4.2　测试片法

测试片法指将附着相关培养基和特定显色液的纸膜、纸片或胶片作为金葡菌的培养载体，依据金葡菌在载体上的生长以及显色情况，来衡量食品中金黄色葡萄球菌的存在数量。该方法简便易行，但结果精度不高。

6　控制方法

6.1　防止带菌人群对各种食物的污染

食品厂需要定期对生产加工人员进行健康检查，暂停患局部化脓性感染（如疥疮、手指化脓等）、上呼吸道感染（如鼻窦炎、化脓性肺炎、口腔疾病等）人员的工作或调换其岗位。

6.2　防止金黄色葡萄球菌对奶及其制品的污染

牛奶厂需要定期检查奶牛的乳房，不能挤用患化脓性乳腺炎乳牛的牛奶；奶挤出后，须迅速冷却至－10℃以下，以防毒素生成、细菌繁殖。奶制品制作须以消毒牛奶为原料，低温保存奶制品。肉制品加工厂应除去患局部化脓感染的禽、畜的病变部位，经高温或其他适当方式处理后才能用于加工生产。

6.3 防止金黄色葡萄球菌肠毒素的生成

应在低温和通风良好的条件下贮藏食物，以防肠毒素形成。在气温高的夏季，食物置于冷藏或通风阴凉地方也不应超过 6 h，并且食用前须彻底加热。

任务六 罐头食品的商业无菌检测

【任务要求】

1. 掌握罐头食品的商业无菌检测方法。
2. 能够对罐头食品进行商业无菌检测，并做出准确、规范的报告。

【参考标准】

中华人民共和国国家标准 GB 4789.26—2013《食品微生物学检验　商业无菌检验》。

【检测流程】

样品→检样（留对照）→保温→开启包装物→pH 测定→感官检查→涂片染色镜检→结果判定。

【任务实施】

1 用品准备

（1）冰箱：2～5℃；

（2）恒温培养箱：30℃±1℃、36℃±1℃、55℃±1℃；

（3）恒温水浴箱：55℃±1℃；

（4）均质器及无菌均质袋、均质杯或乳钵；

（5）电位 pH 计（精确度 pH 0.05 单位）；

（6）显微镜：10～100 倍；

（7）开罐器和罐头打孔器；

（8）电子秤或台式天平；

(9)超净工作台。

2.培养基和试剂

(1)无菌生理盐水:见附录 B.2;
(2)结晶紫染色液:见附录 C.2;
(3)二甲苯;
(4) 4%碘-乙醇溶液:4 g 碘溶于 100 mL 70%乙醇溶液。

3.检验程序

罐头食品的商业无菌检验程序见图 6-6-1。

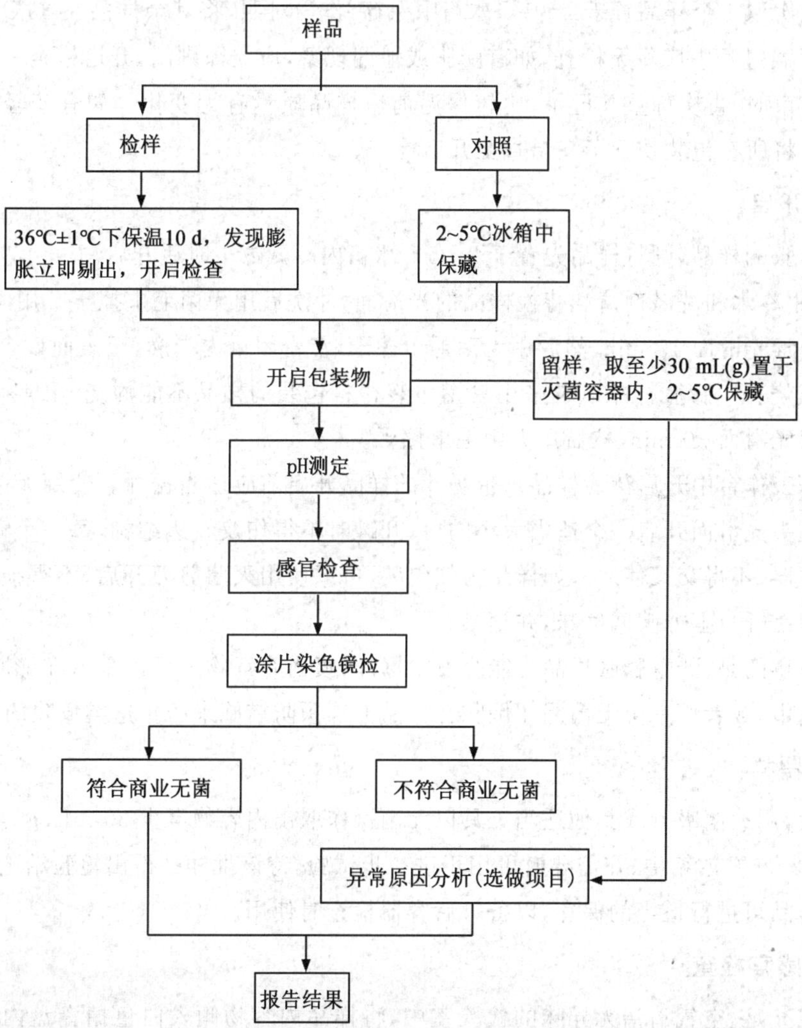

图 6-6-1 罐头食品的商业无菌检验程序

4.操作步骤

4.1 样品准备

去除表面标签，在包装容器表面用防水的油性记号笔做好标记，并记录容器、编号、产品性状、泄漏情况、是否有小孔或锈蚀、压痕、膨胀及其他异常情况。

4.2 称重

1 kg 及以下的包装物精确到 1 g，1 kg 以上的包装物精确到 2 g，10 kg 以上的包装物精确到 10 g，并记录。

4.3 保温

每个批次取 1 个样品置于 2～5℃冰箱中保存，作为对照，将其余样品在 36℃±1℃下保温 10 d。保温过程中应每天检查，如有膨胀或泄漏现象，应立即剔出，开启检查。

保温结束时，再次称重并记录，比较保温前后样品质量有无变化。如有变轻，表明样品发生泄漏。将所有包装物置于室温直至开启检查。

4.4 开启

如有膨胀的样品，则将样品先置于 2～5℃冰箱内冷藏数小时后开启。

首先，用冷水和洗涤剂清洗待检样品的光滑面，冲洗后用无菌毛巾擦干。用 4%碘-乙醇溶液浸泡消毒光滑面 15 min，然后用无菌毛巾擦干，在密闭罩内点燃，至表面残余的碘-乙醇溶液全部燃烧完。膨胀样品以及采用易燃包装材料包装的样品不能灼烧，用 4%碘-乙醇溶液浸泡消毒光滑面 30 min，然后用无菌毛巾擦干。

在超净工作台中开启待检样品。带汤汁的样品开启前应适当振摇。使用无菌开罐器在消毒后的罐头光滑面开启一个适当大小的口，开罐时不得伤及卷边结构，每一个罐头单独使用一个开罐器，不得交叉使用。如样品为软包装，可以使用灭菌剪刀开启，不得损坏接口处。开启后立即在开口上方嗅闻气味，并记录。

需要注意的是，严重膨胀样品可能会发生爆炸，喷出有毒物。可以采取在膨胀样品上盖一条灭菌毛巾，或者用一个无菌漏斗倒扣在样品上等预防措施来防止这类危险的发生。

4.5 留样

开启后，用灭菌吸管或其他适当工具以无菌操作取出内容物至少 30 mL(g)至灭菌容器内，保存于 2～5℃冰箱中，在需要时可用于进一步试验，待该批样品得出检验结论后可弃去。开启后的样品可进行适当的保存，以备日后容器检查时使用。

4.6 感官检查

在光线充足、空气清洁无异味的检验室中，将样品内容物倾入白色搪瓷盘内，对产品的组织、形态、色泽和气味等进行观察和嗅闻，按压食品检查产品性状，鉴别食品有无腐败变质的迹象，同时观察包装容器内部和外部的情况，并记录。

4.7 pH 测定

4.7.1 样品处理

液态制品混匀备用,有固相和液相的制品则取混匀的液相部分备用。

对于稠厚或半稠厚制品以及难以从中分出汁液的制品(如糖浆、果酱、果冻、油脂),取一部分样品在均质器或研钵中研磨,如果研磨后的样品仍太稠厚,加入等量的无菌蒸馏水,混匀备用。

4.7.2 测定

将电极插入被测试样液中,并将 pH 计的温度校正器调节到被测液的温度。如果仪器没有温度校正系统,被测试样液的温度应调到 20℃±2℃的范围之内,采用适合于所用 pH 计的步骤进行测定。当读数稳定后,从仪器的标度上直接读出 pH,精确到 pH 0.05 单位。

同一个制备试样至少进行两次测定。两次测定结果之差应不超过 0.1 pH 单位。取两次测定的算术平均值作为结果,报告精确到 0.05 pH 单位。

4.7.3 分析结果

将测定结果与同批中冷藏保存对照样品的测定结果相比,比较是否有显著差异。pH 相差 0.5 及以上判为显著差异。

4.8 涂片染色镜检

4.8.1 涂片

取样品内容物进行涂片。带汤汁的样品可用接种环挑取汤汁涂于载玻片上,固态食品可直接涂片或用少量灭菌生理盐水稀释后涂片,待干后用火焰固定。油脂性食品涂片自然干燥并用火焰固定后,用二甲苯流洗,自然干燥。

4.8.2 染色镜检

对 4.8.1 中涂片用结晶紫染色液进行单染色,干燥后镜检,至少观察 5 个视野,记录菌体的形态特征以及每个视野的菌数。与同批冷藏保存对照样品相比,判断是否有明显的微生物增殖现象。菌数有百倍或百倍以上的增长则判为明显增殖。

4.9 结果判定

样品经保温试验未出现泄漏;保温后开启,经感官检查、pH 测定、涂片镜检,确证无微生物增殖现象,则可报告该样品为商业无菌。

样品经保温试验出现泄漏;保温后开启,经感官检查、pH 测定、涂片镜检,确证有微生物增殖现象,则可报告该样品为非商业无菌。

若需核查样品出现膨胀、pH 或感官异常、微生物增殖等现象的原因,可取样品内容物的留样按照中华人民共和国国家标准 GB 4789.26—2013《食品微生物学检验　商业无菌检验》附录 B 进行接种培养并报告。若需判定样品包装容器是否出现泄漏,可取开启后的样品按照中华人民共和国国家标准 GB 4789.26—2013《食品微生物学检验 商业无菌检验》附录B进行密封性检查并报告。

5.作业单

将检测记录与结果填入表 6-6-1。

表 6-6-1　罐头食品的商业无菌检测任务单

<table>
<tr><td colspan="2">品名</td><td></td><td>样品编号</td><td></td><td>生产批号</td><td></td></tr>
<tr><td colspan="2">检验依据</td><td colspan="3"></td><td>检验日期</td><td></td></tr>
<tr><td colspan="2">样品编号</td><td></td><td></td><td></td><td colspan="2"></td></tr>
<tr><td colspan="2">保温前质量/g</td><td></td><td></td><td></td><td colspan="2"></td></tr>
<tr><td colspan="2">保温后质量/g</td><td></td><td></td><td></td><td colspan="2"></td></tr>
<tr><td colspan="2">保温温度/℃</td><td></td><td></td><td></td><td colspan="2"></td></tr>
<tr><td rowspan="7">感官检查</td><td>组织</td><td></td><td></td><td></td><td colspan="2"></td></tr>
<tr><td>形态</td><td></td><td></td><td></td><td colspan="2"></td></tr>
<tr><td>色泽</td><td></td><td></td><td></td><td colspan="2"></td></tr>
<tr><td>气味</td><td></td><td></td><td></td><td colspan="2"></td></tr>
<tr><td>包装内部</td><td></td><td></td><td></td><td colspan="2"></td></tr>
<tr><td>包装外部</td><td></td><td></td><td></td><td colspan="2"></td></tr>
<tr><td>其他</td><td></td><td></td><td></td><td colspan="2"></td></tr>
<tr><td colspan="2">pH</td><td></td><td></td><td></td><td colspan="2"></td></tr>
<tr><td colspan="2">涂片染色镜检结果
(画出镜检结果图片)</td><td></td><td></td><td></td><td colspan="2"></td></tr>
<tr><td colspan="2">判定与处理</td><td></td><td></td><td></td><td colspan="2"></td></tr>
<tr><td colspan="2">备注</td><td></td><td></td><td></td><td colspan="2"></td></tr>
<tr><td colspan="2">检验人</td><td></td><td></td><td></td><td colspan="2"></td></tr>
</table>

【任务评价】

表 6-6-2　罐头食品商业无菌检测任务考核参考标准

序号	考核项目	考核内容	考核标准	考核方法	标准分值
1	职业基本素质	学习工作态度	态度端正，积极主动，工作认真。参与意识强，不请假，不懈怠，全勤，否则将酌情扣分。任务领会到位。有敬业精神	单人考核	10
		团队协作	服从工作安排，协调意识强，与小组其他成员配合好，否则将酌情扣分	小组考核	10
2	岗位专业技能	用具准备	能够根据检测需求，自主准备好相关器具，确保无菌操作。保证操作过程完整连贯。否则将酌情扣分	单人考核	10
		取样和保温操作	能够正确地称量、吸取、稀释样品，操作熟练，确保无菌操作，减少外界污染。保温观察是否及时，正确，否则将酌情扣分	单人考核	20
		染色镜检	能够正确进行革兰氏染色操作，能准确判断染色结果，操作无误，确保无菌。能根据结果判定要求判定检测结果	单人考核	20
		报告填写	能够正确地填写检测记录单，字迹工整	单人考核	10
3	职业方法与能力	方法能力	善于思考，主动思考，勤于思考。独立分析和解决问题的能力强，能够主动、准确地表达自己的想法	单人考核	5
		工作过程	积极主动地参与任务工作过程，规范、认真。工作任务记录完整，语言简洁，字迹工整	小组考核	5
		训练与总结	积极准确地完成作业单，及时上交报告，有个人见解。能够自主利用网上平台开展学习与训练。善于反思，勤于反馈，积极总结经验教训	单人考核	10
合计					100

【师徒共研】

1. 在保温过程中，同一批产品如发现有个别罐头不正常或鼓起该如何处理？

在保温过程中，应该每天检查样品的情况，如果发现个别罐头不正常或逐渐鼓起，应及时记录信息。随着培养时间的延长，罐头的膨胀现象不再发展后，取出罐头内容物进行感官检查、pH 测定、涂片染色镜检(需无菌操作)。其他正常罐在 10 d 后全部取出。

2. 检验过程中取样剩下的罐头如何处理？

开启后以无菌操作取出 10～20 mL(g) 内容物至无菌容器内(注意一定要无菌操作)，剩下的放在 2～5℃冰箱中保存备用，待该批样品得出检验结论后再弃去。

3.所有腐败变质的罐头都有胖听现象吗？

并非所有腐败变质的罐头都 有胖听现象。如平酸菌引起的腐败变质，平酸菌发酵碳水化合物的特点是能产生使食品变酸的低碳脂肪酸，但是不能产生气体，即使产生气体，也不足以改变罐头两端平面的形状。由此产生罐头内容物已经腐败变质却没发生胖听现象，从而影响检测人员的判断。

相反，抽检的罐头样品也有可能因为检验地点设在海拔较高的地方，气压低导致未腐败变质却产生胖听现象。

【知识链接】

罐头食品微生物

1　罐头食品

罐头食品是指原料经处理、装罐、密封、杀菌或无菌包装而制成的食品。

罐头食品在无菌、常温下应能长期存放。罐头食品经密封、加热杀菌等处理后，其中的微生物几乎均被灭活，而外界微生物又无法进入罐内，同时容器内的大部分空气已被抽除，食品中多种营养成分不致被氧化，从而使这种食品可保存较长的时间而不变质。

2　罐头食品的基本术语

2.1　密封

食品容器经密闭后能阻止微生物进入的状态。

2.2　胖听

由于罐头内微生物活动或化学作用产生气体，形成正压，使容器一端或两端外凸的现象。

2.3　泄漏

罐头密封结构有缺陷，或撞击而破坏密封，或罐壁腐蚀而穿孔，致使微生物侵入的现象。

2.4　低酸性罐头食品

除酒精饮料以外，凡杀菌后平衡 pH 大于 4.6、水活性值大于 0.85 的罐头食品称为低酸性罐头食品。原来是低酸性的水果、蔬菜或蔬菜制品，为了加热杀菌而加酸降低 pH 的，属于酸化的低酸性罐头食品。

2.5　酸性罐头食品

杀菌后平衡 pH 等于或小于 4.6 的罐头食品，pH 小于 4.7 的番茄、梨和菠萝以及由其制成的汁，以及 pH 小于 4.9 的无花果，都属于酸性食品。

2.6　罐头食品的商业无菌

罐头食品经过适度的热杀菌以后，不含有致病的微生物，也不含有在通常温度下能在其中繁殖的非致病性微生物，这种状态称为商业无菌。商业无菌并非完全灭菌，其中可能存在耐高温的、无毒的嗜热芽孢杆菌，在适当的加工和贮藏条件下这些微生物处于休眠状态，不会引发食品安全问题。绝对灭菌指完全不存在活菌，如达到完全灭菌，则加热过程中，温度应达到 121℃以上，这样会使罐头食品的香味加速消散、色泽和坚实度发生改变以及营养成分受损，因而采用商业灭菌的方法。

3　罐头食品中的微生物

环境中的微生物无处不在，食物在生产、加工、运输、贮存、销售过程中，极易被微生物污染。只要温度适宜，微生物就能生长繁殖，分解食物中的营养素，以满足微生物自身需要。此时食物中的蛋白质被分解成小分子量的物质，最终分解成肽类、有机酸，散发出氨臭味及酸味，食物也失去了原有的坚韧性及弹性，颜色出现异常。罐头食品也不例外，罐头食品虽然处于一个封闭的类真空状态，但只要对微生物的灭活不完全，依然会存在腐败变质的可能。

3.1　引起低酸性罐头食品变质的因素和微生物

低酸性罐头食品之所以发生变质，通常与以下因素和细菌有关。

3.1.1　平酸菌引起的变质

所谓平酸菌，是指能使某些低酸性罐头食品发生酸败而又能形成芽孢的一类需氧或兼性厌氧的细菌。这些细菌发酵碳水化合物的特点是能产生使食品变酸的低碳脂肪酸，但是不能产生气体，即使产生气体，也不足以改变罐头两端平面的形状。

一般来说，低酸性罐头食品均应贮存在阴凉的地方，因为经过商业灭菌后的罐头食品内容物中偶尔会残留有少量耐热性芽孢微生物。如果该罐头食品在 43℃或以上温度环境中贮存一段时间，可能会导致该低酸性罐头食品内容物中残留的嗜热性需氧芽孢菌恢复生长，引起罐头内容物的腐败变质，使低酸性罐头食品失去其本身应有的食用价值。这种变质通常被称为平盖酸败。

平酸菌依照其嗜热温度的不同程度，可区分为兼性嗜热菌和专性嗜热菌两类。

(1)凝结芽孢杆菌(*B. coagulans*)

该菌为兼性嗜热菌，可以在 37℃和 55℃两种温度下生长。虽然这种细菌与炼奶和某些肉类、鱼类罐头的酸败有关，但仍然是引起其他罐头食品发生酸败的一个不可忽视的致病微生物。我国东北一些城市所生产的蘑菇、大豆等低酸性蔬菜罐头发生酸败，多与凝结芽孢杆菌和嗜热脂肪芽孢杆菌有关。其他如红烧猪肉、猪肝酱等罐头也有这类平酸菌引起的酸败。

(2)嗜热脂肪芽孢杆菌(*B. stearothermophilus*)

该菌仅在嗜热性温度(45～55℃)下其芽孢才发芽,而发芽后的繁殖体能在中温性温度下生长。由于其芽孢有很强的抗热性,因此仍能在经过商业灭菌的低酸性罐头食品中存在,这普遍被认为是正常的现象。其平盖酸败现象多发生在运输、仓库等保存和销售贮存期期间。如果其贮存环境的温度在嗜热性需氧芽孢菌生长温度范围内(43℃或以上),平盖酸败就有可能发生。值得一提的是,当低酸性罐头食品在工厂的加工生产过程中经过一定热处理之后,没有进行充分的冷却,同样是日后大量发生平盖酸败现象的主要原因。如果罐头食品存放的地点与热源靠得太近,如家中的炉灶附近,会使低酸性罐头食品局部受热并促进内容物中休眠状态的芽孢生长与繁殖,这也是造成罐头食品发生平盖酸败的一个因素。

3.1.2 嗜热性厌氧芽孢菌引起的变质

除了平酸菌会在43℃以上贮存的低酸性罐头食品中引发酸败外,低酸性罐头食品中所残留的嗜热性厌氧芽孢菌的生长繁殖也有可能引起罐头食品变质。这种变质因为由不同的微生物引起,可分为以下两种类型:一类是产气型变质(受其影响而腐败的罐头会产生类似胖听的物理外表改变),另外一类是硫化臭变质(受其影响而腐败的罐头的主要特征是有臭鸡蛋味道)。

(1)产气型变质

这种变质由专性嗜热的厌氧芽孢菌——嗜热解糖梭菌(*C. thermosaccharolyticum*)引起。该菌是专性厌氧菌,生长繁殖温度为55℃。特征为分解糖的能力很强,具有分解葡萄糖、乳糖、蔗糖、水杨苷及淀粉的能力,并且同时产生酸以及大量的气体,但不会分解蛋白质,也不能使硝酸盐还原,所以并不会产生毒素,也不会引起感染,因此不会被划入公共卫生防疫的范畴。此类菌具有酸败性,如其芽孢在较高温度(50～55℃)下发芽,则会在37℃、14 d内产生酸败,内容物通常带有酪酸臭味或干酪样臭味。可通过观察罐听是否膨胀以及嗅闻开罐后的气味来辨别。

(2)硫化臭变质

通常由专性嗜热的厌氧芽孢菌——致黑脱硫肠状菌(*D. nigrificans*)引起。该种变质的主要特征是罐听较为平坦,并不像产气型般的胖听,只是罐头内容物颜色发暗,并且具有强烈的鸡蛋臭味。相比嗜热解糖梭菌,致黑脱硫肠状菌分解糖类物质的能力相当弱,但能在高效分解蛋白质的同时放出硫化氢。硫化氢与罐头容器的铁质材料产生化学反应,使食品的颜色变成暗淡的黑色,并伴随有鸡蛋臭味。其罐头内所产生的硫化氢,被罐内食品所吸收,因而罐听不会发生膨胀。

3.1.3 中温性厌氧芽孢菌引起的变质

商业无菌罐头食品中允许存在少量嗜热性微生物,是因为其独特的耐热特性以及它们在非特定温度下不会发芽繁殖,但是不允许中温性厌氧芽孢菌在罐头中存在,因为该菌的存在表示在罐头食品的加工过程中杀菌不完全、不彻底,未能使其完全灭活。试验表明,中温性兼性厌氧芽孢杆菌在罐头中残留时,在一定条件(如真空度不足和长期贮存于嗜温性温度环境中)下,有可能恢复生长而使罐头食品变质。

中温性厌氧芽孢菌的主要特征是使蛋白质发生分解的同时产生硫化物(如硫醇、硫化甲基、硫化氢与硫化乙基)、氨以及胺类化合物(如腐胺和尸胺),并且也可以产生吲哚、甲基吲哚(类臭质)、二氧化碳和氢气。因此,中温性厌氧芽孢菌属于典型的腐败型厌氧菌。该类菌广泛存在于土壤中,其最大的承载感染体是各类蔬菜,部分特殊的菌种则常存在于动物的肠道和排泄物中,所以同样有污染牛奶、鱼贝类和肉类的可能性。

目前已知的能引起罐头食品腐败的中温性厌氧菌有肉毒梭菌、巴氏芽孢梭菌、丁酸梭菌、魏氏梭菌、生孢梭菌、双酶梭菌、腐化梭菌等梭菌。中温性厌氧细菌所引起的低酸性罐头内容物腐败的最直接的鉴别方式是罐听有所膨胀、内容物有腐败臭味。如果同时发现有芽孢杆菌,则不论该罐头腐败程度如何,检验人员必须用其内容物对小白鼠进行接种肉毒毒素检验。需要特别注意的是,中温性厌氧细菌在污染 pH 处于 4.6～5.0 范围的低酸性产品时,可能会发生该菌发育不正常的情况。这种情况的主要特征是不能从外观简单判断该罐头食品是否腐败变质。因为即使其内容物已经腐败变质,但细菌没有释放气体,罐听不出现膨胀的物理可视现象。

3.1.4 中温性需氧芽孢菌引起的变质

中温性需氧菌以及兼性厌氧芽孢菌残留在低酸性罐头食品中,在一定条件的催化作用下(如罐听内的真空度不足、长期贮存于适合中温性需氧菌以及厌氧芽孢菌生长的中等温度下),很大可能在罐头内生长繁殖从而使罐头内食品产生变质。

中温性芽孢菌具有一定的糖类分解能力,与嗜热性芽孢厌氧菌不同的是,中温性需氧芽孢菌在分解糖类物质后绝大多数只产酸而不产气。其致病微生物绝大多数为各种杆菌。比较常见的有枯草芽孢杆菌(*B. subtilis*)、短小芽孢杆菌(*B. pumilus*)、巨大芽孢杆菌(*B. megaterium*)、蜡样芽孢杆菌(*B. cereus*)、环状芽孢杆菌(*B. circulans*)和某些地衣芽孢杆菌(*B. licheniformis*)。较为特殊的是多黏芽孢杆菌(*B. polymyxa*)和浸麻芽孢杆菌(*B. macerans*),这两种杆菌在分解糖类物质产酸时,也能产生气体,可使罐听发生膨胀。因为物理视觉鉴别方面与嗜热性厌氧芽孢菌类似,所以由它们引起的腐败常被误判为嗜热性厌氧芽孢菌腐败,需开罐进行确定检验。

3.1.5 非芽孢细菌引起的变质

在经过罐头正常生产中的加热杀菌处理工序后,低酸性罐头食品中禁止残留非芽孢细菌。除非由于物理原因,也就是常说的罐头密封不良并且在杀菌后的冷却或贮藏过程中被污染,才有可能在罐头食品中发现此类细菌。

目前罐头食品内容物中常见的非芽孢细菌是链球菌以及杆菌类细菌。嗜热链球菌(*S. thermophilus*)、粪链球菌(*E. faecalis*)和液化粪链球菌(*E. faecalis liquefaciens*)都是抗热能力较强的非芽孢细菌,经过 60℃、30 min 的加热处理,尚能生存,所以较为常见。而大肠杆菌由于不耐热，在上述杀菌处理的罐头食品中不应该有残存，如果确实检出，可以视为由于罐头密封不良而侵入。因此，活的非芽孢杆菌（包括肠杆菌）和球菌的检出通常被认为是罐头渗漏的指标。而这类细菌从外界侵入罐头中活动，常常引起内容物的酸败。

3.2 引起酸性罐头食品变质的因素和微生物

酸性罐头食品的微生物学腐败现象是由在 pH 4.6 以下酸性环境中生长的微生物所引起的。所以上文提到的，常见于低酸性罐头食品的肉毒梭菌在此类产品内是不能得到生长繁殖的。

在酸性罐头食品的加工过程中，为了保持其产品内容物的形状、色泽等，常进行非高温灭菌或者高温加热灭菌，若灭菌时间不足，可能导致部分耐酸性芽孢菌或孢子在罐头中残存。通常有以下几类细菌。

3.2.1 产芽孢的细菌

在酸性罐头食品中能产生芽孢的细菌常见为丁酸厌氧菌（*Butyric anaerobes*），主要包含中温性厌氧的巴氏芽孢梭菌、多黏芽孢杆菌、凝结芽孢杆菌以及丁酸梭菌。它们能产生丁酸以及二氧化碳和氢气，使酸性罐头食品内容物带有酸臭难闻的气味。

3.2.2 不产芽孢的杆菌及酵母菌

此种情况通常发生在酸性罐头加工过程中，因加热不充分而残留在罐听外的微生物，可能因罐听在生产中密封不良而侵入。这类细菌有中温性产酸菌的明串珠菌，特性为引起水果及水果制品的酸败。又如乳酸杆菌异型发酵菌种，可造成番茄制品和水果罐头的产气型腐败。

3.2.3 抗热性霉菌及酵母菌

这类细菌常见的是黄色丝衣霉菌，其耐热性较其他霉菌强，85℃ 30 min 处理依然难以将其灭活。并且因其对氧气依赖不强，能在氧气不足的环境中生长，而具有强烈的破坏果胶质的作用，经常存活在水果罐头中并繁殖，可使内容物中水果解体。该菌同样能分解糖，产生二氧化碳而造成水果罐头膨胀。其次是白色丝衣霉菌，它也有较强的耐热性，在 76.6℃中能生存 30 min，也可使罐头败坏。这类抗热性霉菌引起的罐头食品变质，可通过霉臭味、食品褪色、组织结构改变、内容物中有霉菌菌丝以及罐盖的轻度膨胀等感官检查得到证实。

3.2.4 其他原因

以上提到的低酸性罐头食品因为罐听长期贮存在 43℃以上温度，且内容物残留嗜热菌所发生的胖听现象，以及在 35℃和 55℃两种温度下都能生长的耐热平酸菌所引起的内容物腐败现象，同样会出现于酸性罐头食品之中。

任务七　乳品中乳酸菌检测

【任务要求】

1. 掌握乳品中乳酸菌的检测方法。

2. 能够对乳品中乳酸菌的检测结果做出准确、规范的报告。

【参考标准】

中华人民共和国国家标准 GB 4789.35—2016《食品微生物学检验　乳酸菌检验》。

【检测流程】

样品前处理→制样→稀释→培养→计数→报告填写。

【任务实施】

1　用品准备

除微生物实验室常规灭菌及培养设备外，其他设备和材料如下。

(1)恒温培养箱：36℃±1℃；

(2)冰箱：2～5℃；

(3)均质器及无菌均质袋、均质杯或灭菌乳钵；

(4)天平：感量 0.01 g；

(5)无菌试管：18 mm×180 mm、15 mm×100 mm；

(6)无菌吸管：1 mL(具 0.01 mL 刻度)、10 mL(具 0.1 mL 刻度)；

(7)无菌锥形瓶：500 mL、250 mL；

(8)微量移液器及吸头：1.0 mL。

2　培养基和试剂

(1)灭菌生理盐水：见附录 B.2；

(2)MRS(Man Rogosa Sharpe)培养基：见附录 A.35；

(3)莫匹罗星锂盐和半胱氨酸盐酸盐改良 MRS 培养基：见附录 A.36；

(4)MC(Modified Chalmers)培养基：见附录 A.37；

(5)0.5%蔗糖发酵管:见附录 A.38;

(6)0.5%纤维二糖发酵管:见附录 A.38;

(7)0.5%麦芽糖发酵管:见附录 A.38;

(8)0.5%甘露醇发酵管:见附录 A.38;

(9)0.5%水杨苷发酵管:见附录 A.38;

(10)0.5%山梨醇发酵管:见附录 A.38;

(11)0.5%乳糖发酵管:见附录 A.38;

(12)七叶苷发酵管:见附录 A.39;

(13)革兰氏染色液:见附录 C.10;

(14)莫匹罗星锂盐(Li-Mupirocin):化学纯;

(15)半胱氨酸盐酸盐(Cysteine Hydrochloride):纯度>99%。

3 检测程序

乳酸菌检测程序见图 6-7-1。

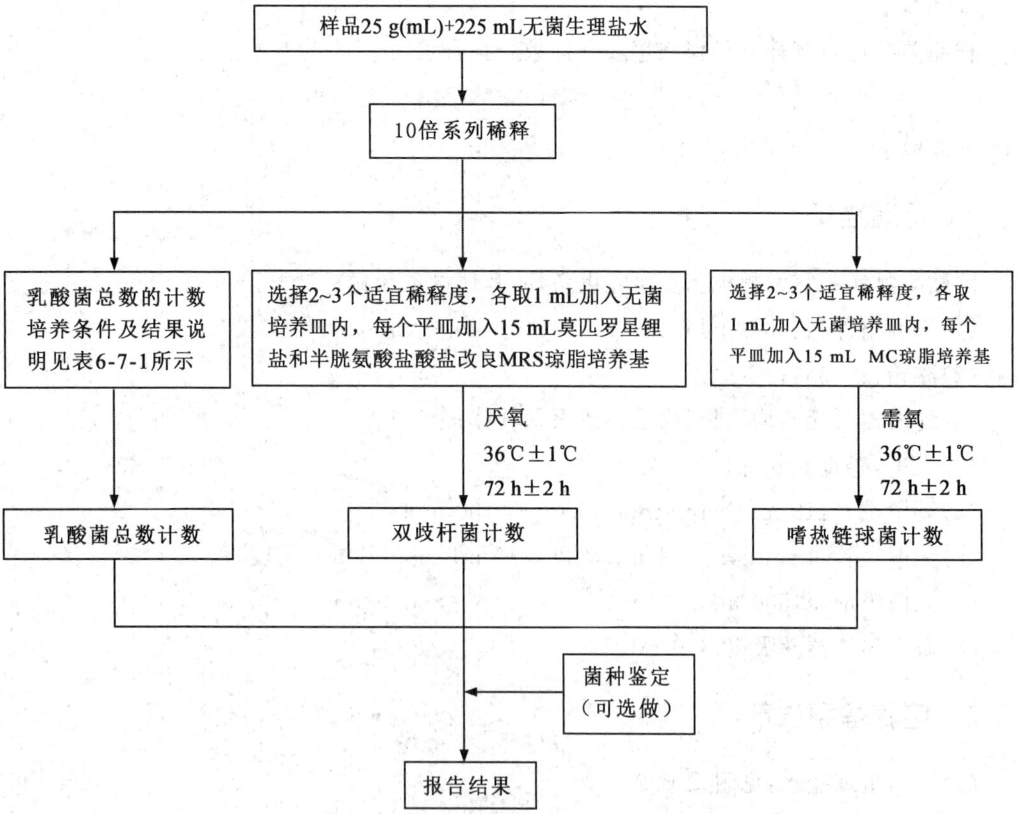

图 6-7-1 乳酸菌检测程序

4　操作步骤

4.1　样品制备

样品的全部制备过程均应遵循无菌操作程序。

冷冻样品：在 2～5℃条件下解冻，时间不超过 18 h，也可在温度不超过 45℃的条件下解冻，时间不超过 15 min。

固体和半固体食品：以无菌操作称取 25 g 样品，置于装有 225 mL 生理盐水的无菌均质杯内，8 000～10 000 r/min 均质 1～2 min，制成 1∶10 的样品匀液，或置于装有 225 mL 生理盐水的无菌均质袋中，用拍击式均质器拍打 1～2 min，制成 1∶10 的样品匀液。

液体样品：充分摇匀后，以无菌吸管吸取样品 25 mL 放入装有 225 mL 生理盐水的无菌锥形瓶（瓶内预置适当数量的无菌玻璃珠）中，充分振摇，制成 1∶10 的样品匀液。

4.2　步骤

（1）10 倍系列稀释

用 1 mL 无菌吸管或微量移液器吸取 1∶10 样品匀液 1 mL，沿管壁缓慢注于装有 9 mL 生理盐水的无菌试管中（注意吸管尖端不要触及稀释液），振摇试管或换用一支无菌吸管反复吹打使其混合均匀，制成 1∶100 的样品匀液。另取 1 mL 无菌吸管或微量移液器吸头，按上述操作顺序，做 10 倍递增样品匀液，每递增稀释一次，换用一支 1 mL 灭菌吸管或吸头。

（2）乳酸菌计数

①乳酸菌总数

乳酸菌总数计数培养条件的选择及结果说明见表 6-7-1。

表 6-7-1　乳酸菌总数计数培养条件的选择及结果说明

样品中所包括乳酸菌菌属	培养条件的选择及结果说明
仅包括双歧杆菌属	按 GB 4789.34—2016 的规定执行
仅包括乳杆菌属	按照（2）④操作。结果即为乳杆菌属总数
仅包括嗜热链球菌	按照（2）③操作。结果即为嗜热链球菌总数
同时包括双歧杆菌属和乳杆菌属	a. 按照（2）④操作。结果即为乳酸菌总数；b. 如需单独计数双歧杆菌属数目，按照（2）②操作
同时包括双歧杆菌属和嗜热链球菌	按照（2）②和（2）③操作，二者结果之和即为乳酸菌总数；b. 如需单独计数双歧杆菌属数目，按照（2）②操作
同时包括乳杆菌属和嗜热链球菌	a. 按照（2）③和（2）④操作，二者结果之和即为乳酸菌总数；b.（2）③结果为嗜热链球菌总数；c.（2）④结果为乳杆菌属总数
同时包括双歧杆菌属、乳杆菌属和嗜热链球菌	a. 按照（2）③和（2）④操作，二者结果之和即为乳酸菌总数；b. 如需单独计数双歧杆菌属数目，按照（2）②操作

②双歧杆菌计数

根据对待检样品双歧杆菌含量的估计,选择 2~3 个连续的适宜稀释度,每个稀释度吸取 1 mL 样品匀液于灭菌平皿内,每个稀释度做两个平皿。稀释液移入平皿后,将冷却至 48℃的莫匹罗星锂盐和半胱氨酸盐酸盐改良的 MRS 培养基倾注入平皿约 15 mL,转动平皿使之混合均匀。在 36℃±1℃下厌氧培养 72 h±2 h,培养后计数平板上的所有菌落数。从样品稀释到平板倾注要求在 15 min 内完成。

③嗜热链球菌计数

根据待检样品嗜热链球菌活菌数的估计,选择 2~3 个连续的适宜稀释度,每个稀释度吸取 1 mL 样品匀液于灭菌平皿内,每个稀释度做两个平皿。稀释液移入平皿后,将冷却至 48℃的 MC 培养基倾注入平皿约 15 mL,转动平皿使之混合均匀。在 36℃±1℃下需氧培养 72 h±2 h,培养后计数。嗜热链球菌在 MC 琼脂平板上的菌落特征为:菌落中等偏小,边缘整齐光滑,直径为 2 mm±1 mm,菌落背面为粉红色。从样品稀释到平板倾注要求在 15 min 内完成。

④乳杆菌计数

根据待检样品活菌总数的估计,选择 2~3 个连续的适宜稀释度,每个稀释度吸取 1 mL 样品匀液于灭菌平皿内,每个稀释度做两个平皿。稀释液移入平皿后,将冷却至 48℃的 MRS 琼脂培养基倾注入平皿约 15 mL,转动平皿使之混合均匀。在 36℃±1℃下厌氧培养 72 h±2 h。从样品稀释到平板倾注要求在 15 min 内完成。

4.3 菌落计数

可用肉眼观察,必要时用放大镜或菌落计数器,记录稀释倍数和相应的菌落数量。菌落计数以菌落形成单位(colony-forming units,CFU)表示。

选取菌落数在 30~300 CFU 之间、无蔓延菌落生长的平板计数菌落总数。低于 30 CFU 的平板记录具体菌落数,大于 300 CFU 的可记录为多不可计。每个稀释度的菌落数应采用两个平板的平均数。

其中一个平板有较大片状菌落生长时,则不宜采用,而应以无片状菌落生长的平板计数该稀释度的菌落数;若片状菌落不到平板的一半,而其余一半中菌落分布均匀,即可计算半个平板后乘以 2,代表一个平板菌落数。

当平板上出现菌落间无明显界线的链状生长时,则将每条单链作为一个菌落计数。

4.4 结果的表述

若只有一个稀释度平板上的菌落数在适宜计数范围内,计算两个平板菌落数的平均值,再将平均值乘以相应稀释倍数,作为每克或每毫升中菌落总数结果。

若有两个连续稀释度的平板菌落数在适宜计数范围内时,按下列公式计算:

$$N = \frac{\sum C}{(n_1 + 0.1n_2)d}$$

式中:N——样品中菌落数;

$\sum C$——平板(含适宜范围菌落数的平板)菌落数之和;

n_1——第一稀释度(低稀释倍数)平板个数;

n_2——第二稀释度（高稀释倍数）平板个数；

d——稀释因子（第一稀释度）。

若所有稀释度的平板上菌落数均大于 300 CFU，则对稀释度最高的平板进行计数，其他平板可记录为多不可计，结果按平均菌落数乘以最高稀释倍数计算。

若所有稀释度的平板菌落数均小于 30 CFU，则应按稀释度最低的平均菌落数乘以稀释倍数计算。

若所有稀释度（包括液体样品原液）平板均无菌落生长，则以小于 1 乘以最低稀释倍数计算。

若所有稀释度的平板菌落数均不在 30～300 CFU 之间，其中一部分小于 30 CFU 或大于 300 CFU 时，则以最接近 30 CFU 或 300 CFU 的平均菌落数乘以稀释倍数计算。

4.5　菌落数的报告

菌落数小于 100 CFU 时，按“四舍五入”原则修约，以整数报告。

菌落数大于或等于 100 CFU 时，第 3 位数字采用“四舍五入”原则修约后，取前 2 位数字，后面用 0 代替位数；也可用 10 的指数形式来表示，按“四舍五入”原则修约后，采用两位有效数字。

称重取样以 CFU/g 为单位报告，体积取样以 CFU/mL 为单位报告。

5　结果与报告

将菌落计数结果填入表 6-7-2。

表 6-7-2　乳品中乳酸菌检测结果报告

稀释度												
平板	1	2	3	平均	1	2	3	平均	1	2	3	平均
每毫升中的乳酸菌数												
检测结果	1 mL 酸奶中的乳酸菌数为＿＿＿＿＿＿											

6　乳酸菌的鉴定（可选做）

6.1　纯培养

挑取 3 个或以上单个菌落，嗜热链球菌接种于 MC 琼脂平板，乳杆菌属接种于 MRS 琼脂平板，在 36℃±1℃下厌氧培养 48 h。

6.2　鉴定

双歧杆菌的鉴定按 GB 4789.34—2016 的规定操作。

涂片镜检：乳杆菌属菌体形态多样，呈长杆状、弯曲杆状或短杆状，无芽孢，革兰氏染色阳性。嗜热链球菌菌体呈球形或球杆状，直径为 0.5～2.0 μm，成对或成链排列，无芽孢，革兰氏染色阳性。

乳酸菌菌种主要生化反应见表 6-7-3 和表 6-7-4。

表 6-7-3　常见乳杆菌属内种的碳水化合物反应

菌种	七叶苷	纤维二糖	麦芽糖	甘露醇	水杨苷	山梨醇	蔗糖	棉子糖
干酪乳杆菌干酪亚种(*L. casei* subsp. *casei*)	+	+	+	+	+	+	+	−
德氏乳杆菌保加利亚种(*L. delbrueckii* subsp. *bulgaricus*)	−	−	−	−	−	−	−	−
嗜热乳杆菌(*L. acidophilus*)	+	+	+	−	+	−	+	d
罗伊氏乳杆菌(*L. reuteri*)	ND	−	+	−	−	−	+	+
鼠李糖乳杆菌(*L. rhamnosus*)	+	+	+	+	+	+	+	−
植物乳杆菌(*L. plantarum*)	+	+	+	+	+	+	+	+

注：+表示 90%以上菌株阳性；−表示 90%以上菌株阴性；d 表示 11%~89%菌株阳性；ND 表示未测定。

表 6-7-4　嗜热链球菌的主要生化反应

菌种	菊糖	乳糖	甘露醇	水杨苷	山梨醇	马尿酸	七叶苷
嗜热链球菌(*S. thermophilus*)	−	+	−	−	−	−	−

注：+表示 90%以上菌株阳性；−表示 90%以上菌株阴性。

【任务评价】

表 6-7-5　乳品中乳酸菌检测任务考核参考标准

序号	考核项目	考核内容	考核标准	考核方法	标准分值
1	职业基本素质	学习工作态度	态度端正，积极主动，工作认真。参与意识强，不请假，不懈怠，全勤，否则将酌情扣分。任务领会到位。有敬业精神	单人考核	10
		团队协作	服从工作安排，协调意识强，与小组其他成员配合好，否则将酌情扣分	小组考核	10
2	岗位专业技能	用具准备	能够根据检测需求，自主准备好相关器具，确保无菌操作。保证操作过程完整连贯。否则将酌情扣分	单人考核	10
		样品处理	正确地称量、吸取、稀释样品，操作熟练，确保无菌操作，减少外界污染。否则将酌情扣分	单人考核	20
		结果计数与数据处理	能够根据检测结果选择不同的计数方法和数据计算方法，正确地进行数据修约。所填数据与实际不符的将酌情扣分	单人考核	20
		报告填写	能够正确地填写检测记录单，字迹工整	单人考核	10

续表 6-7-5

序号	考核项目	考核内容	考核标准	考核方法	标准分值
3	职业方法与能力	方法能力	善于思考，主动思考，勤于思考。独立分析和解决问题的能力强，能够主动、准确地表达自己的想法。	单人考核	5
		工作过程	积极主动地参与任务工作过程，规范、认真。工作任务记录完整，语言简洁，字迹工整	小组考核	5
		训练与总结	积极准确地完成作业单，及时上交报告，有个人见解。能够自主利用网上平台开展学习与训练。善于反思，勤于反馈，积极总结经验教训	单人考核	10
	合计				100

【师徒共研】

1. 检测巴氏杀菌乳产品时需注意什么问题？

由于巴氏杀菌乳产品保质期较短，保存温度较低，应当注意样品的保存温度，且必须在产品的保质期内完成检测和结果的反馈工作。

2. 菌落计数时，如果菌落连片生长应如何计数？

如果一个平板上有较大片状菌落生长，则不宜采用，而应以无片状菌落生长的平板计数该稀释度的菌落数；若片状菌落不到平板的一半，而其余一半中菌落分布均匀，可计算半个平板的菌落数后乘以2，代表一个平板菌落数。当平板上出现菌落间无明显界线的链状生长时，则将每条单链作为一个菌落计数。

3. 如何消除样品中的果肉等固体物质对检测结果的干扰？

目前市场上的乳制品种类丰富、花样繁多，许多乳制品中均加入固形物以增加乳制品的口感。在检测过程中，为了使固形物不影响检测及计数观察，一定要对样品进行均质，经过一定倍数的稀释后可逐渐消除其对计数结果的影响。

4. 样品经检测后，不同稀释度的平皿内的菌落数基本相同，原因是什么？

如果样品经检测后，各个稀释度的平皿中菌落数大致相同，就要检查一下空白对照平板。如果空白也有相同的菌落出现，则说明用具消毒不彻底；如果空白表现正常，没有菌落生长，则说明样品的稀释出现问题，或者加样过程中移液管未更换或操作不严格。

【知识链接】

1 乳及乳制品中的微生物污染

乳中微生物可来自乳房内，也可来自乳制品的生产加工和流通过程。微生物污染乳后，可引起乳的酸败和人的食源性疾病。乳被微生物污染可通过两个途径：一是内源性污染，在挤出之前受到了微生物污染。当乳畜患有结核病等人畜共患病时，可引起乳的内源性污染。影响乳制品卫生的奶牛常见疾病有结核病、布鲁氏菌病、炭疽、口蹄疫、李氏杆菌病、副伤寒和乳腺炎等，尤以布鲁氏菌病、结核病和乳腺炎等疾病最为常见。二是外源性污染，乳挤出后被微生物污染。引起二次污染的微生物数量和种类比一次污染的要多且复杂，在乳制品微生物污染方面占有重要地位，可概括为以下几个方面：体表的污染、环境的污染、容器和设备的污染。乳制品在生产加工、运输及贮存过程中，使用或接触不清洁的乳桶、挤乳机、过滤纱布、过滤器、冷却器、贮乳槽、乳槽车、离心机等加工设备和包装材料，是造成乳制品中微生物含量极高的主要原因。工作人员的污染，如挤乳人员的手臂和衣服的不清洁、患有传染病或挤乳和加工乳制品时操作不卫生，均会污染乳制品。其他方面的污染包括生产用水不卫生、苍蝇和蟑螂等昆虫的滋生，也可造成乳制品的微生物污染。

乳中常见的微生物主要有细菌、霉菌和酵母。

1.1 细菌

1.1.1 腐败菌

乳及乳制品中常见的腐败菌有乳酸菌、丙酸菌、丁酸菌、大肠埃希氏菌、产气杆菌、枯草芽孢杆菌、巨大芽孢杆菌、蜡样芽孢杆菌、凝结芽孢杆菌、丁酸芽孢杆菌、酪酸梭状芽孢菌等。它们来自饲料和环境，可引起乳的发酵。此外，乳中还有假单胞菌属、产碱杆菌属、小球菌属的细菌，它们存在于牛舍、饲料、粪便或环境中，可使牛乳或乳制品发酵、酸败和氧化而变质。

1.1.2 致病菌

乳中致病菌有几十种，常见的有金黄色葡萄球菌、牛分枝杆菌、溶血性链球菌、致病性大肠埃希氏菌、沙门氏菌、志贺氏菌、变形杆菌、炭疽杆菌、肉毒杆菌、布鲁氏菌、白喉杆菌和霍乱弧菌等。这些病原菌主要来自病畜、病人和带菌者。

1.1.3 噬菌体

噬菌体是侵入微生物中病毒的总称，故也称细菌病毒。它只能生长于宿主菌内，并在宿主菌内裂殖，导致宿主的破裂。乳制品发酵剂受到噬菌体污染而导致发酵失败，是干配种、酸奶生产中很难解决的问题。

1.2 真菌

乳及乳制品中存在的主要霉菌有根霉、毛霉、曲霉、青霉、串珠霉等，大多数（如污染奶油、干酪表面的霉菌）属于有害菌，可引起干酪、乳酪、奶油等乳制品变质，有些霉菌可产生毒素。

1.3 酵母菌

乳与乳制品中常见的酵母菌有酵母属的脆壁酵母、毕赤氏酵母属的膜醭毕赤氏酵母、德巴利氏酵母属的汉逊氏酵母和圆酵母属及假丝酵母属等。酵母可引起乳发酵和滋味发酸、发臭，使干酪和炼乳罐头发生膨胀。

2 乳酸菌及其检测

乳酸菌是一类革兰氏阳性、不产生芽孢，能利用糖类产生乳酸的细菌的通称，主要包括乳杆菌属(*Lactobacillus*)、双歧杆菌属(*Bifidobacterium*)和链球菌属(*Streptococcus*)。这类细菌在自然界分布广泛,可栖居在人和各种动物的口腔、肠道等器官内,在土壤、食品、饲料、水及一些临床标本中都有乳酸菌的存在。乳酸菌在工业、农业和医药等与人类生活密切相关的领域应用价值很高,相当多的乳酸菌对人畜的健康起着有益的作用,但个别菌种对人畜有害。

2.1 乳酸菌的功能

乳酸菌发酵产生的有机酸、特殊酶等物质具有生理功能,可刺激组织发育,对机体的营养状态、免疫反应和应激反应等产生作用。大量研究资料表明,乳酸菌能促进动物生长,调节胃肠道正常菌群,维持微生态平衡,从而改善胃肠道功能;能提高食物消化率和生物效价;可降低血清胆固醇,控制内毒素;可抑制肠道内腐败菌生长;能提高机体免疫力等。

2.2 乳酸菌的检测方法

检测乳酸菌的方法主要有乳酸菌的形态学观察、乳酸菌的生化鉴定和测定代谢产物等。其中乳酸菌的形态学观察包括平板菌落特征的观察、光学显微镜观察、电镜观察。而乳酸菌生化特征的测定包括氧化酶试验、葡萄糖的氧化发酵测定、糖类或醇类的发酵试验、乙醇的氧化、乙酸的氧化、产氨试验、硝酸盐还原试验、脲酶测定、吲哚产生试验、氨基酸脱羧测定、明胶水解等。

3 影响乳及乳制品安全性的化学污染

3.1 农药

主要有杀虫剂、除草剂等农药,它们来自被污染的饲料。

3.2 兽药

用于治疗牲畜疾病的抗生素、磺胺类、驱虫药等残留于乳中。

3.3 有害元素

主要有汞、铅、砷等有害元素。这些元素主要来自“工业三废”,通过食物链进入动物体内,残留于乳汁中。

3.4 霉菌毒素

乳中黄曲霉毒素主要来自饲料。

3.5 硝酸盐和亚硝酸盐

硝酸盐在人体肠道内被还原为亚硝酸盐可引起中毒,乳和乳制品中残留的硝酸盐和亚硝酸盐主要来自饲料、生产用水或人为掺假。

3.6 激素

目前多种激素用于畜牧业中,如雌二醇、催产素、黄体酮等,它们均会残留于乳中。

3.7 掺假物

水是最常见的一种掺假物质，加入量(体积分数)一般为5%～20%，有时高达30%。

3.8 电解质

为了增加乳的密度或掩盖乳的酸败，在乳中掺入电解质。

3.8.1 中性盐类

为了提高乳的密度，常在牛乳中掺入食盐、土盐、芒硝、硝酸钠和亚硝酸钠等物质。

3.8.2 碱性物质

为了降低乳的酸度，掩盖乳的酸败，防止乳因酸败而发生凝结现象，常在乳中加入少量碳酸钠、碳酸氢钠、明矾、石灰水、氨水等中和剂。

3.8.3 非电解质物质

这种物质加入水中后不发生电离，如在乳中掺入尿素、蔗糖等，其目的是增加乳的密度。

3.8.4 胶体物质

这类物质一般是大分子物质，在水中以胶体溶液、乳浊液等形式存在。加入胶体物质能增加乳的黏度，感官检验时乳品没有稀薄感，如在乳中加入米汤、豆浆和明胶等。

3.8.5 防腐物质

为了防止乳的酸败，在乳中加入具有抑菌或杀菌作用的物质，常见的有两类：一是防腐剂，主要有甲醛、苯甲醛、水杨酸、硼酸及其盐类、过氧化氢、亚硼酸钠、重铬酸钾等；另一类是抗生素，主要有青霉素、链霉素、红霉素等。

4 乳制品常用检测技术

目前，国内外用于检测乳及乳制品的方法很多，常用的有以下几种。

4.1 微生物检测法

牛奶中药物残留检测常用的微生物检测法之一是纸片法。纸片法包括枯草芽孢杆菌纸片法和嗜热脂肪杆菌纸片法，主要用于检测牛奶中的β-内酰胺类抗生素。它具有费用低、易开展的优点。缺点是耗时长，要求操作人员有一定的专业知识且试验过程中菌液的制备、水浴过程控制都要求严格遵守操作规程，否则易出现假阳性，以致检验结果不稳定。

4.2 理化检测法

理化检测法是指利用抗生素分子中的基团所具有的特殊反应或性质对其进行分离的检测方法，分离部分应用较多的技术有色谱和毛细管电泳技术，检测部分应用较多的有紫外、荧光、质谱、化学发光等技术以及二者联用技术。随着新技术的出现，理化检测技术的分离效率和检测灵敏度不断提高，结果稳定、重复性好、精确可靠，可用于定性分析和定量分析，但有些样品理化检测方法程序复杂，费用较昂贵。目前最常用的理化检测方法是高效液相色谱和质谱联用技术。

4.2.1　高效液相色谱技术

高效液相色谱技术是目前广泛应用的一种理化检测方法，它引入了气相色谱理论，实现了分离速度快、效率高和操作自动化。高效液相色谱法测定牛奶中的药物残留包括样品处理、残留药物分离和残留药物检测3个步骤。

4.2.2　色质联用技术

色质联用法由于实现了高效层析分离和检测联机，可用微电脑控制层析条件、程序和处理数据，特异性、灵敏度和重复性均好，并可一次同时完成同一样本中多种药物及其代谢物的检测。

4.2.3　免疫分析技术

目前应用的残留免疫分析技术包括相对独立的分析方法（即免疫测定法，包括放射免疫测定法、酶联免疫吸附测定法等）和免疫净化法（即将免疫分析技术与常规理化分析技术联用，如免疫亲和色谱法）。

4.2.4　快速检测新技术

牛奶质量安全快速检测分为实验室快速检测与现场快速检测。实验室快速检测着重于利用一切可以利用的食品设备进行快速定性与定量分析，一般在2 h内能够出定量分析结果的即可视为快速方法。现场快速检测着重于在现场对检测对象进行快速定性和定量分析，一般在30 min内能够出结果。如中红外乳成分在线快速分析技术、酶联法快速检测牛奶体细胞技术、生物传感器与生物芯片技术等。

任务八　食品中副溶血性弧菌检测

【任务要求】

1. 掌握食品中副溶血性弧菌的检测方法。
2. 能够对食品中副溶血性弧菌的检测结果做出准确、规范的报告。

【参考标准】

中华人民共和国国家标准GB 4789.7—2013《食品微生物学检验　副溶血性弧菌检验》。

【检测流程】

样品制备→增菌→分离→纯培养→初步鉴定→确定鉴定→报告填写。

【任务实施】

1　用品准备

除微生物实验室常规灭菌及培养设备外，其他设备和材料如下。

(1)恒温培养箱：36℃±1℃；

(2)冰箱：2～5℃、7～10℃；

(3)恒温水浴箱：36℃±1℃；

(4)均质器或无菌乳钵；

(5)天平：感量 0.1 g；

(6)无菌试管：18 mm×180 mm、15 mm×100 mm；

(7)无菌吸管：1 mL(具 0.01 mL 刻度)、10 mL(具 0.1 mL 刻度)；

(8)无菌锥形瓶：容量 250 mL、500 mL、1 000 mL；

(9)无菌培养皿：直径 90 mm；

(10)微量移液器及吸头：1.0 mL；

(11)全自动微生物生化鉴定系统；

(12)无菌手术剪、镊子。

2　培养基和试剂

(1)3%氯化钠碱性蛋白胨水：见附录 A.40；

(2)硫代硫酸盐-柠檬酸盐-胆盐-蔗糖(TCBS)琼脂：见附录 A.41；

(3)3%氯化钠胰蛋白胨大豆琼脂：见附录 A.42；

(4)3%氯化钠三糖铁琼脂：见附录 A.43；

(5)嗜盐性试验培养基：见附录 A.44；

(6)3%氯化钠甘露醇试验培养基：见附录 A.45；

(7)3%氯化钠赖氨酸脱羧酶试验培养基：见附录 A.46；

(8)3%氯化钠 MR-VP 培养基：见附录 A.47；

(9)3%氯化钠溶液：见附录 A.48；

(10)我妻氏血琼脂：见附录 A.49；

(11)氧化酶试剂：见附录 A.50；

(12)革兰氏染色液：见附录 C.10；

(13)ONPG 试剂：见附录 A.51；

(14)Voges-Proskauer(V-P)试剂：见附录 A.52；

(15)弧菌显色培养基；

(16)生化鉴定试剂盒。

3 检验程序

副溶血性弧菌检验程序如图 6-8-1 所示。

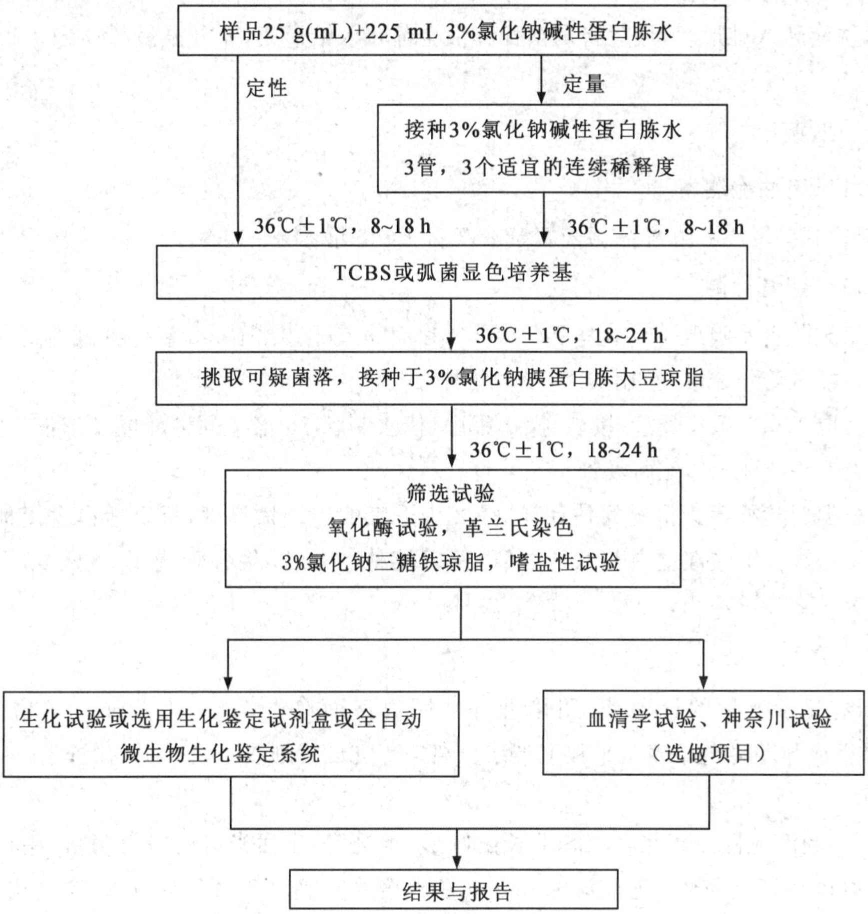

图 6-8-1 副溶血性弧菌检验程序

4 操作步骤

4.1 样品制备

非冷冻样品采集后应立即置于 7～10℃冰箱中保存，及早检验；冷冻样品应在 45℃以下不超过 15 min 或在 2～5℃不超过 18 h 解冻。

鱼类和头足类动物取表面组织、肠或鳃。贝类取全部内容物，包括贝肉和体液。甲壳类取整个动物，或者动物的中心部分，包括肠和鳃。如为带壳贝类或甲壳类，则应先在自来水中洗刷外壳并甩干表面水分，然后以无菌操作打开外壳，按上述要求取相应部分。

以无菌操作取样品 25 g(mL)，加入 3%氯化钠碱性蛋白胨水 225 mL，用旋转刀片式均质器以 8 000 r/min 均质 1 min，或用拍击式均质器拍击 2 min，制成 1∶10 的样品匀液。如无均质器，可将样品放入无菌乳钵，从 225 mL 3%氯化钠碱性蛋白胨水中取少量稀释液加入无菌乳钵，样品磨碎后转入 500 mL 菌锥形瓶，再用少量稀释液冲洗乳钵中的残留样品 1～2 次，洗液转入锥形瓶，最后将剩余稀释液全部转入锥形瓶，充分振荡，制成 1∶10 的样品匀液。

4.2 增菌

4.2.1 定性检测

将上述制备的 1∶10 样品匀液置于 36℃±1℃下培养 8～18 h。

4.2.2 定量检测

(1)用无菌吸管吸取 1∶10 样品匀液 1 mL，注入盛有 9 mL 3%氯化钠碱性蛋白胨水的试管内，振摇试管使之混匀，制成 1∶100 的样品匀液。

(2)另取 1 mL 无菌吸管，按(1)操作程序，依次制备 10 倍系列稀释样品匀液，每递增稀释一次，换用一支 1 mL 无菌吸管。

(3)根据对检样污染情况的估计，选择 3 个适宜的连续稀释度，每个稀释度接种 3 支盛有 9 mL 3%氯化钠碱性蛋白胨水的试管，每管接种 1 mL。将各管置于 36℃±1℃恒温箱内，培养 8～18 h。

4.3 分离

对所有显示生长的增菌液，用接种环在距离液面以下 1 cm 内蘸取一环增菌液，于 TCBS 平板或弧菌显色培养基平板上划线分离。一支试管划线一块平板，并置于 36℃±1℃下培养 18～24 h。

典型的副溶血性弧菌在 TCBS 上长出圆形、半透明、表面光滑的绿色菌落，用接种环轻触，有类似口香糖的质感，直径为 2～3 mm。从培养箱取出 TCBS 平板后，应尽快(不超过 1 h)挑取菌落或标记待挑取的菌落。典型的副溶血性弧菌在弧菌显色培养基上的特征按照产品说明进行判定。

4.4 纯培养

挑取 3 个或以上可疑菌落，划线接种 3%氯化钠胰蛋白胨大豆琼脂平板，于 36℃±1℃下培养 18～24 h。

4.5 初步鉴定

(1)氧化酶试验：挑选纯培养的单个菌落进行氧化酶试验，副溶血性弧菌为氧化酶阳性。

(2)涂片镜检：将可疑菌落涂片，进行革兰氏染色，镜检观察形态。副溶血性弧菌为革兰氏阴性，呈棒状、弧状、卵圆状等多形态，无芽孢，有鞭毛。

(3)挑取纯培养的单个可疑菌落，转种 3%氯化钠三糖铁琼脂斜面并穿刺底层，于 36℃±1℃下培养 24 h 后观察结果。副溶血性弧菌在 3%氯化钠三糖铁琼脂中的反应为底层变黄不变黑，无气泡，斜面颜色不变或红色加深，有动力。

(4)嗜盐性试验：挑取纯培养的单个可疑菌落，分别接种不同氯化钠含量(0、6%、8%、10%)的胰蛋白胨水，置于 36℃±1℃下培养 24 h，观察液体浑浊情况。副溶血性弧菌在不含氯化钠和含 10%氯化钠的胰蛋白胨水中不生长或微弱生长，在含 6%氯化钠和 8%氯化钠的胰蛋白胨水中生长旺盛。

4.6　确定鉴定

取纯培养物分别接种含 3%氯化钠的甘露醇试验培养基、赖氨酸脱羧酶试验培养基、MR-VP 培养基，于 36℃±1℃下培养 24～48 h 后观察结果；取 3%氯化钠三糖铁琼脂隔夜培养物进行 ONPG 试验。可选择生化鉴定试剂盒或全自动微生物生化鉴定系统等方法，按照产品说明书进行操作。

5　血清学分型(选做项目)

5.1　制备

接种两管 3%氯化钠胰蛋白胨大豆琼脂试管斜面，于 36℃±1℃下培养 18～24 h。用含 3%氯化钠的 5%甘油溶液冲洗 3%氯化钠胰蛋白胨大豆琼脂斜面培养物，制得浓厚的菌悬液。

5.2　K 抗原的鉴定

取一管制备好的菌悬液，首先用多价 K 抗血清进行检测，出现凝集反应时再用单个的抗血清进行检测。用蜡笔在一张玻片上划出适当范围的间隔和一个对照间隔。在每个间隔内各滴加一滴菌悬液，并对应加入一滴 K 抗血清。在对照间隔内加一滴 3%氯化钠溶液。轻微倾斜玻片，使各成分相混合，再前后摇动玻片 1 min。阳性凝集反应可以被立即观察到。

5.3　O 抗原的鉴定

将另外一管菌悬液转入离心管内，121℃下灭菌 1 h。灭菌后 4 000 r/min 离心 15 min，弃上清液，沉淀用生理盐水洗 3 次，每次 4 000 r/min 离心 15 min，最后一次离心后留少许上清液，混匀制成菌悬液。用蜡笔将玻片划分成相等的间隔。在每个间隔内各加入一滴菌悬液，再分别加入一滴 O 群血清，最后一个间隔加一滴生理盐水作为自凝对照。轻微倾斜玻片，使各成分相混合，再前后摇动玻片 1 min。阳性凝集反应可以被立即观察到。如果未见到与 O 群血清的凝集反应，将菌悬液置于 121℃下再次高压 1 h 后，重新检测。如果仍为阴性，则培养物的 O 抗原属于未知。根据表 6-8-1 报告血清学分型结果。

表 6-8-1 副溶血性弧菌的抗原

O 群	K 型
1	1,5,20,25,26,32,38,41,56,58,60,64,69
2	3,28
3	4,5,6,7,25,29,30,31,33,37,43,45,48,54,56,57,58,59,72,75
4	4,8,9,10,11,12,13,34,42,49,53,55,63,67,68,73
5	15,17,30,47,60,61,68
6	18,46
7	19
8	20,21,22,39,41,70,74
9	23,44
10	24,71
11	19,36,40,46,50,51,61
12	19,52,61,66
13	65

6 神奈川试验(选做项目)

神奈川试验是在我妻氏血琼脂平板上测试样品菌液中是否存在特定溶血素。神奈川试验阳性结果与副溶血性弧菌分离株的致病性显著相关。

用接种环将测试菌株的3%氯化钠胰蛋白胨大豆琼脂18 h培养物点种于表面干燥的我妻氏血琼脂平板上,每个平板上可以环状点种几处,于36℃±1℃下培养不超过24 h,并立即观察。阳性结果为菌落周围呈半透明环的β溶血。

7 结果与报告

根据检出的可疑菌落的生化性状,报告25 g(mL)样品中是否检出副溶血性弧菌。如果进行定量检测,根据证实为副溶血性弧菌阳性的试管管数,查最可能数(MPN)检索表,报告25 g(mL)样品中含有副溶血性弧菌的MPN值。副溶血性弧菌的生化性状及其他弧菌的鉴别情况分别见表6-8-2和表6-8-3。

表 6-8-2　副溶血性弧菌的生化性状

试验项目	结果
革兰氏染色镜检	阴性，无芽孢
氧化酶	+
动力	+
蔗糖	−
葡萄糖	+
甘露醇	+
分解葡萄糖产气	−
乳糖	−
硫化氢	−
赖氨酸脱羧酶	+
V-P	−
ONPG	−

注：+表示阳性；−表示阴性。

表 6-8-3　副溶血性弧菌主要性状与其他弧菌的鉴别

名称	氧化酶	赖氨酸	精氨酸	鸟氨酸	明胶	脲酶	V-P	42℃生长	蔗糖	*D*-纤维二糖	乳糖	阿拉伯糖	*D*-甘露糖	*D*-甘露醇	ONPG	嗜盐性试验氯化钠含量/%				
																0	3	6	8	10
副溶血性弧菌	+	+	−	+	+	V	−	+	−	V	−	+	+	+	−	−	+	+	+	−
创伤弧菌	+	+	−	+	+	−	−	+	−	+	+	−	+	V	+	−	+	+	−	−
溶藻弧菌	+	+	−	+	+	−	+	+	+	−	−	−	+	+	−	−	+	+	+	+
霍乱弧菌	+	+	−	+	+	−	V	+	+	−	−	−	+	+	+	+	+	−	−	−
拟态弧菌	+	+	−	+	+	−	−	+	−	−	−	−	+	+	+	+	+	−	−	−
河弧菌	+	−	+	−	+	−	−	V	+	+	−	+	+	+	+	−	+	+	V	−
弗氏弧菌	+	−	+	−	+	−	−	−	+	−	−	+	+	+	+	−	+	+	+	−
梅氏弧菌	−	+	+	−	+	−	+	V	+	−	−	−	+	+	+	−	+	+	V	−
霍利斯弧菌	+	−	−	−	−	−	−	ND	−	−	−	+	+	−	−	−	+	+	−	−

注：+表示阳性；−表示阴性；ND表示未试验；V表示可变。

8 作业单

将检测记录与结果填入表 6-8-4。

表 6-8-4 副溶血性弧菌检测报告单

样品编号			样品名称		
检验依据					
检验环境	温度：　湿度：		检验日期		
所需仪器设备					
样品复苏					
增菌					
选择性琼脂平板				观察现象	结果
分离	TCBS 平板	要求	36℃±1℃;18～24 h		
		培养	__日__时至__日__时		
	弧菌显色培养基	要求	36℃±1℃;18～24 h		
		培养	__日__时至__日__时		
纯培养	3%氯化钠胰蛋白胨大豆琼脂平板	要求	36℃±1℃;18～24 h		
		培养	__日__时至__日__时		
初步鉴定	氧化酶试验				
	涂片镜检				
	3%氯化钠三糖铁				
	嗜盐性试验				
生化试验	3%氯化钠甘露醇	要求	36℃±1℃;18～24 h		
		培养	__日__时至__日__时		
	赖氨酸	要求	36℃±1℃;18～24 h		
		培养	__日__时至__日__时		
确证试验	MR-VP 培养基	要求	36℃±1℃;18～24 h		
		培养	__日__时至__日__时		
	API20E 生化鉴定试剂盒	编码			结果
实验结果					
检验人			备注		

【任务评价】

表 6-8-5 副溶血性弧菌检测任务考核参考标准

序号	考核项目	考核内容	考核标准	考核方法	标准分值
1	职业基本素质	学习工作态度	态度端正,积极主动,工作认真。参与意识强,不请假,不懈怠,全勤,否则将酌情扣分。任务领会到位。有敬业精神	单人考核	10
		团队协作	服从工作安排,协调意识强,与小组其他成员配合好,否则将酌情扣分	小组考核	10
2	岗位专业技能	用具准备	能够根据检测需求,自主准备好相关器具,确保无菌操作。保证操作过程完整连贯。否则将酌情扣分	单人考核	10
		取样、初步鉴定	正确地称量、吸取、稀释样品,操作熟练,确保无菌操作,减少外界污染。氧化酶试验、涂片镜检等操作正确,否则将酌情扣分	单人考核	20
		生化试验、确证试验	能够正确地进行生化试验和确证试验、操作无误。能够根据结果判定要求判定检测结果	单人考核	20
		报告填写	能够正确地填写检测记录单,字迹工整	单人考核	10
3	职业方法与能力	方法能力	善于思考,主动思考,勤于思考。独立分析和解决问题的能力强,能够主动、准确地表达自己的想法	单人考核	5
		工作过程	积极主动地参与任务工作过程,规范、认真。工作任务记录完整,语言简洁,字迹工整	小组考核	5
		训练与总结	积极准确地完成作业单,及时上交报告,有个人见解。能够自主利用网上平台开展学习与训练。善于反思,勤于反馈,积极总结经验教训	单人考核	10
	合计				100

【师徒共研】

1. 如遇冷冻样品,该如何制样?

样品制备时,如遇到冷冻样品,应在45℃以下不超过15 min或2～5℃不超过18 h解冻样品。非冷冻而易腐蚀的样品应及时检验,若不能及时检验,应置于7～10℃冰箱中保存,并在24 h内检验。

2. 如遇鱼类、贝类、甲壳类等样品,该如何取样?

鱼类和头足类动物取表面组织、肠或鳃。贝类取全部内容物,包括贝肉和体液。甲壳类取整个动物,或者动物的中心部分,包括肠和鳃。

3.在日常生活中,如何预防食品中的副溶血性弧菌?

(1)动物性食品应煮熟煮透再吃。

(2)注意海鲜是否干净、新鲜,食用前应用淡水反复冲洗,吃时煮熟煮透,再加适量食醋。

(3)生熟食品分开存放,装海产品的器具及接触海产品的手应该洗净擦干再接触其他食品。

(4)隔餐的剩菜食前应充分加热。

4.溶血性试验过程中需要注意哪些事项?

用高盐血琼脂培养基在限定的条件下培养副溶血性弧菌时出现溶血反应,此溶血性能被称为“神奈川现象”。此试验要求用人或兔的新鲜红细胞制备高盐血平板,经37℃、24 h培养,在单个菌落周围呈现透明溶血环或在菌落下面有明显溶血者,为“神奈川现象”阳性,不出现透明溶血环或无明显溶血者,为“神奈川现象”阴性。有致病性的副溶血性弧菌,多数为“神奈川现象”阳性,但也有少数为阴性。

【知识链接】

副溶血性弧菌的认知

副溶血性弧菌属于弧菌科弧菌属,是一种海洋性细菌,存在于海水和海产生物中。在各种海产生物中,以墨鱼带菌率最高,达93%,梭子鱼的约为78%,带鱼的约为41%,黄鱼的约为27%。另外在其他食品如肉类、禽产品、淡水鱼中也有副溶血性弧菌。

在沿海地区,人因食用含菌的海产品而感染,发生食物中毒,居食物中毒之首。该菌引起的食物中毒多呈暴发性,多发于7—9月炎热的季节。

1 生物学特征

1.1 形态及染色

副溶血性弧菌常呈多形性,有球杆状、杆状、丝状、稍弯曲弧状等,大小为0.7~1.0 μm,丝状菌体可长达15 μm,多分散存在,有时成对存在。无芽孢,菌体一端有单鞭毛,运动活泼。革兰氏染色阴性,呈两端浓染、中间色淡或不着色的特点。

1.2 培养特性

副溶血性弧菌为需氧菌,对营养要求不高,但在无盐的环境中不能生长。在含盐0.5%的培养基中能生长,因此在一般培养基上都能生长。在含盐3.0%~3.5%的培养基上生长最好,多为球杆状。最适生长温度为30~37℃,最适pH为7.7~8.0。

1.3 主要抗原

副溶血性弧菌有3种抗原成分,即H抗原、O抗原、K抗原。

H 抗原又称不耐热抗原，100℃处理 30 min 即被破坏。副溶血性弧菌的 H 抗原都是相同的。

O 抗原又称耐热抗原，100℃处理 2 h 不被破坏，保持其抗原性。有 12 种（O1～O12）。

K 抗原存在于菌体表面，不耐热，100℃处理 1～2 h 被破坏、除去。有 70 种（K1～K70）。

1.4　抵抗力

副溶血性弧菌在淡水中生存不超过 2 d，在海水中能生存 47 d 以上。对酸敏感，pH 6 以下不能生长，在 1%醋酸或 50%普通食醋中，1 min 即死亡；但在含盐 6%的酱菜中，pH 虽降至 5.0，仍能存活 30 d 以上。副溶血性弧菌对热敏感，巴氏消毒可将其杀死。对一般消毒剂抵抗力较弱，如 0.05%石炭酸、0.1%甲酚皂，水温 30.5℃ 15 s 可将其杀死。在 0.5 mg/L 氯中，1 min 即死亡；但在含一定量氯化钠的水中，即使有效氯为 5 mg/L，也需 15 min 才能将其杀死。副溶血性弧菌对青霉素和磺胺等药物有抗性，对氯霉素、四环素较敏感。

2　来源和传播途径

副溶血性弧菌分布极广，主要分布在海水和水产品中，我国华东地区沿岸的海水中副溶血性弧菌检出率为 47.5%～66.5%，海产鱼虾的平均带菌率为 45.6%～48.7%，夏季可高达 90%以上。除了海产品以外，畜禽肉、咸菜、咸蛋、淡水鱼等中都有副溶血性弧菌。

海水是副溶血性弧菌的传染源之一，海产品、海盐、带菌者等都有可能成为该菌的传播途径。另外，有肠道病史的居民、渔民带菌率偏高，均是该菌的传染源。

3　临床致病表现

副溶血性弧菌引起的中毒，潜伏期多数为 10 h 左右，也有为 1～4 d 的。起病急骤，常有腹痛、腹泻、呕吐、失水、畏寒及发热等症状。腹痛多呈阵发性绞痛，常位于上腹部、脐周或回盲部。腹泻每日 3～20 余次不等，大便性状多样，多数为黄水样或黄糊便，2%～16%呈典型的血水或洗肉水样便，部分病人的粪便可为脓血样或黏液血样，但很少有里急后重。

由于吐泻，患者常有失水现象，重度失水者可伴声哑和肌痉挛，个别病人血压下降、面色苍白或发绀以至意识不清。发热一般不如菌痢严重，但失水现象较菌痢多见。国内报道的副溶血弧菌食物中毒，临床表现不一，可呈典型、胃肠炎型、菌痢型、中毒性休克型或少见的慢性肠炎型。

任务九 食品中大肠埃希氏菌检测

【任务要求】

1.掌握食品中大肠埃希氏菌的检测方法。

2.能够对食品中大肠埃希氏菌的检测结果做出准确、规范的报告。

【参考标准】

中华人民共和国国家标准 GB 4789.38—2012《食品微生物学检验　大肠埃希氏菌计数》。

【检测流程】

MPN 法:取样→稀释→接种→培养→生化鉴定→结果观察→报告结果。

平板计数法:取样→稀释→接种→培养→结果观察→报告结果。

【任务实施】

1　用品准备

除微生物实验室常规灭菌及培养设备外,其他设备和材料如下。

(1)恒温培养箱:36℃±1℃;

(2)冰箱:2～5℃;

(3)恒温水浴箱:44.5℃±0.2℃;

(4)天平:感量为 0.1 g;

(5)均质器;

(6)振荡器;

(7)无菌吸管:1 mL(具 0.01 mL 刻度)、10 mL(具 0.1 mL 刻度);

(8)无菌锥形瓶:容量 500 mL;

(9)无菌培养皿:直径 90 mm;

(10)微量移液器及吸头:1.0 mL;

(11)pH 计或 pH 比色管或精密 pH 试纸;

(12)菌落计数器;

(13)紫外灯:波长 360～366 nm,功率≤6 W。

2　培养基和试剂

(1)月桂基硫酸盐胰蛋白胨(LST)肉汤：见附录 A.10；

(2)EC 肉汤：见附录 A.53；

(3)蛋白胨水：见附录 A.54；

(4)缓冲葡萄糖蛋白胨水[甲基红(MR)和 V-P 试验用]：见附录 A.55、A.56 和 A.57；

(5)西蒙氏柠檬酸盐培养基：见附录 A.58；

(6)磷酸盐缓冲液：见附录 B.1；

(7)伊红美蓝培养基(EMB)：见附录 A.59；

(8)营养琼脂斜面：见附录 A.34；

(9)结晶紫中性红胆盐琼脂(VRBA)：见附录 A.12；

(10)结晶紫中性红胆盐-4-甲基伞形酮-*β*-*D*-葡萄糖苷琼脂(VRBA-MUG)：见附录 A.60；

(11)革兰氏染色液：见附录 C.10；

(12)Kovacs 靛基质试剂：见附录 A.61；

(13)无菌 1 mol/L NaOH；

(14)无菌 1 mol/L HCl。

子任务一　大肠埃希氏菌 MPN 计数法检测（第一法）

3　检测程序

大肠埃希氏菌 MPN 计数的检测程序如图 6-9-1 所示。

4　操作步骤

4.1　样品的稀释

(1)固体和半固体样品：称取 25 g 样品，放入盛有 225 mL 磷酸盐缓冲液的无菌均质杯内，8 000～10 000 r/min 均质 1～2 min，制成 1∶10 的样品匀液；或放入盛有 225 mL 磷酸盐缓冲液的无菌均质袋中，用拍击式均质器拍打 1～2 min，制成 1∶10 的样品匀液。

液体样品：以无菌吸管吸取 25 mL 样品置于盛有 225 mL 磷酸盐缓冲液的无菌锥形瓶(瓶内预置适当数量的无菌玻璃珠)中，充分混匀，制成 1∶10 的样品匀液。

(2)样品匀液的 pH 应在 6.5～7.5 之间，必要时可用 1 mol/L NaOH 或 1 mol/L HCl 调节。

(3)用 1 mL 无菌吸管或微量移液器吸取 1∶10 样品匀液 1 mL，沿管壁缓缓注入 9 mL 磷酸盐缓冲液的无菌试管中(注意吸管或吸头尖端不要触及稀释液面)，振摇试管或换用一支 1 mL 无菌吸管或吸头反复吹打，使其混合均匀，制成 1∶100 的样品匀液。

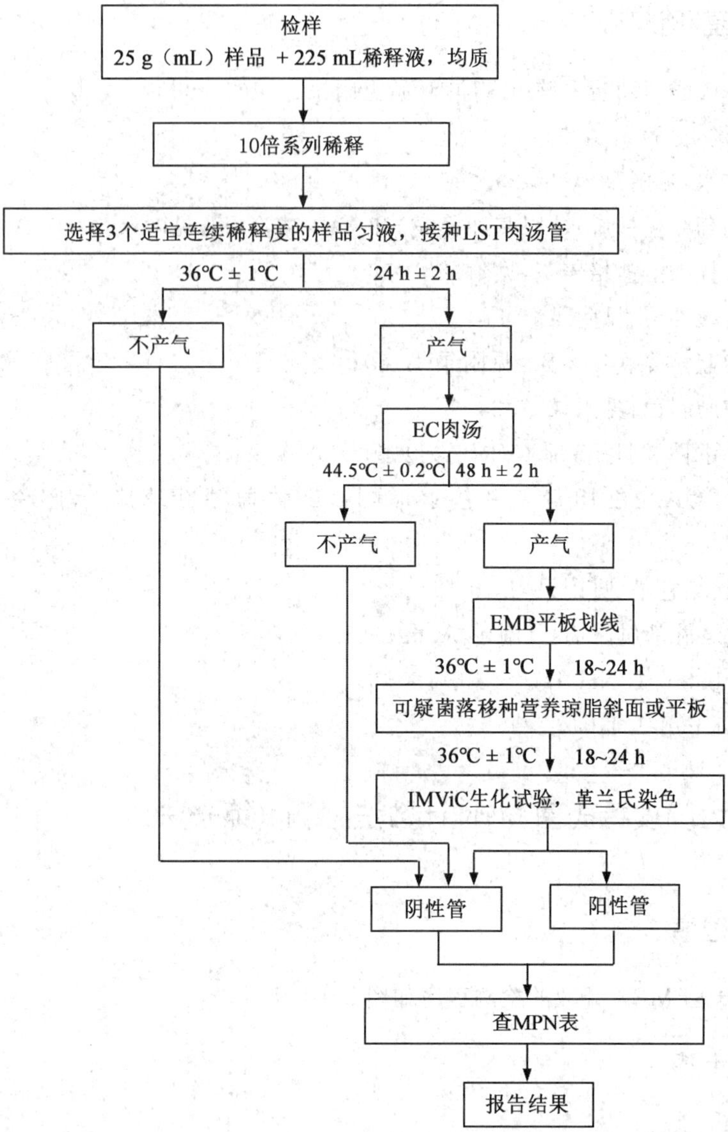

图 6-9-1　大肠埃希氏菌 MPN 法检测程序

(4)根据对样品污染状况的估计，按上述操作，依次制成 10 倍递增系列稀释样品匀液。每递增稀释一次，换用一支 1 mL 无菌吸管或吸头。从制备样品匀液至样品接种完毕，全过程不得超过 15 min。

4.2　初发酵试验

每个样品，选择 3 个适宜连续稀释度的样品匀液（液体样品可以选择原液），每个稀释度接种 3 管月桂基硫酸盐胰蛋白胨(LST)肉汤，每管接种 1 mL(如接种量超过 1 mL，则用双料 LST 肉汤)，于 36℃±1℃下培养 24 h±2 h，观察小倒管内是否有气泡产生，24 h±2 h 产气者进行复发酵试验,如未产气则继续培养至 48 h±2 h。产气者进行复发酵试验。如所有 LST 肉汤管均未产气,即可报告大肠埃希氏菌 MPN 结果。

4.3 复发酵试验

用接种环从产气的 LST 肉汤管中分别取培养物 1 环,移种于已提前预温至 45℃的 EC 肉汤管中,放入带盖的 44.5℃±0.2℃水浴箱内。水浴的水面应高于肉汤培养基液面,培养 24 h±2 h,检查小倒管内是否有气泡产生,如未有产气则继续培养至 48 h±2 h。记录在 24 h 和 48 h 内产气的 EC 肉汤管数。如所有 EC 肉汤管均未产气,即可报告大肠埃希氏菌 MPN 结果;如有产气者,则进行 EMB 平板分离培养。

4.4 伊红美蓝平板分离培养

轻轻振摇各产气管,用接种环取培养物分别划线接种于 EMB 平板,于 36℃±1℃下培养 18～24 h。观察平板上有无具黑色中心有光泽或无光泽的典型菌落。

4.5 营养琼脂斜面或平板培养

从每个平板上挑取 5 个典型菌落,如无典型菌落则挑取可疑菌落。用接种针接触菌落中心部位,移种到营养琼脂斜面或平板上,于 36℃±1℃下培养 18～24 h。取培养物进行革兰氏染色和生化试验。

4.6 鉴定

取培养物进行靛基质试验、MR-VP 试验和柠檬酸盐利用试验。大肠埃希氏菌与非大肠埃希氏菌的生化鉴别见表 6-9-1。

表 6-9-1 大肠埃希氏菌与非大肠埃希氏菌的生化鉴别

靛基质试验	甲基红试验	V-P 试验	柠檬酸盐利用试验	鉴定(型别)
+	+	－	－	典型大肠埃希氏菌
－	+	－	－	非典型大肠埃希氏菌
+	+	－	+	典型中间型
－	+	－	+	非典型中间型
－	－	+	+	典型产气肠杆菌
+	－	+	+	非典型产气肠杆菌

注:1. 如出现表 6-9-1 以外的生化反应类型,表明培养物可能不纯,应重新划线分离,必要时做重复试验。

2. 生化试验也可以选用生化鉴定试剂盒或全自动微生物生化鉴定系统等方法,按照产品说明书进行操作。

5 大肠埃希氏菌 MPN 计数的报告

大肠埃希氏菌为革兰氏阴性无芽孢杆菌,发酵乳糖、产酸、产气,IMViC 生化试验为"++——"或"－+－－"。只要有 1 个菌落被鉴定为大肠埃希氏菌,其所代表的 LST 肉汤管即为大肠埃希氏菌阳性。依据 LST 肉汤阳性管数查 MPN 表,报告每克或每毫升样品中大肠埃希氏菌 MPN 值。

子任务二　大肠埃希氏菌平板计数法检测（第二法）

6　检测程序

大肠埃希氏菌平板计数法的检测程序如图 6-9-2 所示。

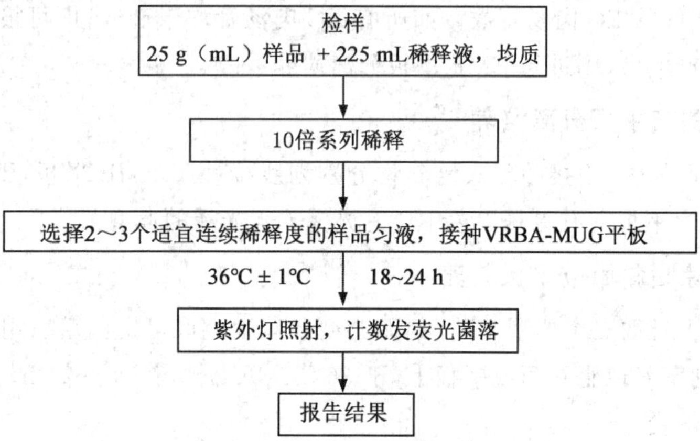

图 6-9-2　大肠埃希氏菌平板计数法检测程序

7　操作步骤

7.1　样品稀释

按 4.1 进行。

7.2　平板培养

选取 2～3 个适宜连续稀释度的样品匀液，每个稀释度接种 2 个无菌平皿，每皿 1 mL。同时取 1 mL 稀释液加入无菌平皿作空白对照。

将 10～15 mL 冷却至 45℃±0.5℃的结晶紫中性红胆盐琼脂（VRBA）倒入每个平皿中。小心旋转平皿，使培养基与样品匀液充分混匀。待琼脂凝固后，再加 3～4 mL VRBA-MUG 覆盖平板表层。凝固后翻转平板，于 36℃±1℃下培养 18～24 h。

7.3　平板菌落数的选择

选择菌落数在 10～100 CFU 之间的平板，于暗室中 360～366 nm 波长紫外灯照射下，计数平板上发浅蓝色荧光的菌落。检验时分别用已知 MUG 阳性菌株（如大肠埃希氏菌 ATCC 25922）和产气肠杆菌（如 ATCC 13048）作阳性和阴性对照。

7.4　大肠埃希氏菌平板计数的报告

以两个平板上发荧光菌落数的平均数乘以稀释倍数，报告每克或每毫升样品中大肠埃希氏菌数，以 CFU/g(mL)表示。若所有稀释度(包括液体样品原液)平板均无菌落生长，则以小于 1 乘以最低稀释倍数报告。

8 作业单

将检测记录与结果填入表 6-9-2。

表 6-9-2 大肠埃希氏菌检测报告单

<table>
<tr><td colspan="2">样品编号</td><td colspan="2"></td><td colspan="2">样品名称</td><td colspan="2"></td></tr>
<tr><td colspan="2">检验依据</td><td colspan="6">GB ________大肠埃希氏菌计数 □第一法 □第二法</td></tr>
<tr><td colspan="2">检验环境</td><td colspan="2">温度： 湿度：</td><td colspan="2">检验日期</td><td colspan="2"></td></tr>
<tr><td colspan="2">所需仪器设备</td><td colspan="6"></td></tr>
<tr><td colspan="2">培养基</td><td colspan="6"></td></tr>
<tr><td colspan="2">样品制备</td><td colspan="6">□固体和半固体样品：无菌称取 25 g，放入盛有 225 mL 磷酸盐缓冲液的无菌均质袋内，进行均质处理
□液体样品：吸取 25 mL 样品置于盛有 225 mL 磷酸盐缓冲液的无菌锥形瓶(含适量无菌玻璃珠)中，混匀</td></tr>
<tr><td rowspan="6">第一法</td><td>稀释度</td><td colspan="2">LST 初发酵试验
培养温度：
培养时间：</td><td colspan="2">EC 肉汤复发酵试验
培养温度：
培养时间：</td><td>EMB 菌落特征
培养温度：
培养时间：</td><td>革兰氏染色</td></tr>
<tr><td></td><td colspan="2"></td><td colspan="2"></td><td></td><td></td></tr>
<tr><td></td><td colspan="2"></td><td colspan="2"></td><td></td><td></td></tr>
<tr><td></td><td colspan="2"></td><td colspan="2"></td><td></td><td></td></tr>
<tr><td>生化鉴定</td><td colspan="6"></td></tr>
<tr><td>证实阳性管数</td><td colspan="6"></td></tr>
<tr><td rowspan="5">第二法</td><td>稀释度</td><td colspan="2">VRBA 平板菌落
培养温度：
培养时间：</td><td colspan="2">产生浅蓝色荧光菌落</td><td>阳性对照</td><td>阴性对照</td></tr>
<tr><td></td><td></td><td></td><td></td><td></td><td></td><td></td></tr>
<tr><td></td><td></td><td></td><td></td><td></td><td></td><td></td></tr>
<tr><td></td><td></td><td></td><td></td><td></td><td></td><td></td></tr>
<tr><td></td><td></td><td></td><td></td><td></td><td></td><td></td></tr>
<tr><td colspan="2">实验结果</td><td colspan="6">□第一法 样品中大肠埃希氏菌为________□MPN/g □MPN/mL
□第二法 样品中大肠埃希氏菌为________□CFU/g □CFU/mL</td></tr>
<tr><td colspan="2">检验人</td><td colspan="2"></td><td colspan="2">备注</td><td colspan="2"></td></tr>
</table>

【任务评价】

表 6-9-3 大肠埃希氏菌检测任务考核参考标准

序号	考核项目	考核内容	考核标准	考核方法	标准分值
1	职业基本素质	学习工作态度	态度端正，积极主动，工作认真。参与意识强，不请假，不懈怠，全勤，否则将酌情扣分。任务领会到位。有敬业精神	单人考核	10
		团队协作	服从工作安排，协调意识强，与小组其他成员配合好，否则将酌情扣分	小组考核	10
2	岗位专业技能	用具准备	能够根据检测需求，自主准备好相关器具，确保无菌操作。保证操作过程完整连贯。否则将酌情扣分	单人考核	10
		MPN 法检测	能够正确地称量、吸取、稀释样品，操作熟练，确保无菌操作，减少外界污染。否则将酌情扣分	单人考核	20
		平板计数法检测	能够正确地进行计数并计算，正确进行数据修约。所填数据与实际不符的将酌情扣分	单人考核	20
		报告填写	能够正确地填写检测记录单，字迹工整	单人考核	10
3	职业方法与能力	方法能力	善于思考，主动思考，勤于思考。独立分析和解决问题的能力强，能够主动、准确地表达自己的想法	单人考核	5
		工作过程	能够积极主动地参与任务工作过程，规范、认真。工作任务记录完整，语言简洁，字迹工整	小组考核	5
		训练与总结	能够积极准确地完成作业单，及时上交报告，有个人见解。能够自主利用网上平台开展学习与训练。善于反思，勤于反馈，积极总结经验教训	单人考核	10
	合计				100

【师徒共研】

1. 稀释样品时，为什么不建议用一个吸头或吸管反复吹打？

进行梯度稀释时，如果用一个吸管或吸头反复吹打，容易造成污染，因此在稀释过程中不能始终使用一个吸管或吸头吹打。

2. EC 肉汤中为什么要加入三号胆盐或混合胆盐？

三号胆盐或混合胆盐的主要作用是抑制革兰氏阳性菌的生长，在培养基中加入三号胆盐或混合胆盐，可以有效抑制革兰氏阳性菌的生长，达到分离革兰氏阴性菌的目的。

【知识链接】

大肠埃希氏菌的认知

大肠埃希氏菌通常被称为大肠杆菌，存在于人类和动物肠道中。从对肠道作用来看，可分为致病性与非致病性两大类。非致病性大肠杆菌是人类肠道中兼性厌氧正常菌群的优势菌种，一般情况下对人体无害，并可在肠道内合成维生素 B 和维生素 K，产生的大肠菌素能抑制痢疾杆菌等病原菌的生长，对人体有利。但在机体抵抗力下降或侵入肠道外组织或器官时，可作为条件致病菌引起肠道外感染。致病性大肠杆菌可致肠道感染，又称致腹泻大肠杆菌或肠道毒力大肠杆菌，依据致病机制、临床症状、流行病学特点和血清型的不同，可分为肠致病性大肠杆菌(EPEC)、产肠毒素性大肠杆菌(ETEC)、肠侵袭性大肠杆菌(EIEC)、肠出血性大肠杆菌(EHEC)和肠黏附性大肠杆菌(EAC)5 类。

1 生物学特性

1.1 形态与染色

大肠埃希氏菌为革兰氏染色阴性、两端钝圆、中等大小的杆菌，无芽孢，周生鞭毛，能运动。

1.2 培养特性

大肠埃希氏菌的生命力较强，在 46℃下仍可生长。该菌对营养要求不高，在液体培养基中，呈均匀浑浊生长，形成薄菌膜，管底有黏性沉淀物，培养物具有粪臭味。在血液琼脂平板上，某些菌株可出现溶血环。在鉴别培养基上，大肠埃希氏菌与肠道致病菌的菌落易于区别。如在伊红美蓝平板上，大肠埃希氏菌的菌落呈紫黑色，具有金属光泽，而由于肠道致病菌不分解乳糖，菌落均没有颜色。

1.3 生化反应

大肠埃希氏菌的生化反应十分活跃，能迅速分解葡萄糖、乳糖、麦芽糖、甘露醇等多种糖类，产酸产气。产生靛基质，甲基红试验阳性。不产生尿素酶、苯丙氨酸脱氨酶和硫化氢。V-P 试验阴性，氧化酶试验阴性。大肠埃希氏菌不能利用柠檬酸盐，对赖氨酸、精氨酸和鸟氨酸有脱羧作用。在黏液酸中不产酸，能利用醋酸钠作为碳的唯一来源。

1.4 抵抗力

大肠埃希氏菌在自然界中生存能力较强，在土壤、水中可存活数月。胆盐、煌绿对大肠埃希氏菌有选择性抑制作用。

1.5 抗原型别

大肠埃希氏菌有 O 抗原、H 抗原和 K 抗原 3 种抗原型别。O 抗原为细菌细胞壁上的糖、类脂、蛋白质复合物，已分为 160 多个血清群。H 抗原为蛋白质，现已发现 40 余种。K 抗原位于细胞壁外层。新分离的大肠埃希氏菌 70%具有 K 抗原，并具有型特异性。K 抗原又分为A、B、L 3类，致病性大肠埃希氏菌的K抗原主要为B抗原，少数为L抗原。

2 中毒表现

不同的致泻性大肠埃希氏菌引起的中毒，症状各不相同。

(1)产肠毒素性大肠埃希氏菌引起的中毒主要症状有水样腹泻、腹痛、恶心、低热。每天腹泻可达8～12次。

(2)肠侵袭性大肠埃希氏菌的中毒症状与志贺氏菌引起的痢疾相似，主要有发热、剧烈腹痛、水样腹泻及粪便中有少量黏液和血。

(3)肠致病性大肠埃希氏菌引起的中毒主要症状有发热、不适、呕吐、腹泻及粪便中有大量黏液但无血。约20%患者有呼吸道症状，感染的症状通常比较严重。

(4)肠黏附性大肠埃希氏菌引起的中毒症状，成年人表现为中度腹泻，病程1～2 d。婴幼儿多表现为2周以上的持续性腹泻。

(5)肠出血性大肠埃希氏菌引起的中毒，潜伏期一般3～10 d，患者常有突发性的腹部痉挛，有时出现类似于阑尾炎的疼痛。有的病人只有轻度腹泻；有些病人由排水样便转为血性腹泻，腹泻次数有时可达10余次，低热或不发热；许多病人同时有呼吸道症状。肠出血性大肠埃希氏菌引起的中毒可发展为溶血性尿毒综合征和血栓性血小板减少性紫癜等，从而造成多器官损害。老人和儿童患者死亡率很高。

3 预防措施

为了预防致病性大肠埃希氏菌引起的中毒，可采用以下措施：

(1)不吃生的或加热不彻底的牛奶、肉等动物性食品。

(2)不吃不干净的水果、蔬菜，剩余饭菜食用前须彻底加热。

(3)防止食品生熟交叉污染。

(4)养成良好的个人卫生习惯，饭前便后洗手。

(5)食品加工、生产企业特别是餐饮业应严格保证食品加工、运输及销售的安全性。

【拓展学习】

测试片法在微生物快速检测中的应用

传统的微生物培养法耗时太多，不利于工厂生产的快速调整，因此，需要建立现代的微生物快速检测方法。快速测试片法是近年来不断取得进展的一种新型的检测方法。测试片是以纸片、纸膜、胶片等作为培养基载体，将特定的培养基和显色物质附着在上面，通过微生物在上面的生长、显色来测定食品中微生物的方法。这种方法集化学、高分子学、微生物学于一体，使检测结果清晰直观，是今后微生物检测的一个主要手段。

1　菌落总数测试片

菌落总数测试片是一种预先制备好的一次性培养基产品，含有标准的营养培养基、冷水可溶性的吸水凝胶和脱氢酶指示剂氯化三苯基四氮唑(TTC)。经加样、培养后，菌落在测试片上呈红色，通过计数报告结果。这样可缩短计数时间和增强计数效果。本产品适用于各类食品及食品原料中菌落总数的测定，也可用于检测食品加工容器、操作台和其他设备表面的菌落总数。

菌落总数测试片须存放在 4～10℃冰箱中，保质期为一年。铝箔袋打开后，未用完的纸片须放回铝箔袋中封好，放到冰箱中，一个月内用完。在高湿度的环境中可能出现冷凝水，最好在拆封前将整包回温至室温。

2　大肠菌群测试片

大肠菌群快检纸片是以无菌色谱滤纸为载体，吸附一定量的乳糖、指示剂(溴甲酚紫和TTC)、蛋白胨、抑菌剂等，在无菌条件下恒温干燥制成的。大肠菌群通过溴甲酚紫指示剂显示发酵乳糖产酸使纸片变黄，通过 TTC 与氢发生氧化还原反应，在菌落处形成红色斑点(或红晕)。这也是现行国家标准(GB 14934—2016)制定阳性结果判定标准的理论依据。大肠菌群纸片法具有操作简便、报告时间短、特异性强、敏感性高、费用较低等优点，适合各地实验室推广使用。

3　霉菌和酵母菌测试片

霉菌和酵母菌测试片由营养培养基、吸水凝胶和酶显色剂等组成。与传统方法相比，测试片法省去了配制培养基、消毒和培养器皿的清洗处理等大量辅助性工作，随时可以开始进行抽样检测，而且操作简便，通过酶显色剂的放大作用，菌落提前清晰地显现出来，培养时间由一周缩短为 72 h。本品可用于各类食品(如糕点、饼干)中霉菌和酵母菌的计数，非常适合食品卫生检验部门和食品生产企业使用。

4　沙门氏菌测试片

沙门氏菌测试片含有选择性培养基、沙门氏菌特有酶的显色指示剂和高分子吸水凝胶，是运用微生物测试片专有技术制成的一次性快速检验产品，将待检样品置于其上培养 15～24 h，就可确认待检样品是否带有沙门氏菌。如果样品中含有沙门氏菌，测试片呈紫红色，该测试片非常适合各级检验部门和食品企业使用。本产品适用于肉和肉产品、蛋及蛋制品、冷饮等的快速检测。但是应注意，使用过的测试片上带有活菌，须及时按照生物安全废弃物处理原则进行处理。

5　金黄色葡萄球菌测试片

美国 3M 公司研制的 Petrifilm 金黄色葡萄球菌测试片是一种薄膜型的计数平板，测试薄膜由检测片和反应片两部分组成。检测片含有具有显色功能并经改良的 Baird-Parker 培养基，对金黄色葡萄球菌具有很强的选择性，并含有冷水可溶性凝胶。反应片含有 DNA、甲苯胺蓝及四唑指示剂，此指示剂有助于菌落的计数及确定葡萄球菌耐热核酸酶的存在。

测试片上的紫红色菌落为金黄色葡萄球菌。当测试片上出现除紫红色以外的其他颜色(如黑色或蓝绿色)时，必须使用反应片。金黄色葡萄球菌能够产生脱氧核糖核酸酶，此酶与反应片上的显色剂反应形成粉红色环，其他种类的细菌则不会形成粉红色环。

参考文献

[1] 王琪,张小华.微生物学[M].北京:中国农业出版社,2018.

[2] 严晓玲,牛红云.食品微生物检测技术[M].北京:中国轻工出版社,2017.

[3] 郝生宏,关秀杰.微生物检验[M].2版.北京:化学工业出版社,2016.

[4] 叶磊,杨学敏.微生物检验技术[M].北京:化学工业出版社,2012.

[5] 胡生梅.微生物检验技术实训[M].北京:化学工业出版社,2012.

[6] 陈广全,张惠媛,曾静.食品安全检测培训教材　微生物检测[M].北京:中国标准出版社,2010.

[7] 牛红云,严晓玲.食品微生物[M].北京:科学出版社,2018.

[8] 杨雅兰,阳志军.微生物技术[M].武汉:华中科技大学出版社,2018.

[9] 唐欣昀.微生物学[M].北京:中国农业出版社,2009.

[10] 林丽萍,吴国平.食品卫生微生物检验学[M].北京:中国农业大学出版社,2019.

[11] 中华人民共和国国家标准 GB 4789.7—2013　食品安全国家标准　食品微生物学检验　副溶血性弧菌检验

[12] 中华人民共和国国家标准 GB 4789.10—2016　食品安全国家标准　食品微生物学检验　金黄色葡萄球菌检验

[13] 中华人民共和国国家标准 GB 4789.15—2016　食品安全国家标准　食品微生物学检验　霉菌和酵母菌计数

[14] 中华人民共和国国家标准 GB 4789.18—2010　食品安全国家标准　食品微生物学检验　乳与乳制品检验

[15] 中华人民共和国国家标准 GB 4789.31—2013　食品安全国家标准　食品微生物学检验　沙门氏菌、志贺氏菌和致泻大肠埃希氏菌的肠杆菌科噬菌体诊断检验

[16] 中华人民共和国国家标准 GB 4789.35—2016　食品安全国家标准　食品微生物学检验　乳酸菌检验

[17] 中华人民共和国国家标准 GB 4789.38—2012　食品安全国家标准　食品微生物学检验　大肠埃希氏菌计数

[18] 中华人民共和国国家标准 GB 4789.4—2016　食品安全国家标准　食品微生物学检验　沙门氏菌检验

[19] 中华人民共和国国家标准 GB 4789.3—2016　食品安全国家标准　食品微生物学检验　大肠菌群计数

[20] 中华人民共和国国家标准 GB 4789.26—2013 食品安全国家标准 食品微生物学检验 商业无菌的检验

[21] 王建军.过滤除菌工艺与应用探讨[J].化工与医药工程,2016,37 (3):18-23.

[22] 孔繁贞,冯建萍,魏绍振.紫外线对微生物消毒效果的影响因素及质控措施[J].青海畜牧兽医杂志,2017,47(2):64-66.

[23] 季尚英.食品微生物检验指标及新技术[J].山西农经,2017(11):67.

[24] 宋纯英.新技术在食品微生物检验检测中的应用研究[J].食品安全导刊,2019(12):142-143.

[25] 金明兰，尹军.饮用水中致病性微生物 PCR 快速检测技术研究进展[J].吉林建筑工程学院学报，2010，27(02):57-60.

附录

附录A　常用培养基的配制

1. 麦芽汁琼脂培养基(培养酵母菌用)

称取一定量的干麦芽粉，加4倍水，在65℃水浴锅中糖化3～4 h，糖化程度用碘液测定，至无蓝色反应为止。将糖化液煮沸后用4～6层纱布过滤，稀释至5～6波美度，调节pH至6.0，加15%～20%琼脂即可。

2. 牛肉膏蛋白胨培养基(细菌培养、分离、计数用)

牛肉膏5.0 g、蛋白胨10.0 g、氯化钠5.0 g、琼脂15.0～20.0 g、蒸馏水1 000 mL，pH 7.2～7.4，121℃灭菌30 min，备用。

3. 马铃薯葡萄糖琼脂培养基(简称PDA，培养真菌用)

成分：马铃薯200.0 g、葡萄糖20.0 g、琼脂15.0～20.0 g、蒸馏水1 000 mL，自然pH。

制法：将马铃薯去皮，切块，加水煮烂(煮沸20～30 min，能被玻璃棒戳破即可)，用4层纱布过滤，再加葡萄糖和琼脂，加热溶解后再补加蒸馏水至1 000 mL，115℃下灭菌20～30 min，备用。

4. 察氏培养基(培养霉菌用)

蔗糖30.0 g、硝酸钠2.0 g、磷酸氢二钾(含3个结晶水)1.0 g、氯化钾0.5 g、硫酸镁(含7个结晶水)0.5 g、硫酸亚铁(含7个结晶水)0.01 g、琼脂15.0～20.0 g、蒸馏水1 000 mL，自然pH，分装后121℃灭菌20 min。

5. 高氏一号培养基(培养放线菌用)

可溶性淀粉20.0 g、硝酸钾1.0 g、氯化钠0.5 g、磷酸二钾0.5 g，硫酸镁(含7个结晶水)0.5 g、硫酸亚铁0.01 g、琼脂20.0 g、水1 000 mL，pH 7.4～7.6，分装后121℃灭菌20 min，备用。

6. LB培养基

胰蛋白胨10.0 g、酵母提取物5.0 g、氯化钠10.0 g、琼脂15.0～20.0 g、水1 000 mL，pH 7.4。

7. 麦康凯培养基

成分：蛋白胨 20.0 g、猪胆盐（或牛、羊胆盐）5.0 g、氯化钠 5.0 g 、琼脂 17.0 g、蒸馏水 1 000 mL、乳糖 10.0 g、0.01%结晶紫水溶液 10 mL、0.5%中性红水溶液 5 mL。

制法：将蛋白胨、猪胆盐和氯化钠溶解于 400 mL 蒸馏水中，调节 pH 至 7.2。将琼脂加入 600 mL 蒸馏水中，加热溶解。将两液合并，分装于锥形瓶内，121℃高压灭菌 15 min 备用。临用时加热熔化培养基，趁热加入乳糖，冷却至 50～55℃时，加入结晶紫和中性红水溶液，摇匀后倾注平板。

注：结晶紫及中性红水溶液配好后须经高压灭菌。

8. 豆芽汁葡萄糖斜面培养基

成分：黄豆芽 10.0 g、葡萄糖 5.0 g、琼脂 1.5～2.0 g、水 100 mL，自然 pH。

制法：称取新鲜黄豆芽 10 g 置于烧杯中，加入 100 mL 水，小火煮沸 30 min，用纱布过滤，补足失水，即制成质量浓度为 10 g/100 mL 的豆芽汁。加入 5.0 g 葡萄糖，煮沸后加入 2.0 g 琼脂，继续加热熔化，补足失水。分装、加塞、包扎后，121℃灭菌 20 min。

9. 平板计数琼脂培养基

成分：胰蛋白胨 5.0 g、酵母浸膏 2.5 g、葡萄糖 1.0 g、琼脂 15.0 g、蒸馏水 1 000 mL，pH 7.0±0.2。

制法：将上述成分加于蒸馏水中，煮沸溶解，调节 pH。分装于试管或锥形瓶中，121℃高压灭菌 15 min。

10. 月桂基硫酸盐胰蛋白胨(lauryl sulfate tryptose，LST)肉汤

成分：胰蛋白胨 20.0 g、乳糖 5.0 g、磷酸氢二钾 2.75 g、磷酸二氢钾 2.75 g、氯化钠 5.0 g、月桂基硫酸钠 0.1 g、蒸馏水 1 000 mL，pH 6.8±0.2。

制法：将上述成分溶解于蒸馏水中，调节 pH，分装到装有小倒管的试管中，每管 10 mL。121℃高压灭菌 15 min。

11. 煌绿乳糖胆盐(brilliant green lactose bile，BGLB)肉汤

成分：蛋白胨 10.0 g、猪胆盐（或牛、羊胆盐）20.0 g、乳糖 10.0 g、煌绿 0.013 3 g、蒸馏水 1 000 mL，pH 7.4。

制法：将蛋白胨、胆盐及乳糖溶于水中，调节 pH，加入指示剂，分装每管 10 mL，并放入一个小型倒管，115℃高压蒸汽灭菌 15 min。

注：双料乳糖胆盐发酵管除蒸馏水外，其他成分加倍。

12. 结晶紫中性红胆盐琼脂(violet red bile agar，VRBA)

成分：蛋白胨 7.0 g、酵母提取物 3.0 g、氯化钠 5.0 g、乳糖 10.0 g、胆盐 1.5 g、结晶紫 0.002 g、中性红 0.03 g、琼脂 15.0 g，pH 7.4±0.1。

制法：称取上述药品，加热溶解于 1 000 mL 蒸馏水中，煮沸不超过 2 min。取适宜稀释度样品匀液 1 mL 与冷却至 45℃左右的 VRBA 10～15 mL 于无菌培养皿中充分混匀。凝固后，再加 3～4 mLVRBA 覆盖平板表层，翻转平板，置于 37℃培养箱中培养 18～24 h。无须进行高压灭菌。临用时制备，不得超过 3 h。

13. 孟加拉红琼脂培养基

成分：蛋白胨 5.0 g、葡萄糖 10.0 g、磷酸二氢钾 1.0 g、硫酸镁(不含结晶水)0.5 g、琼脂 20.0 g、孟加拉红 0.033 g、氯霉素 0.1 g、蒸馏水 1 000 mL。

制法：称取上述各成分并将其加入蒸馏水中，加热溶解，补足蒸馏水至 1 000 mL，分装后，121℃灭菌 15 min，避光保存备用。

14. 缓冲蛋白胨水(BPW)

成分：蛋白胨 10.0 g、氯化钠 5.0 g、磷酸氢二钠(含 12 个结晶水) 9.0 g、磷酸二氢钾 1.5 g、蒸馏水 1 000 mL，pH 7.0～7.4。

制法：将各成分加入蒸馏水中，搅拌均匀，静置约 10 min，煮沸溶解，调节 pH 至 7.2±0.2，121℃高压灭菌 15 min。

15. 四硫黄酸钠煌绿(TTB)增菌液

(1)基础液

蛋白胨 10.0 g、牛肉膏 5.0 g、氯化钠 3.0 g、碳酸钙 45.0 g、蒸馏水 1 000 mL。

除碳酸钙外，将各成分加入蒸馏水中，煮沸溶解，再加入碳酸钙，调节 pH 至 7.0±0.2，121℃高压灭菌 20 min。

(2)硫代硫酸钠溶液

硫代硫酸钠(含 5 个结晶水)50.0 g、蒸馏水 100 mL，121℃高压灭菌 20 min。

(3)碘溶液

碘片 20.0 g、碘化钾 25.0 g、蒸馏水 100 mL。

将碘化钾充分溶解于少量的蒸馏水中，再投入碘片，振摇至碘片全部溶解为止，然后加蒸馏水定容，贮存于棕色瓶内，塞紧瓶盖，备用。

(4)0.5%煌绿水溶液

煌绿 0.5 g、蒸馏水 100 mL。

煌绿溶解后，存放于暗处，不少于 1 d，使其自然灭菌。

(5)牛胆盐溶液

牛胆盐 10.0 g、蒸馏水 100 mL。

加热煮沸至牛胆盐完全溶解，121℃高压灭菌 20 min。

临用前，取基础液 900 mL，以无菌操作依次加入硫代硫酸钠溶液 100 mL、碘溶液 20.0 mL、0.5%煌绿水溶液 2.0 mL、牛胆盐溶液 50.0 mL，每加入一种成分，均应摇匀后再加入另一种成分。

16. 亚硒酸盐胱氨酸(SC)增菌液

成分：蛋白胨 5.0 g、乳糖 4.0 g、磷酸氢二钠 10.0 g、亚硒酸氢钠 4.0 g、*L*-胱氨酸

0.01 g、蒸馏水 1 000 mL。

制法：除亚硒酸氢钠和 *L*-胱氨酸外，将各成分加入蒸馏水中，煮沸溶解，冷却至 55℃以下，以无菌操作加入亚硒酸氢钠和 1 g/L *L*-胱氨酸溶液 10 mL（称取 0.1 g *L*-胱氨酸，加 1 mol/L 氢氧化钠溶液 15 mL，使其溶解，再加无菌蒸馏水至 100 mL 即成，如为 *DL*-胱氨酸，用量应加倍），摇匀，调节 pH 至 7.0±0.2。

17. 亚硫酸铋(BS)琼脂

成分：蛋白胨 10.0 g、牛肉膏 5.0 g、葡萄糖 5.0 g、硫酸亚铁 0.3 g、磷酸氢二钠 4.0 g、煌绿 0.025 g 或 5.0 g/L 煌绿水溶液 5 mL、柠檬酸铋铵 2.0 g、亚硫酸钠 6.0 g、琼脂 18.0～20.0 g、蒸馏水 1 000 mL。

制法：将前 3 种成分加入 300 mL 蒸馏水中（制作基础液），硫酸亚铁和磷酸氢二钠分别加入 20 mL 和 30 mL 蒸馏水中，柠檬酸铋铵和亚硫酸钠分别加入另一 20 mL 和 30 mL 蒸馏水中，琼脂加入 600 mL 蒸馏水中，然后分别搅拌均匀，煮沸溶解。冷却至 80℃左右时，先将硫酸亚铁和磷酸氢二钠混匀，倒入基础液中，混匀。将柠檬酸铋铵和亚硫酸钠混匀，倒入基础液中，再混匀。调节 pH 至 7.5±0.2，随即倾入琼脂液中，混合均匀，冷却至 50～55℃。加入煌绿溶液，充分混匀后立即倾注平皿。

注：本培养基不需要高压灭菌，在制备过程中不宜过分加热，避免降低其选择性。贮存于室温下的暗处超过 48 h 其选择性会降低，本培养基宜于当天制备，第 2 d 使用。

18. HE 琼脂(Hektoen Enteric Agar)

成分：蛋白胨 12.0 g、牛肉膏 3.0 g、乳糖 12.0 g、蔗糖 12.0 g、水杨苷 2.0 g、胆盐 20.0 g、氯化钠 5.0 g、琼脂 18.0～20.0 g、蒸馏水 1 000 mL、0.4%溴麝香草酚蓝溶液 16.0 mL、Andrade 指示剂 20.0 mL、甲液 20.0 mL、乙液 20.0 mL

制法：将前 7 种成分溶解于 400 mL 蒸馏水中作为基础液，将琼脂加入 600 mL 蒸馏水中，然后分别搅拌均匀，煮沸溶解。加入甲液和乙液于基础液中，调节 pH 至 7.5±0.2。再加入指示剂，并与琼脂液合并，待冷却至 50～55℃时倾注平皿。

注：①本培养基不需要高压灭菌，在制备过程中不宜过分加热，避免降低其选择性。

②甲液的配制。称取硫代硫酸钠 34.0 g、柠檬酸铁铵 4.0 g，溶于 100 mL 蒸馏水中。

③乙液的配制。称取去氧胆酸钠 10.0 g，溶于 100 mL 蒸馏水。

④Andrade 指示剂的配制。准备酸性复红 0.5 g、1 mol/L 氢氧化钠溶液 16.0 mL、蒸馏水 100 mL，将复红溶解于蒸馏水中，加入氢氧化钠溶液。数小时后，如复红褪色不全，再加氢氧化钠溶液 1～2 mL。

19. 木糖赖氨酸脱氧胆盐(XLD)琼脂

成分：酵母膏 3.0 g、*L*-赖氨酸 5.0 g、木糖 3.75 g、乳糖 7.5 g、蔗糖 7.5 g、去氧胆酸钠 2.5 g、柠檬酸铁铵 0.8 g、硫代硫酸钠 6.8 g、氯化钠 5.0 g、琼脂 15.0 g、酚红 0.08 g、蒸馏水 1 000 mL。

制法：除酚红和琼脂外，将其他成分加入 400 mL 蒸馏水中，煮沸溶解，调节 pH 至 7.4±0.2。另将琼脂加入 600 mL 蒸馏水中，煮沸溶解。将上述两溶液混合均匀后，再加入指示剂，待冷却至50～55℃后倾注平皿。

注：本培养基不需要高压灭菌，在制备过程中不宜过分加热，避免降低其选择性，贮存于室温暗处。本培养基宜于当天制备，第2 d使用。

20. 三糖铁(TSI)琼脂

成分：蛋白胨20.9 g、牛肉膏5.0 g、乳糖10.0 g、蔗糖10.0 g、葡萄糖1.0 g、硫酸亚铁铵(含6个结晶水) 0.2 g、酚红0.025 g或5.0 g/L酚红溶液5 mL、氯化钠5.0 g、硫代硫酸钠0.2 g、琼脂12.0 g、蒸馏水1 000 mL。

制法：除酚红和琼脂外，将其他成分加入400 mL蒸馏水中，煮沸溶解，调节pH至7.4±0.2。另将琼脂加入600 mL蒸馏水中，煮沸溶解。将上述两溶液混合均匀后，再加入指示剂，混匀，分装至试管，每管2～4 mL，121℃高压灭菌10 min或115℃ 15 min，灭菌后制成高层斜面，呈橘红色。

21. 蛋白胨水、靛基质试剂

(1)蛋白胨水

蛋白胨(或胰蛋白胨) 20.0 g、氯化钠5.0 g、蒸馏水1 000 mL。

将上述成分加入蒸馏水中，煮沸溶解，调节pH至7.4±0.2，分装至小试管，121℃高压灭菌15 min。

(2)靛基质试剂

柯凡克试剂：将5.0 g对二甲氨基甲醛溶解于75 mL戊醇中，然后缓慢地加入浓盐酸25 mL。

欧-波试剂：将1.0 g对二甲氨基苯甲醛溶解于95 mL 95%乙醇中，然后缓慢地加入浓盐酸20 mL。

试验方法：挑取小量培养物接种，在36℃±1℃下培养1～2 d，必要时可培养4～5 d。加入柯凡克试剂约0.5 mL，轻摇试管，阳性者于试剂层呈深红色；或加入欧-波试剂约0.5 mL，沿管壁流下，覆盖于培养液表面，阳性者于液面接触处呈玫瑰红色。

注：蛋白胨中应含有丰富的色氨酸。每批蛋白胨买来后，应先用已知菌种鉴定后方可使用。

22. 尿素琼脂(pH 7.2)

成分：蛋白胨1.0 g、氯化钠5.0 g、葡萄糖1.0 g、磷酸二氢钾2.0 g、0.4%酚红3.0 mL、琼脂20.0 g、蒸馏水1 000 mL、质量浓度为20 g/100 mL的尿素溶液100 mL。

制法：除尿素、琼脂和酚红外，将其他成分加入400 mL蒸馏水中，煮沸溶解，调节pH至7.2±0.2。另将琼脂加入600 mL蒸馏水中，煮沸溶解。将上述两溶液混合均匀后，再加入指示剂，分装后121℃高压灭菌15 min。冷却至50～55℃后加入经除菌过滤的尿素溶液。尿素的最终质量浓度为2 g/100 mL。分装于无菌试管内，制成斜面备用。

试验方法：挑取琼脂培养物接种，在36℃±1℃下培养24 h，观察结果。尿素酶阳性者培养基变为红色。

23. 氰化钾(KCN)培养基

成分：蛋白胨10.0 g、氯化钠5.0 g、磷酸二氢钾0.225 g、磷酸氢二钠5.64 g、蒸馏水

1 000 mL、质量浓度为 0.5 g/100 mL 的氰化钾溶液 20 mL。

制法：将除氰化钾以外的成分加入蒸馏水中，煮沸溶解，分装后 121℃高压灭菌 15 min。充分冷却后，每 100 mL 培养基加入上述氰化钾溶液 2 mL，分装于无菌试管内，每管约 4 mL，立刻用无菌橡皮塞塞紧，放在 4℃冰箱内，至少可保存两个月。同时，将不加氰化钾的培养基作为对照培养基，分装试管备用。

试验方法：将琼脂培养物接种于蛋白胨水，制得稀释菌液，挑取 1 环接种于氰化钾（KCN）培养基，并另挑取 1 环接种于对照培养基。在 36℃±1℃下培养 1～2 d，观察结果。如有细菌生长即为阳性（不抑制），经 2 d 培养细菌不生长为阴性（抑制）。

注：氰化钾是剧毒化学药品，使用时应小心，切勿沾染，以免中毒。夏天分装培养基应在冰箱内进行。试验失败的主要原因是封口不严，氰化钾逐渐分解，产生氢氰酸气体逸出，以致药物浓度降低，细菌生长，因而造成假阳性反应。试验时对每一环节都要特别注意。

24. 赖氨酸脱羧酶试验培养基

成分：蛋白胨 5.0 g、酵母浸膏 3.0 g、葡萄糖 1.0 g、蒸馏水 1 000 mL、1.6%溴甲酚紫-乙醇溶液 1 mL、*L*-赖氨酸 5 g 或 *DL*-赖氨酸 10 g。

制法：除赖氨酸以外的成分加热溶解后，分装每瓶 100 mL，分别加入赖氨酸。调节 pH 至 6.8±0.2。对照培养基不加赖氨酸。分装于无菌的小试管内，每管 5 mL，上面滴加一层液体石蜡，115℃高压灭菌 10 min。

试验方法：从琼脂斜面上挑取培养物接种，于 36℃±1℃下培养 18～24 h，观察结果。氨基酸脱羧酶阳性者由于产碱，培养基呈紫色。阴性者无碱性产物，但因葡萄糖产酸而使培养基变为黄色。对照管应为黄色。

25. 糖发酵管

成分：牛肉膏 5.0 g、蛋白胨 10.0 g、氯化钠 3.0 g、磷酸氢二钠（含 12 个结晶水）2.0 g、0.2%溴麝香草酚蓝溶液 12 mL、蒸馏水 1 000 mL。

制法：葡萄糖发酵管按上述成分配好后，调节 pH 至 7.4±0.2。按 0.5 g/100 mL 加入葡萄糖，分装于有一个倒置小管的小试管内，121℃高压灭菌 15 min。其他各种糖发酵管可按上述成分配好后，分装每瓶 100 mL，121℃高压灭菌 15 min。另将各种糖类分别配成质量浓度为 10 g/100 mL 的母液，同时高压灭菌。将 5 mL 糖溶液加至 100 mL 培养基内，以无菌操作分装小试管。

注：蔗糖不纯，加热后自行水解者，应采用过滤法除菌。

试验方法：从琼脂斜面上挑取小量培养物接种，于 36℃±1℃下培养 2～3 d。迟缓反应须观察 14～30 d。

26. 邻硝基酚 *β-D* 半乳糖苷（ONPG）培养基

成分：邻硝基酚 *β-D* 半乳糖苷（ONPG）60.0 mg、0.01 mol/L 磷酸钠缓冲液（pH 7.5）10 mL、1%蛋白胨水（pH 7.5）30 mL。

制法：将 ONPG 溶于缓冲液内，加入蛋白胨水，以过滤法除菌，分装于无菌的小试管内，每管 0.5 mL,用橡皮塞塞紧。

试验方法:从琼脂斜面上挑取培养物 1 环接种,于 36℃±1℃下培养 1～3 h 和 24 h,观察结果。如果产生 β-半乳糖苷酶,则培养 1～3 h 变黄色,如无此酶则培养 24 h 不变色。

27. 半固体琼脂

成分:牛肉膏 0.3 g、蛋白胨 1.0 g、氯化钠 0.5 g、琼脂 0.35～0.40 g、蒸馏水 100 mL。

制法:按以上成分配好,煮沸溶解,调节 pH 至 7.4±0.2,分装至小试管。121℃高压灭菌 15 min 后直立凝固,备用。

注:供动力观察、菌种保存、H 抗原位相变异试验等用。

28. 丙二酸钠培养基

成分:酵母浸膏 1.0 g、硫酸铵 2.0 g、磷酸氢二钾 0.6 g、磷酸二氢钾 0.4 g、氯化钠 2.0 g、丙二酸钠 3.0 g、0.2%溴麝香草酚蓝溶液 12 mL、蒸馏水 1 000 mL。

制法:将除指示剂以外的成分溶解于水,调节 pH 至 6.8±0.2,再加入指示剂,分装至试管,121℃高压灭菌 15 min。

试验方法:用新鲜的琼脂培养物接种,于 36℃±1℃下培养 48 h,观察结果。阳性者由绿色变为蓝色。

29. 7.5%氯化钠肉汤

成分:蛋白胨 10.0 g、牛肉膏 5.0 g、氯化钠 75 g、蒸馏水 1 000 mL。

制法:将上述成分加热溶解,调节 pH 至 7.4±0.2,分装,每瓶 225 mL,121℃高压灭菌 15 min。

30. 血琼脂平板

成分:豆粉琼脂(pH 7.5±0.2) 100 mL、脱纤维羊血(或兔血) 5～10 mL。

制法:加热熔化琼脂,冷却至 50℃,以无菌操作加入脱纤维羊血,摇匀,倾注平板。

31. Baird-Parker 琼脂平板

成分:胰蛋白胨 10.0 g、牛肉膏 5.0 g、酵母膏 1.0 g、丙酮酸钠 10.0 g、甘氨酸 12.0 g、氯化锂($LiCl \cdot 6H_2O$) 5.0 g、琼脂 20.0 g、蒸馏水 950 mL。

增菌剂的配法:将 30%卵黄盐水 50 mL 与通过 0.22 μm 孔径滤膜进行过滤除菌的 1%亚碲酸钾溶液 10 mL 混合,保存于冰箱内。

制法:将各成分加到蒸馏水中,加热煮沸至完全溶解,调节 pH 至 7.0±0.2。分装每瓶 95 mL,121℃高压灭菌 15 min。临用时加热熔化琼脂,冷却至 50℃,每 95 mL 加入预热至 50℃的卵黄亚碲酸钾增菌剂 5 mL,摇匀后倾注平板。培养基应是致密不透明的。使用前在冰箱中贮存不得超过 48 h。

32. 脑心浸出液肉汤(BHI)

成分:胰蛋白胨 10.0 g、氯化钠 5.0 g、磷酸氢二钠(含 12 个结晶水) 2.5 g、葡萄糖 2.0 g、牛心浸出液 500 mL。

制法：加热溶解各组分，调节 pH 至 7.4±0.2，分装至 16 mm×160 mm 试管中，每管 5 mL，121℃高压灭菌 15 min。

33. 兔血浆

称取柠檬酸钠 3.8 g，加蒸馏水 100 mL，溶解后过滤，装瓶，121℃高压灭菌 15 min。

兔血浆制备：取上述柠檬酸钠溶液一份，加兔全血 4 份，混好静置(或以 3 000 r/min 离心 30 min)，使血液细胞下沉，即可得血浆。

34. 营养琼脂斜面

成分：蛋白胨 10.0 g、牛肉膏 3.0 g、氯化钠 5.0 g、琼脂 15.0～20.0 g、蒸馏水 1 000 mL。

制法：将除琼脂以外的各成分溶解于蒸馏水中，调节 pH 至 7.3±0.2。加入琼脂，加热煮沸，使琼脂熔化。分装至 13 mm×130 mm 试管中，121℃高压灭菌 15 min。

35. MRS(Man Rogosa Sharpe)培养基

成分：蛋白胨 10.0 g、牛肉浸出粉 5.0 g、酵母提取物 4.0 g、葡萄糖 20.0 g、吐温 80 1 mL、磷酸氢二钾(含 7 个结晶水)2.0 g、醋酸钠(含 3 个结晶水)5.0 g、柠檬酸三铵 2.0 g、硫酸镁(含 7 个结晶水)0.2 g、硫酸锰(含 4 个结晶水)0.05 g、琼脂粉 15.0 g。

制法：将上述成分加至 1 000 mL 蒸馏水中，加热溶解，调节 pH 至 6.2±0.2，分装后 121℃高压灭菌 15～20 min。

36. 莫匹罗星锂盐和半胱氨酸盐酸盐改良 MRS 培养基

莫匹罗星锂盐贮备液制备：称取 50 mg 莫匹罗星锂盐加至 50 mL 蒸馏水中，用 0.22 μm 微孔滤膜过滤除菌。

半胱氨酸盐酸盐贮备液制备：称取 250 mg 半胱氨酸盐酸盐加至 50 mL 蒸馏水中，用 0.22 μm 微孔滤膜过滤除菌。

制法：将 MRS 培养基成分加至 950 mL 蒸馏水中，加热溶解，调节 pH，分装后 121℃高压灭菌 15～20 min。临用时加热熔化琼脂，在水浴中冷却至 48℃，将适量莫匹罗星锂盐贮备液及半胱氨酸盐酸盐贮备液加至熔化的琼脂中，使培养基中莫匹罗星锂盐的质量浓度为 50 μg/mL，半胱氨酸盐酸盐的质量浓度为 500 μg/mL。

37. MC(Modified Chalmers)培养基

成分：大豆蛋白胨 5.0 g、牛肉粉 3.0 g、酵母粉 3.0 g、葡萄糖 20.0 g、乳糖 20.0 g、碳酸钙 10.0 g、琼脂 15.0 g、蒸馏水 1 000 mL、1%中性红溶液 5 mL。

制法：将前面 7 种成分加入蒸馏水中，加热溶解，调节 pH 至 6.0±0.2，加入中性红溶液，分装后 121℃高压灭菌 15～20 min。

38. 乳酸杆菌糖发酵管

基础成分：牛肉膏 5.0 g、蛋白胨 5.0 g、酵母浸膏 5.0 g、吐温 80 0.5 mL、琼脂 1.5 g、1.6%溴甲酚紫乙醇溶液 1.4 mL、蒸馏水 1 000 mL。

制法：按 0.5 g/100 mL 加入所需糖类，分装于小试管中，121℃高压灭菌 15～20 min。

39. 七叶苷培养基

成分：蛋白胨 5.0 g、磷酸氢二钾 1.0 g、七叶苷 3.0 g、柠檬酸铁 0.5 g、1.6%溴甲酚紫乙醇溶液 1.4 mL、蒸馏水 100 mL。

制法：将上述成分加入蒸馏水中，加热溶解，121℃高压灭菌 15～20 min。

40. 3%氯化钠碱性蛋白胨水

成分：蛋白胨 10.0 g、氯化钠 30.0 g、蒸馏水 1 000 mL。

制法：将各成分溶于蒸馏水中，调节 pH 至 8.5±0.2，121℃高压灭菌 10 min。

41. 硫代硫酸盐-柠檬酸盐-胆盐-蔗糖(TCBS)琼脂

成分：蛋白胨 10.0 g、酵母浸膏 5.0 g、柠檬酸钠（含 2 个结晶水）10.0 g、硫代硫酸钠（含 5 个结晶水）10.0 g、氯化钠 10.0 g、牛胆汁粉 5.0 g、柠檬酸铁 1.0 g、胆酸钠 3.0 g、蔗糖 20.0 g、溴麝香草酚蓝 0.04 g、麝香草酚蓝 0.04 g、琼脂 15.0 g、蒸馏水 1 000 mL。

制法：将以上成分溶于蒸馏水中，调节 pH 至 8.6±0.2，加热煮沸至完全溶解，冷却至 50℃左右倾注平板，备用。

42. 3%氯化钠胰蛋白胨大豆琼脂

成分：胰蛋白胨 15.0 g、大豆蛋白胨 5.0 g、氯化钠 30.0 g、琼脂 15.0 g、蒸馏水 1 000 mL。

制法：将以上成分溶于蒸馏水中，调节 pH 至 7.3±0.2，121℃高压灭菌 15 min。

43. 3%氯化钠三糖铁琼脂

成分：蛋白胨 15.0 g、脲蛋白胨 5.0 g、牛肉膏 3.0 g、酵母浸膏 3.0 g、氯化钠 30.0 g、乳糖 10.0 g、蔗糖 10.0 g、葡萄糖 1.0 g、硫酸亚铁（不含结晶水）0.2 g、苯酚红 0.024 g、硫代硫酸钠（不含结晶水）0.3 g、琼脂 12.0 g、蒸馏水 1 000 mL。

制法：将各成分溶于蒸馏水中，调节 pH 至 7.4±0.2，分装到适当容量的试管中，121℃高压灭菌 15 min。制成高层斜面，斜面长 4～5 cm，高层深度为 2～3 cm。

44. 嗜盐性试验培养基

成分：胰蛋白胨 10.0 g、氯化钠（按不同量加入）、蒸馏水 1 000 mL。

制法：将各成分溶于蒸馏水中，调节 pH 至 7.2±0.2，共配制 5 瓶，每瓶 100 mL。每瓶分别加入不同量的氯化钠：(1)不加；(2)3 g；(3)6 g；(4)8 g；(5)10 g。分装至试管中，121℃高压灭菌 15 min。

45. 3%氯化钠甘露醇试验培养基

成分：牛肉膏 5.0 g、蛋白胨 10.0 g、氯化钠 30.0 g、磷酸氢二钠（含 12 个结晶水）2.0 g、甘露醇 5.0 g、溴麝香草酚蓝 0.024 g、蒸馏水 1 000 mL。

制法：将各成分溶于蒸馏水中，调节 pH 至 7.4±0.2，分装至小试管中，121℃高压灭菌 10 min。

试验方法：从琼脂斜面上挑取培养物接种，于 36℃±1℃下培养不少于 24 h，观察结果。甘露醇阳性者培养物呈黄色，阴性者为绿色或蓝色。

46. 3%氯化钠赖氨酸脱羧酶试验培养基

成分：蛋白胨 5.0 g、酵母浸膏 3.0 g、葡萄糖 1.0 g、溴甲酚紫 0.02 g、*L*-赖氨酸 5.0 g、氯化钠 30.0 g、蒸馏水 1 000 mL。

制法：将除赖氨酸以外的成分溶于蒸馏水中，调节 pH 至 6.8±0.2。再按 0.5 g/100 mL 加入赖氨酸，对照培养基不加赖氨酸。分装至小试管中，每管 0.5 mL，121℃高压灭菌 15 min。

试验方法：从琼脂斜面上挑取培养物接种，于 36℃±1℃下培养不少于 24 h，观察结果。赖氨酸脱羧酶阳性者由于产碱中和葡萄糖产酸，故培养基仍呈紫色。阴性者无碱性产物，但因葡萄糖产酸而使培养基变为黄色。对照管为黄色。

47. 3%氯化钠 MR-VP 培养基

成分：多胨 7.0 g、葡萄糖 5.0 g、磷酸氢二钾 5.0 g、氯化钠 30.0 g、蒸馏水 1 000 mL。

制法：将各成分溶于蒸馏水中，调节 pH 至 6.9±0.2，分装至试管中，121℃高压灭菌 15 min。

48. 3%氯化钠溶液

成分：氯化钠 30.0 g、蒸馏水 1 000 mL。

制法：将氯化钠溶于蒸馏水中，调节 pH 至 7.2±0.2，121℃高压灭菌 15 min。

49. 我妻氏血琼脂

成分：酵母浸膏 3.0 g、蛋白胨 10.0 g、氯化钠 70.0 g、磷酸氢二钾 5.0 g、甘露醇 10.0 g、结晶紫 0.001 g、琼脂 15.0 g、蒸馏水 1 000 mL。

制法：将各成分溶于蒸馏水中，调节 pH 至 8.0±0.2，加热至 100℃，保持 30 min，冷却至 45～50℃，与 50 mL 预先洗涤的新鲜人或兔红细胞（含抗凝血剂）混合，倾注平板。干燥平板，尽快使用。

50. 氧化酶试剂

成分：N，N，N′，N′-四甲基对苯二胺盐酸盐 1.0 g、蒸馏水 100 mL。

制法：将 N，N，N′，N′-四甲基对苯二胺盐酸盐溶于蒸馏水中，于 2～5℃冰箱内避光保存，在 7 d 之内使用。

试验方法：用细玻璃棒或一次性接种针挑取新鲜（培养 24 h）的菌落，涂布在氧化酶试剂润湿的滤纸上。如果滤纸在 10 s 之内呈现粉红或紫红色，即为氧化酶试验阳性。不变色为氧化酶试验阴性。

51. ONPG 试剂

（1）缓冲液

成分：磷酸二氢钠（含 1 个结晶水）6.9 g、蒸馏水 50 mL。

制法：将磷酸二氢钠溶于蒸馏水中，调节 pH 至 7.0，置于 2～5℃冰箱中保存。

(2)ONPG 溶液

成分：邻硝基酚-*β-D*-半乳糖苷(ONPG) 0.08 g、蒸馏水 15 mL、缓冲液 5 mL。

制法：将 ONPG 在 37℃蒸馏水中溶解，加入缓冲液。ONPG 溶液应置于 2～5℃冰箱中保存。试验前，将所需用量的 ONPG 溶液加热至 37℃。

试验方法：将待检培养物接种至 3%氯化钠三糖铁琼脂，于 36℃±1℃下培养 18 h。挑取 1 满环新鲜培养物接种于 0.25 mL 3%氯化钠溶液中，在通风橱中滴加 1 滴甲苯，摇匀后 37℃水浴 5 min。加 0.25 mL ONPG 溶液，于 36℃±1℃下培养 24 h。阳性结果呈黄色，阴性结果 24 h 不变色。

52. Voges-Proskauer(V-P)试剂

甲液：α-萘酚 5.0 g、无水乙醇 100 mL。

乙液：氢氧化钾 40.0 g、蒸馏水 100 mL。

试验方法：将 3%氯化钠胰蛋白胨大豆琼脂上的培养物接种至 3%氯化钠 MR-VP 培养基，于 36℃±1℃下培养 48 h。取 1 mL 培养物，转至一个试管内，加 0.6 mL 甲液，摇动。加 0.2 mL 乙液，摇动。加入 3 mg 肌酸结晶，4 h 后观察结果。阳性结果呈现粉红色。

53. EC 肉汤

成分：胰蛋白胨或胰酪胨 20.0 g、三号胆盐或混合胆盐 1.5 g、乳糖 5.0 g、磷酸氢二钾 4.0 g、磷酸二氢钾 1.5 g、氯化钠 5.0 g、蒸馏水 1 000 mL。

制法：将上述成分溶解于蒸馏水中，调节 pH 至 6.9±0.1，分装到装有玻璃小倒管的试管中，每管 8 mL，121℃高压灭菌 15 min。

54. 蛋白胨水

成分：胰胨或胰酪胨 10.0 g、蒸馏水 1 000 mL。

制法：加热搅拌溶解胰胨或胰酪胨于蒸馏水中，调节 pH 至 6.9±0.2，分装至试管中，每管 5 mL，121℃高压灭菌 15 min。

55. 缓冲葡萄糖蛋白胨水[甲基红(MR)和 V-P 试验用]

成分：多胨 7.0 g、葡萄糖 5.0 g、磷酸氢二钾 5.0 g、蒸馏水 1 000 mL。

制法：将上述成分溶解于蒸馏水中，调节 pH 至 7.0，分装至试管中，每管 1 mL，121℃高压灭菌 15 min，备用。

56. 甲基红(MR)试验

成分及制法：取 10 mg 甲基红溶于 30 mL 95%乙醇中，然后加入 20 mL 蒸馏水。

试验方法：取适量琼脂培养物接种于缓冲葡萄糖蛋白胨水中，于 36℃±1℃下培养 2～5 d。滴加甲基红试剂 1 滴，立即观察结果。鲜红色者为阳性，黄色者为阴性。

57. V-P 试验

(1)6% α-萘酚-乙醇溶液

成分及制法:取 α-萘酚 6.0 g,加无水乙醇溶解,定容至 100 mL。

(2)40%氢氧化钾溶液

成分及制法:取氢氧化钾 40.0 g,加蒸馏水溶解,定容至 100 mL。

试验方法:取适量琼脂培养物接种于缓冲葡萄糖蛋白胨水中,于 36℃±1℃下培养 2~4 d。加入 6% α-萘酚-乙醇溶液 0.5 mL 和 40%氢氧化钾溶液 0.2 mL,充分振摇试管,观察结果。阳性反应立刻或于数分钟内出现红色,如为阴性,应置于 36℃±1℃下继续培养 4 h 再进行观察。

58. 西蒙氏柠檬酸盐培养基

成分:柠檬酸钠 2.0 g、氯化钠 5.0 g、磷酸氢二钾 1.0 g、磷酸二氢铵 1.0 g、硫酸镁 0.2 g、溴百里香酚蓝 0.08 g、琼脂 8.0~18.0 g、蒸馏水 1 000 mL。

制法:将各成分加热溶解,调节 pH 至 6.8±0.2,每管分装 10 mL,121℃高压 15 min,制成斜面。

试验方法:挑取培养物接种于整个培养基斜面,于 36℃±1℃下培养 24 h±2 h,观察结果。阳性者培养基变为蓝色。

59. 伊红美蓝培养基(EMB)

蛋白胨 10.0 g、乳糖 10.0 g、磷酸氢二钾 2.0 g、2%伊红水溶液 20~30 mL、0.5%美蓝水溶液 10~15 mL、琼脂 15.0 g、蒸馏水 1 000 mL,pH 6.9~7.3,于 115℃湿热灭菌 30 min。

注:其中 2%伊红水溶液和 0.5%美蓝水溶液单独灭菌,待其他成分灭菌后冷却至 60℃左右以无菌操作加入即可。

60. 结晶紫中性红胆盐-4-甲基伞形酮-*β-D*-葡萄糖苷琼脂(VRBA-MUG)

成分:蛋白胨 7.0 g、酵母膏 3.0 g、乳糖 10.0 g、氯化钠 5.0 g、胆盐或三号胆盐 1.5 g、中性红 0.03 g、结晶紫 0.002 g、琼脂 15~18 g、蒸馏水 1 000 mL、4-甲基伞形酮-*β-D*-葡萄糖苷(MUG) 0.1 g。

制法:将上述成分溶于蒸馏水中,静置几分钟,充分搅拌,调节 pH 至 7.4±0.1。煮沸 2 min,将培养基冷却至 45~50℃,备用。

61. Kovacs 靛基质试剂

成分:对二甲氨基苯甲醛 5.0 g、戊醇 75 mL、盐酸(浓) 25 mL。

制法:将对二甲氨基苯甲醛溶于戊醇中,然后慢慢加入浓盐酸即可。

试验方法:将培养物接种至蛋白胨水,于 36℃±1℃下培养 24 h±2 h 后,加 Kovacs 靛基质试剂 0.2~0.3 mL,上层出现红色为靛基质阳性反应。

附录B 常用缓冲液的配制

1 磷酸盐缓冲液

成分：磷酸二氢钾 34.0 g、蒸馏水 500 mL。

贮存液制法：称取 34.0 g 磷酸二氢钾溶于 500 mL 蒸馏水中，用大约 175 mL 1 mol/L 氢氧化钠溶液调节 pH 至 7.2±0.1，用蒸馏水稀释至 1 000 mL 后贮存于冰箱中。

稀释液制法：取贮存液 1.25 mL，用蒸馏水稀释至 1 000 mL，分装于适宜容器中，121℃高压灭菌 15 min。

2. 无菌生理盐水

成分：氯化钠 8.5 g、蒸馏水 1 000 mL。

制法：称取 8.5 g 氯化钠溶于 1 000 mL 蒸馏水中，分装后于 121℃下灭菌 15 min，备用。

附录C 常用染色剂的配制

1. 吕氏碱性美蓝染液

成分：美蓝 0.6 g、95%乙醇 30 mL、0.01%氢氧化钾溶液 100 mL。

制法：将美蓝溶解于乙醇中，然后与氢氧化钾溶液混合。

2. 结晶紫染色液

A 液：结晶紫 2.0 g、95%乙醇 20 mL；

B 液：草酸铵 0.8 g、蒸馏水 80 mL。

制法：用时将 20 mL A 液与 80 mL B 液混合，静置 48 h 后使用。此染液可贮存较久。

3. 齐氏石炭酸复红染液

碱性复红乙醇饱和溶液(每 100 mL 95%乙醇中加 3 g 碱性复红)10 mL、5%石炭酸水溶液(溶化的石炭酸 5 mL 加入 95 mL 蒸馏水中)90 mL，将上述 2 种溶液混合后过滤即成。

4. 卢戈碘液

成分：碘片 1.0 g、碘化钾 2.0 g、蒸馏水 300 mL。

制法：先将碘化钾加入 3～5 mL 蒸馏水中，溶解后再加碘片，充分摇匀，使碘片完全溶解后，再加蒸馏水定容(如直接将碘片与碘化钾加入 300 mL 蒸馏水中，则 1 g 碘片不能溶解；另外，卢戈碘溶液不能久藏，一次不宜配制过多，应加以注意)。

5. 番红复染液

2.5%番红乙醇溶液 10 mL、蒸馏水 90 mL，混合即成。

6. 0.1%美蓝染液

成分：美蓝 0.1 g、pH 为 6.0 的 0.02 mol/L 磷酸缓冲液 100 mL。

制法：将美蓝溶于磷酸缓冲液中即成。

7. 孔雀绿染液(芽孢染色用)

成分：孔雀绿 5.0 g、蒸馏水 100 mL。

制法：将孔雀绿溶于蒸馏水即成。

8. 乳酸-石炭酸棉蓝染色液

成分：石炭酸 10.0 g、乳酸(相对密度为 1.21)10 mL、甘油 20 mL、蒸馏水 10 mL，棉蓝 0.02 g。

制法：将石炭酸在蒸馏水中加热溶解，然后加入乳酸和甘油，最后加入棉蓝，使其溶解即成。

9. 石炭酸复红溶液

碱性复红乙醇饱和溶液：碱性复红 1 g、95%乙醇 10 mL、5%石炭酸 90 mL，混合溶解即成。

制法：取上述饱和溶液 10 mL、蒸馏水 90 mL，混合即成。

10. 革兰氏染色液

(1)结晶紫染色液

成分：结晶紫 2.0 g、95%乙醇 20 mL、1%草酸铵水溶液 80 mL。

制法：将结晶紫完全溶解于乙醇中，然后与草酸铵溶液混合。

(2)革兰氏碘液

成分：碘 1.0 g、碘化钾 2.0 g、蒸馏水 300 mL。

制法：将碘与碘化钾先行混合，加入少量蒸馏水，充分振摇，待完全溶解后，再加蒸馏水至 300 mL。

(3)沙黄复染液

成分：沙黄 0.25 g、95%乙醇 10.0 mL、蒸馏水 90.0 mL。

制法：将沙黄溶解于乙醇中，然后用蒸馏水稀释。

(4)染色法

a. 在火焰上固定涂片，滴加结晶紫染液，染色 1 min，水洗。

b. 滴加革兰氏碘液，作用 1 min，水洗。

c. 滴加 95%乙醇脱色 15～30 s，直至染色液被洗掉，不要过分脱色，水洗。

d. 滴加复染液，复染 1 min，水洗，待干，镜检。